機械学習の数理
100問シリーズ 2

統計的機械学習の数理

100問

with Python

鈴木 譲 著
Joe Suzuki

共立出版

シリーズ序文

　機械学習の書籍としておびただしい数の書籍が出版されているが，ななめ読みで終わる，もしくは難しすぎて読めないものが多く，「身につける」という視点で書かれたものは非常に少ないと言ってよい。本シリーズは，100の問題を解くという，演習のスタイルをとりながら，数式を導き，R言語もしくはPythonのソースプログラムを追い，具体的に手を動かしてみて，読者が自分のスキルにしていくことを目的としている。

　各巻では，各章でまず解説があり，そのあとに問題を掲載している。解説を読んでから問題を解くこともできるが，すぐに問題から取り組む読み方もできる。その場合，数学の問題において導出の細部がわからなくても，解説に戻ればわかるようになっている。

　「機械学習の数理100問シリーズ」は，2018年以降に大阪大学基礎工学部情報科学科数理科学コース，大学院基礎工学研究科の講義でも使われ，また公開講座「機械学習・データ科学スプリングキャンプ」2018, 2019でも多くの参加者に解かれ，高い評価を得ている。また，その間に改良を重ねている。講義やセミナーでフィードバックを受け，洗練されたものだけを書籍のかたちにしている。

　プログラム言語も，大学やデータサイエンスで用いられているR言語と企業や機械学習で用いられているPythonの2種類のバージョンを出す。これも本シリーズの特徴の一つである。

　本シリーズのそれぞれの書籍を読むことで，機械学習に関する知識が得られることはもちろんだが，脳裏に数学的ロジックを構築し，プログラムを構成して具体的に検証していくという，データサイエンス業界で活躍するための資質が得られる。「数理」「情報」「データ」といった人工知能時代を勝ち抜くための，必須のスキルを身につけるためにうってつけのシリーズ，それが本シリーズである。

まえがき

人工知能時代をエンジョイするのか，人工知能のエジキになるのか

　2016年に，大阪大学理学部数学科の学生を対象に（統計的）機械学習に関する講義をはじめたことが，本書を執筆するきっかけになったと思います。当時，テキストとして適当なものがなく，2018年に日本語に翻訳された『Rによる統計的学習入門』"Introduction to Statistical Learning with Application in R"を参考に講義を組み立てました。説明が丁寧で，わかりやすく，非常に気に入り，日本語の翻訳をしてみたいと思うぐらいになりました（その時点で他の方が権利をすでに獲得していて，翻訳は実現しませんでした）。本書の扱っている単元や，章立てもその著述と似ているのも，そうしたところによっています。

　2017年に現在の所属，基礎工学部情報科学科数理科学コースに異動となりました。早速，3年生後期の計算数理Bという科目で，2016年と同様の内容の講義を試みました。数理科学コースは2年生でR言語を習熟していて，当初は違和感なく首尾よく講義を行えました。しかし，よりどころとしていた『Rによる統計的学習入門』については，2018年，2019年というように講義を重ねるごとに，問題意識を抱くようになりました。初学者の方が機械学習の概要を把握するのには，最適な書籍とは思われますが，

1.　本質的な理解というよりは，感覚的な理解だけで十分
2.　プログラムのステップを見ないで，パッケージにデータを放り込めば十分

という姿勢には，どうしても合点がいきませんでした。

　現在は，人工知能の時代と言われます。言うまでもありませんが，インターネットのおかげで，必要な情報を即座に得ることができ，職場の業務が効率化され，生活も豊かになりました。その一方で，人間が行ってきた業務の多くが人工知能に置き換えられるのではないかという危惧が生じています。私自身は，データサイエンスや機械学習の業務に携わる人との付き合いが多いのですが，「業務でどのような資質が求められますか」と聞くと，知識や経験というよりは，「ロジック」という答えが多く，活躍している人ほどその傾向が強いように思われます。情報の真偽を吟味する，人が見えない本質やチャンスを見る，制約にとらわれない発想などが，「ロジック」の結果として生まれているという視点です。逆に，そういう「ロジック」が欠如していて，ヤマカンに頼るというのであれば，人工知能のエジキになる可能性が高くなるように思われます。

　もっとも，そうした「ロジック」が，数学やプログラミングをやらないと身につかない，というのは真実ではないかもしれませんが，大学教員30年間の中で，多くの学生をみてきた経験からす

ると，それらには非常に強い相関があるように思われます。本書は，機械学習に関する知識も提供しますが，それと同時に，数学的に本質を理解して，プログラミングで処理を構成して，検証するという経験を通じて，読者の方々の「ロジック」を脳裏に構築することを，目標の一つに掲げています。

『R による統計的学習入門』は，講義を組み立てる上で大変参考にはなりましたが，人工知能時代をエンジョイするために不可欠な「ロジック」を構築するという視点が十分ではなく，どうしても本書を執筆せざるを得なかった，というのが私の正直な気持ちです。

また，数年前に日本語に翻訳された *"Elements of Statistical Learning"*『統計的学習の基礎』(共立出版) は，分量が多く，輪講して挫折したという話をよく聞きます。困ったときに参考にする百科事典として使う方が多いように思われます（私は頻繁に利用しています）。『統計的学習の基礎』を大学の講義半期程度に圧縮できたら，という気持ちも本書を執筆するきっかけとなりました。また，『統計的学習の基礎』は信頼できる知識を提供していますが，ソースコードをおいたり，読者が具体的にスキルを身につけるような誘導があってもよいように思いました。

本書の 100 問は，2017〜2019 年の講義で学生に課した演習問題で，特に『R による統計的学習入門』を漫然と読んでいる学生にツッコミを入れるために作成したものです。数式を正しく導出し，プログラムを組んで実行結果を見るなど，手を動かして自分のものにすべきと伝えました。ただ，問題だけを与えても，優秀な学生以外は自力では解けないので，全員が課題を提出できるよう，講義で解答に限りなく近い丁寧なヒントを与えました。それが本書の本文です。問題 1〜100 と本文で重複している記述が若干あるのは，そのためです。また，講義で提供している 10〜15 分間の復習ビデオも提供しています。

本シリーズの特徴

本書というよりは，本シリーズの特徴を以下のようにまとめてみました。

1. 身につける：ロジックを構築する

   数学で本質を把握し，プログラムで処理を構成して，データを処理していきます。読者の皆さんの脳裏に，「ロジック」を構築していきます。機械学習の知識だけではなく，視点が身につきますので，新しい機械学習の技術が出現しても追従できます。100 問を解いてから，「大変勉強になりました」と言う学生がほとんどです。

2. お話だけで終わらない：コードがあるのですぐにコードー（行動）に移せる

   機械学習の書籍でソースプログラムがないと，非常に不便です。また，パッケージがあっても，ソースプログラムがないとアルゴリズムの改良ができません。git などでソースが公開されている場合もありますが，MATLAB しかなかったり，十分でない場合もあります。本書では，ほとんどの処理にプログラムのコードが書かれていて，数学がわからなくても，それが何を意味するかを理解できます。

3. 使い方だけで終わらない：大学教授が書いた学術書

パッケージの使い方，実行例ばかりからなる書籍も，よく知らない人がきっかけを掴めるなど，存在価値はありますが，手順にしたがって機械学習の処理を実行できても，どのような動作をしているかを理解できないので，満足感として限界があります。本書では，機械学習の各処理の数学的原理とそれを実現するコードを提示しているので，疑問の生じる余地がありません。本書はどちらかというと，アカデミックで本格的な書籍に属します。

4. 100問を解く：学生からのフィードバックで改善を重ねた大学の演習問題

本書の演習問題は，大学の講義で使われ，学生からのフィードバックで改良を重ね，選びぬかれた最適な100問になっています。そして，各章の本文はその解説になっていて，本文を読めば，演習問題はすべて解けるようになっています。

5. 書籍内で話が閉じている (self-contained)

定理の証明などで，詳細は文献○○を参照してください，というように書いてあって落胆した経験はないでしょうか。よほど興味のある読者（研究者など）でない限り，その参考文献をたどって調査する人はいないと思います。本書では，外部の文献を引用するような状況を避けるように，題材の選び方を工夫しています。また，証明は平易な導出にし，難しい証明は各章末の付録においています。本書では，付録まで含めれば，すべての議論が完結しています。

6. 読者ページ：章ごとのビデオ，オンラインの質疑応答，プログラムファイル

大学の講義では，slack で 24/365 体制で学生からの質問に回答していますが，本書では Disqus という質疑応答のシステムを採用しています。また，講義で利用した各章 10〜15 分のビデオを公開しています。また，本書にあるプログラムをすべて手で打ち込むのは難しいので，プログラムのリストのファイルをサイトにおいています。

7. 線形代数

機械学習や統計学を学習するうえでネックになるのが，線形代数です。研究者向きのものを除くと，線形代数の知識を仮定しているものは少なく，本質に踏み込めない書籍がほとんどです。そのため，シリーズ第 1 号の『統計的機械学習の数理 100 問 with R』と第 2 号の『同 with Python』では，第 0 章として，線形代数という章を用意しています。14 ページしかありませんが，例だけでなく，証明もすべて掲載しています。ご存知の方はスキップしていただいて結構ですが，自信のない方は休みの日を 1 日使って読まれてもよいかと思います。

本書の使い方

各章は，問題，その解説（本文），付録（証明，プログラム）からなっています。問題を解いてみて，わからないときだけ本文を読める方（上級者）もいらっしゃるでしょうが，本文から読み始めて最後に問題をとくという形でも問題ありません。最後まで読破して，身につけることを優先してください。

　講義で使われる場合，第1章を3回，第4章を1〜2回，第6章を2回，それ以外の章で各1回で，合計12〜13回程度の講義が組めるかと思います。線形代数の章（第0章）に2〜3回かけて15回としてもよいですが，第1章〜第9章をやりながら適宜戻ってくるという進め方でもよいかと思います。かなりできる学生なら，最初に100問を課してもよいでしょう。本文をじっくり読めば，回答できるようになっています。輪講（担当を決めて交代で読み続けていく）でも，同じ程度の回数で読めるかと思います。

謝辞

　機械学習の数理100問の執筆をご提案いただいた共立出版の皆様，特に本書の担当編集者で，シリーズ化を受け入れ，本書の出版に関して細かい点までチェックしていただいた大谷早紀氏に感謝します。また，大阪大学大学院の学生である稲岡雄介君と新村亮介君には，提出前の原稿に目を通して，プログラムや数式の誤りを指摘してもらいました。2018〜2019年の講義の学生（大阪大学基礎工学部）からのフィードバックが，本書にとって有益な情報となったことも，特記すべきと思っています。

目 次

以下では，実数全体を $\mathbb{R}$ と書き（複素数全体は $\mathbb{C}$），$n \times m$ の実数成分の行列の集合を $\mathbb{R}^{n \times m}$，$n \times 1$ の実数成分の行列（列ベクトル）の集合を $\mathbb{R}^n$ と書くものとする。また，行列やベクトルの転置は，A^T, b^T のように右上に T を上付きで表記する。

各章のプログラムを実行する際は，最初に以下を実行してください。

```python
1  import numpy as np
2  import matplotlib.pyplot as plt
3  %matplotlib inline
4  import japanize_matplotlib
5  import scipy
6  from scipy import stats
7  from numpy.random import randn
8  import copy
```

第**0**章 線形代数

　線形代数は，あらゆる科学でロジックを組み立てるうえでの基礎になる。本章では，逆行列，行列式，一次独立性，ベクトル空間とその次元，固有値と固有ベクトル，正規直交基底と直交行列，対称行列の対角化について学ぶ。本書では，簡潔に本質を理解するため，掃き出し法にもとづいて階数，行列式を定義している。また，ベクトル空間とその内積も，ユークリッド空間の部分空間と標準内積に限定している。「なぜそうなるのか」を解決するような読み方をしていただきたい。

0.1　逆行列

　最初に，$A \in \mathbb{R}^{m \times n}$, $b \in \mathbb{R}^m$ から，$Ax = b$ なる $x \in \mathbb{R}^n$ を求める問題を考える。係数行列 A もしくは，A の横に 1 列ベクトル b をつなぎ合わせた行列（拡大係数行列）$[A|b] \in \mathbb{R}^{m \times (n+1)}$ について，

◆ **ルール 1**　ある行全体を非ゼロ定数で割る。
◆ **ルール 2**　ある 2 行を入れ替える。
◆ **ルール 3**　ある行の何倍かを他の行に加える。

の操作（基本変形）をほどこして，基本変形で A が $B \in \mathbb{R}^{m \times n}$ に変形できることを，$A \sim B$ であらわす。

◆ **例 1**　$\begin{cases} 2x + 3y = 8 \\ x + 2y = 5 \end{cases} \iff \begin{cases} x = 1 \\ y = 2 \end{cases}$ は，$\begin{bmatrix} 2 & 3 & | & 8 \\ 1 & 2 & | & 5 \end{bmatrix} \sim \begin{bmatrix} 1 & 0 & | & 1 \\ 0 & 1 & | & 2 \end{bmatrix}$ と同値。

◆ **例 2**　$\begin{cases} 2x - y + 5z = -1 \\ y + z = 3 \\ x + 3z = 1 \end{cases} \iff \begin{cases} x + 3z = 1 \\ y + z = 3 \end{cases}$ は，$\begin{bmatrix} 2 & -1 & 5 & | & -1 \\ 0 & 1 & 1 & | & 3 \\ 1 & 0 & 3 & | & 1 \end{bmatrix} \sim \begin{bmatrix} 1 & 0 & 3 & | & 1 \\ 0 & 1 & 1 & | & 3 \\ 0 & 0 & 0 & | & 0 \end{bmatrix}$
と同値。

◆ **例 3**　$\begin{cases} 2x - y + 5z = 0 \\ y + z = 0 \\ x + 3z = 0 \end{cases} \iff \begin{cases} x + 3z = 0 \\ y + z = 0 \end{cases}$ は，$\begin{bmatrix} 2 & -1 & 5 \\ 0 & 1 & 1 \\ 1 & 0 & 3 \end{bmatrix} \sim \begin{bmatrix} 1 & 0 & 3 \\ 0 & 1 & 1 \\ 0 & 0 & 0 \end{bmatrix}$ と同値。

すべてが 0 でない行ベクトルの最初の非ゼロ成分を主成分といい，下記の条件を満たす行列を標準形という。

- 0 の行ベクトルは，最下段にある
- 0 でない行ベクトルの主成分は 1
- 各行の主成分は，下の行ほど右
- 主成分を含む列の主成分以外の成分は 0

◆ **例 4**　標準形になっている行列の例。①が主成分になっている。

$$
\begin{bmatrix} 0 & ① & 3 & 0 & 2 \\ 0 & 0 & 0 & ① & 1 \\ 0 & 0 & 0 & 0 & 0 \end{bmatrix}, \quad
\begin{bmatrix} ① & 0 & 1 & 4 & 0 & -1 \\ 0 & ① & 7 & -4 & 0 & 1 \\ 0 & 0 & 0 & 0 & ① & 3 \end{bmatrix}, \quad
\begin{bmatrix} 0 & ① & 0 & 0 & 2 & 3 \\ 0 & 0 & 0 & 0 & 0 & 0 \\ 0 & 0 & 0 & 0 & 0 & 0 \end{bmatrix},
$$

$$
\begin{bmatrix} 0 & 0 & ① & 0 & 2 & 0 \\ 0 & 0 & 0 & 0 & 0 & ① \\ 0 & 0 & 0 & 0 & 0 & 0 \end{bmatrix}
$$

任意の行列 $A \in \mathbb{R}^{m \times n}$ に対して，標準形が一意に定まる（証明は 0.3 節の終わりで述べる）。ルール 1, 2, 3 を用いて標準形を計算する操作を，掃き出し法という。行列 A の標準形の主成分の個数を階数という。定義から，階数は m, n の最小値を上回ることはない。

A が正方で，その標準形が単位行列となるとき，A は正則であるという。また，$A \in \mathbb{R}^{n \times n}$ が正則であれば，大きさ n の正方行列 I を右の列に置いた行列 $[A|I]$ の標準形を $[I|B]$, $B \in \mathbb{R}^{n \times n}$ と書くとき，A, B は互いに逆行列であるといい，$A^{-1} = B$, $B^{-1} = A$ と書く。実際，$X \in \mathbb{R}^{n \times n}$ として，$[A|I] \sim [I|B]$ から，$AX = I \iff X = B$ が得られる。

◆ **例 5**　行列 $A = \begin{bmatrix} 1 & 2 & 1 \\ 2 & 3 & 1 \\ 1 & 2 & 2 \end{bmatrix}$ は，

$$
\begin{bmatrix} 1 & 2 & 1 & 1 & 0 & 0 \\ 2 & 3 & 1 & 0 & 1 & 0 \\ 1 & 2 & 2 & 0 & 0 & 1 \end{bmatrix} \sim
\begin{bmatrix} 1 & 0 & 0 & -4 & 2 & 1 \\ 0 & 1 & 0 & 3 & -1 & -1 \\ 0 & 0 & 1 & -1 & 0 & 1 \end{bmatrix}
$$

とできる。両辺の左側をみると，$\begin{bmatrix} 1 & 2 & 1 \\ 2 & 3 & 1 \\ 1 & 2 & 2 \end{bmatrix} \sim \begin{bmatrix} 1 & 0 & 0 \\ 0 & 1 & 0 \\ 0 & 0 & 1 \end{bmatrix}$ が成立していることがわかる（A は正則）。したがって，以下のように書ける。

$$
\begin{bmatrix} 1 & 2 & 1 \\ 2 & 3 & 1 \\ 1 & 2 & 2 \end{bmatrix}^{-1} = \begin{bmatrix} -4 & 2 & 1 \\ 3 & -1 & -1 \\ -1 & 0 & 1 \end{bmatrix}
$$

$$
\begin{bmatrix} -4 & 2 & 1 \\ 3 & -1 & -1 \\ -1 & 0 & 1 \end{bmatrix}^{-1} = \begin{bmatrix} 1 & 2 & 1 \\ 2 & 3 & 1 \\ 1 & 2 & 2 \end{bmatrix}
$$

$$\begin{bmatrix} 1 & 2 & 1 \\ 2 & 3 & 1 \\ 1 & 2 & 2 \end{bmatrix} \begin{bmatrix} -4 & 2 & 1 \\ 3 & -1 & -1 \\ -1 & 0 & 1 \end{bmatrix} = \begin{bmatrix} 1 & 0 & 0 \\ 0 & 1 & 0 \\ 0 & 0 & 1 \end{bmatrix}$$

また, $b \in \mathbb{R}^n$ として, $Ax = b$ なる $x \in \mathbb{R}^n$ の解 $x = x^*$ は, $A^{-1}b$ として求まるが, A^{-1} を計算せず, $[A|b] \sim [I|x^*]$ としても得られる。実際, 右から $[x, -1]^T \in \mathbb{R}^{n+1}$ を掛けると, $Ax = b \iff x = x^*$ が得られる。

0.2 行列式

正方行列 A に対して, $\det(A)$ を以下で定義する。まず, 標準形が単位行列ではない（A が正則でない）場合, $\det(A) = 0$ と定義する。標準形を求める操作で, ルール3のみをくりかえし適用すると, 各行各列とも非ゼロ要素を高々1個含む行列が得られ, それからルール2のみをくりかえし適用すると, 対角行列が得られ, 最後にルール1のみをくりかえし適用して標準形が得られた。単位行列に対して, $\det(A) = 1$ であると定義し, この逆の順序で手順1, 手順2, 手順3を繰り返して, 標準形からもとの行列 A を求める。

◆ **手順1** ある行全体を非ゼロ定数 α 倍するとき, $\det(A)$ を α 倍する。
◆ **手順2** ある2行を入れ替えるとき, $\det(A)$ を -1 倍する。
◆ **手順3** ある行の β 倍を他の行から引くとき, $\det(A)$ の値は変えない。

最終的に得られた $\det(A)$ の値を行列式と定義する。

命題1 正方行列 A について, A が正則 $\iff$ A の階数が n $\iff$ A の行列式が0でない。

◆ **例6** 行列式が0であれば, 途中ですべてが0の行が得られるので, そこで処理を終了してよい。以下では, 最初に行を入れ替えているので, 行列式は6になる。

$$\begin{bmatrix} 0 & 1 & 1 \\ 0 & -1 & 5 \\ 1 & 0 & 4 \end{bmatrix} \sim \begin{bmatrix} 1 & 0 & 4 \\ 0 & -1 & 5 \\ 0 & 1 & 1 \end{bmatrix} \sim \begin{bmatrix} 1 & 0 & 4 \\ 0 & -1 & 5 \\ 0 & 0 & 6 \end{bmatrix} \sim \begin{bmatrix} 1 & 0 & 0 \\ 0 & -1 & 0 \\ 0 & 0 & 6 \end{bmatrix}$$

以下では, 途中ですべて0の行が出てくるので, 行列式は0になる。

$$\begin{bmatrix} 2 & -1 & 5 \\ 0 & 1 & 1 \\ 1 & 0 & 3 \end{bmatrix} \sim \begin{bmatrix} 2 & -1 & 5 \\ 0 & 1 & 1 \\ 0 & 1/2 & 1/2 \end{bmatrix} \sim \begin{bmatrix} 2 & 0 & 6 \\ 0 & 1 & 1 \\ 0 & 0 & 0 \end{bmatrix}$$

一般に, 2×2 行列の場合, $a \neq 0$ であれば,

$$\begin{vmatrix} a & b \\ c & d \end{vmatrix} = \begin{vmatrix} a & b \\ 0 & d - \dfrac{bc}{a} \end{vmatrix} = ad - bc$$

$a = 0$ であっても, $ad - bc$ となる。

$$\begin{vmatrix} 0 & b \\ c & d \end{vmatrix} = - \begin{vmatrix} c & d \\ 0 & b \end{vmatrix} = -bc$$

したがって，$ad - bc \neq 0$ が正則であるための条件であって，

$$\begin{bmatrix} a & b \\ c & d \end{bmatrix} \cdot \frac{1}{ad-bc} \begin{bmatrix} d & -b \\ -c & a \end{bmatrix} = \begin{bmatrix} 1 & 0 \\ 0 & 1 \end{bmatrix}$$

より，

$$\begin{bmatrix} a & b \\ c & d \end{bmatrix}^{-1} = \frac{1}{ad-bc} \begin{bmatrix} d & -b \\ -c & a \end{bmatrix}$$

が成立する。

また，3×3 行列の場合，$a \neq 0$, $ae \neq bd$ であれば，

$$\begin{vmatrix} a & b & c \\ d & e & f \\ g & h & i \end{vmatrix} = \begin{vmatrix} a & b & c \\ 0 & e - \dfrac{bd}{a} & f - \dfrac{cd}{a} \\ 0 & h - \dfrac{bg}{a} & i - \dfrac{cg}{a} \end{vmatrix}$$

$$= \begin{vmatrix} a & 0 & c - \dfrac{b(af-cd)}{ae-bd} \\ 0 & e - \dfrac{bd}{a} & f - \dfrac{cd}{a} \\ 0 & 0 & i - \dfrac{cg}{a} - \dfrac{ah-bg}{ae-bd}\left(f - \dfrac{cd}{a}\right) \end{vmatrix}$$

$$= \begin{vmatrix} a & 0 & 0 \\ 0 & \dfrac{ae-bd}{a} & 0 \\ 0 & 0 & \dfrac{aei+bfg+cdh-ceg-bdi-afh}{ae-bd} \end{vmatrix}$$

$$= aei + bfg + cdh - ceg - bdi - afh$$

$a = 0$ または $ae \neq bd$ の場合も同様に，行列式が $aei + bfg + cdh - ceg - bdi - afh$ となることが確かめられる。

命題 2　正方行列 A, B について，$\det(AB) = \det(A)\det(B)$ および $\det(A^T) = \det(A)$ が成立する。

証明は，章末の付録を参照のこと。

命題 2 は，本節の冒頭で述べた行列式を求めるための手順 1，手順 2，手順 3 の記述の行と列を入れ替えても成立することをあらわしている。

◆ 例 7（Vandermonde の行列式）

$$\begin{vmatrix} 1 & a_1 & \cdots & a_1^{n-1} \\ \vdots & \vdots & \ddots & \vdots \\ 1 & a_n & \cdots & a_n^{n-1} \end{vmatrix} = (-1)^{n(n-1)/2} \prod_{1 \leq i < j \leq n} (a_i - a_j) \tag{0.1}$$

実際，$n = 1$ なら両辺が 1 で成立。$n = k - 1$ で成立することを仮定すると，$n = k$ で (0.1) の左辺は

$$
\begin{vmatrix}
1 & a_1 & \cdots & a_1^{k-2} \\
0 & a_2 - a_1 & \cdots & a_2^{k-1} - a_1^{k-1} \\
\vdots & \vdots & \ddots & \vdots \\
0 & a_k - a_1 & \cdots & a_k^{k-1} - a_1^{k-1}
\end{vmatrix}
=
\begin{vmatrix}
1 & 0 & \cdots & 0 \\
0 & a_2 - a_1 & \cdots & (a_2 - a_1)a_2^{k-2} \\
\vdots & \vdots & \ddots & \vdots \\
0 & a_k - a_1 & \cdots & (a_k - a_1)a_k^{k-2}
\end{vmatrix}
$$

$$
=
\begin{vmatrix}
a_2 - a_1 & \cdots & (a_2 - a_1)a_2^{k-1} \\
\vdots & \ddots & \vdots \\
a_k - a_1 & \cdots & (a_k - a_1)a_k^{k-1}
\end{vmatrix}
= (a_2 - a_1)\cdots(a_k - a_1)
\begin{vmatrix}
1 & a_2 & \cdots & a_2^{k-1} \\
\vdots & \vdots & \ddots & \vdots \\
1 & a_k & \cdots & a_k^{k-1}
\end{vmatrix}
$$

$$
= (-1)^{k-1}(a_1 - a_2)\cdots(a_1 - a_k)\cdot(-1)^{(k-1)(k-2)/2}\prod_{2 \le i < j \le k}(a_i - a_j)
$$

とできる。ここで，左辺は，第1行目を他の行から引いて得られる。最初の等号は，第 $j-1$ 列を a_1 倍して第 j 列から引くという操作を $j = k, k-1, \ldots, 2$ に対して行う。3番目の等号は，定数倍されている行のその定数で割って行列式の値に掛けている。最後の変形は帰納法の仮定を用いている。また，この値は (0.1) の右辺に一致している。したがって，数学的帰納法から (0.1) の等号が成立する。

0.3 一次独立性

$a_1, \ldots, a_n \in \mathbb{R}^m$ を列ベクトルにもつ行列 $A \in \mathbb{R}^{m \times n}$ に対して，連立方程式 $Ax = 0$ の解が $x = 0 \in \mathbb{R}^n$ のみであるとき，$a_1, \ldots, a_n$ は一次独立，そうでないとき一次従属であるという。

ベクトルの集合が与えられたとき，そのうちの部分集合で成立する方程式および一次独立性をそれらの一次関係という。$A \sim B$ であれば，A の列ベクトルの間の一次関係と，B の列ベクトルの間の一次関係は等しい。

◆ **例 8** $A = [a_1, a_2, a_3, a_4, a_5]$, $B = [b_1, b_2, b_3, b_4, b_5]$ として，$A \sim B$ は $Ax = 0 \iff Bx = 0$ を意味する。

$$
a_1 = \begin{bmatrix} 1 \\ 1 \\ 3 \\ 0 \end{bmatrix}, a_2 = \begin{bmatrix} 1 \\ 2 \\ 0 \\ -1 \end{bmatrix}, a_3 = \begin{bmatrix} 1 \\ 3 \\ -3 \\ 2 \end{bmatrix}, a_4 = \begin{bmatrix} -2 \\ -4 \\ 1 \\ -1 \end{bmatrix}, a_5 = \begin{bmatrix} -1 \\ -4 \\ 7 \\ 0 \end{bmatrix},
$$

$$
\begin{bmatrix}
1 & 1 & 1 & -2 & -1 \\
1 & 2 & 3 & -4 & -4 \\
3 & 0 & -3 & 1 & 7 \\
0 & -1 & -2 & -1 & 0
\end{bmatrix}
\sim
\begin{bmatrix}
1 & 0 & -1 & 0 & 2 \\
0 & 1 & 2 & 0 & -1 \\
0 & 0 & 0 & 1 & 1 \\
0 & 0 & 0 & 0 & 0
\end{bmatrix},
$$

$$
\left.
\begin{array}{l}
a_1, a_2, a_4 が一次独立 \\
a_3 = -a_1 + 2a_2 \\
a_5 = 2a_1 - a_2 + a_4
\end{array}
\right\}
\iff
\left\{
\begin{array}{l}
b_1, b_2, b_4 が一次独立 \\
b_3 = -b_1 + 2b_2 \\
b_5 = 2b_1 - b_2 + b_4
\end{array}
\right.
$$

階数は一次独立な列ベクトルの最大数という解釈ができる。

　一次独立であれば, $a_1, \ldots, a_n \in \mathbb{R}^m$ のどれも, 他の一次結合 $a_i = \sum_{j \neq i} x_j a_j$ の形で書くことができない. もし, そのようなことができれば, $Ax = \sum_{i=1}^{n} x_i a_i = 0$ であって, $x_i \neq 0$ となる $x \in \mathbb{R}^n$ が存在する. 逆に, 一次従属であれば, そのような $x_i \neq 0$ が存在するので, $a_i = \sum_{j \neq i}(-x_j/x_i)a_j$ と書ける. そして, 一次独立なベクトル $a_1, \ldots, a_r$ の一次結合で新しいベクトル a_{r+1} を定義しても, $a_1, \ldots, a_r, a_{r+1}$ は一次独立にならない. したがって, $A \in \mathbb{R}^{m \times n}$ に行列 $B \in \mathbb{R}^{n \times l}$ を掛けて, $\left[\sum_{i=1}^{n} a_i b_{i1}, \ldots, \sum_{i=1}^{n} a_i b_{il}\right] \in \mathbb{R}^{m \times l}$ を列ベクトルとする行列 AB を得たとき, その階数 (一次独立な列ベクトルの個数) は A のそれを上回ることはない.

　ここで, 行列 A から行列 B が基本変形で得られるとき, B の一次独立な行ベクトルの個数は, A のそれを上回ることはない. また, B から A も基本変形で得られるので, A, B の一次独立な行ベクトルの個数は等しい. これは, B が A の標準形のときでも成立する. 他方, 標準形においては, すべて 0 でない行どうし一次独立であり, それは主成分の個数と同じ数だけある. したがって, 階数は, 一次独立な行ベクトルの個数でもある. よって, 行列 A とその転置行列 A^T の階数は等しい. さらに, 行列 $B \in \mathbb{R}^{l \times m}$ を A の前から掛けた BA は, $(BA)^T = A^T B^T$ と同じ階数をもつが, それは A^T の階数, すなわち A の階数を上回ることはない. 以上をまとめると, 以下のようになる.

命題 3　$A \in \mathbb{R}^{m \times n}$, $B \in \mathbb{R}^{n \times l}$ として, 以下が成立する.

$$\mathrm{rank}(AB) \leq \min\{\mathrm{rank}(A), \mathrm{rank}(B)\}$$
$$\mathrm{rank}(A^T) = \mathrm{rank}(A) \leq \min\{m, n\}$$

◆**例 9**　$A = \begin{bmatrix} 2 & 3 \\ 1 & 2 \end{bmatrix} \sim \begin{bmatrix} 1 & 0 \\ 0 & 1 \end{bmatrix}$, $B = \begin{bmatrix} 1 & 2 \\ 1 & 2 \end{bmatrix} \sim \begin{bmatrix} 1 & 0 \\ 0 & 0 \end{bmatrix}$, $AB = \begin{bmatrix} 5 & 10 \\ 3 & 6 \end{bmatrix} \sim$ $\begin{bmatrix} 1 & 0 \\ 0 & 0 \end{bmatrix}$ より, A, B, AB の階数はそれぞれ 2, 1, 1 となる.

◆**例 10**　$\begin{bmatrix} 0 & ① & 3 & 0 & 2 \\ 0 & 0 & 0 & ① & 1 \\ 0 & 0 & 0 & 0 & 0 \end{bmatrix}$ の階数は 2 であって, 行数 3, 列数 5 を超えていない.

　ここで, 標準形がなぜ一意であるかを示しておこう. $A \sim B$ のとき, A, B の第 i 列がそれぞれ a_i, b_i であるとする. A で成立する一次関係と B で成立する一次関係がつねに一致する点に注意すると, a_j がそれより左の列から一次独立のとき, b_j もやはりそうなる. そして, その一次独立なベクトルの中で左から k 番目であれば, b_j は e_k となる (第 k 行だけが 1 で他は 0 の列ベクトル). そうでないと, k 行目がすべて 0 の行になるか, それより右のベクトルが e_k となって, 標準形にはならない. また, $a_j = \sum_{i<j} r_i a_i$ と書けるとき, $b_j = \sum_{i<j} r_i b_i$ になる (それより左の一次独立なベクトルの一次結合). いずれにせよ, そのような B は標準形の制約を満足していて, A から B が一意に決まる.

0.4 ベクトル空間とその次元

$x \in \mathbb{R}^n$ の部分集合で,

$$
\begin{cases}
x, y \in V \Longrightarrow x + y \in V \\
a \in \mathbb{R}, \ x \in V \Longrightarrow ax \in V
\end{cases}
\tag{0.2}
$$

が成立するような V を $\mathbb{R}^n$ の部分空間とよぶ。また,V の部分空間も定義できる。

◆ **例 11** $x \in \mathbb{R}^n$ の最後の成分が,それまでの成分の和になっている $\mathbb{R}^n$ の部分集合を V とおくと,

$$
x, y \in V \Longrightarrow x_n = \sum_{i=1}^{n-1} x_i, \ y_n = \sum_{i=1}^{n-1} y_i \Longrightarrow x_n + y_n = \sum_{i=1}^{n-1} (x_i + y_i) \Longrightarrow x + y \in V
$$

$$
x \in V \Longrightarrow x_n = \sum_{i=1}^{n-1} x_i \Longrightarrow ax_n = \sum_{i=1}^{n-1} ax_i \Longrightarrow ax \in V
$$

したがって,V は (0.2) を満足するので,$\mathbb{R}^n$ の部分空間である。また,V の要素で最初の成分が 0 である部分集合 W も,(0.2) を満足するので,W が V の部分空間となる。

以下では,$\mathbb{R}^n$ の部分空間を単にベクトル空間とよぶ[1]。ベクトル空間に含まれるベクトルはすべて,有限個のベクトルの一次結合で書ける。たとえば,任意の $x = [x_1, x_2, x_3] \in \mathbb{R}^3$ は $e_1 := [1, 0, 0]^T$, $e_2 := [0, 1, 0]^T$, $e_3 := [0, 0, 1]^T$ として,$x = \sum_{i=1}^{3} x_i e_i$ と書ける。そのような V の部分集合 $\{a_1, \ldots, a_r\}$ で,V の任意の要素が $a_1, \ldots, a_r$ の一次結合で書けて,$a_1, \ldots, a_r$ が一次独立であるとき,$\{a_1, \ldots, a_r\}$ を V の基底とよび,基底に含まれるベクトルの個数をそのベクトル空間の次元とよぶ。また,基底は,一般には一意ではないが,どの基底でも含まれるベクトルの個数(ベクトル空間の次元)は一致する。

◆ **例 12** 例 8 のベクトル $a_1, \ldots, a_5$ の一次結合で得られるベクトルの集合は,(0.2) を満足するので,ベクトル空間 V になる。a_1, a_2, a_4 が一次独立なベクトルで,a_3, a_5 もそれらの一次結合で書けるので,V の各要素 v は,$x_1 a_1 + x_2 a_2 + x_4 a_4$ における $x_1, x_2, x_4 \in \mathbb{R}$ を指定することによって一意に表現できるが,$x_1 a_1 + x_2 a_2, \ x_1, x_2 \in \mathbb{R}$ や $x_2 a_2 + x_4 a_4, \ x_2, x_4 \in \mathbb{R}$ などでは,表現できない V の要素 v が存在する。他方,$x_1 a_1 + x_2 a_2 + x_3 x_3 + x_4 a_4$ における $x_1, x_2, x_3, x_4 \in \mathbb{R}$ を指定する場合,

$$
\begin{aligned}
x_1 a_1 + x_2 a_2 + a_3 x_3 + x_4 a_4 &= x_1 a_1 + x_2 a_2 + x_3(-a_1 + 2a_2) + x_4 a_4 \\
&= (x_1 - x_3)a_1 + (x_2 + 2x_3)a_2 + x_4 a_4
\end{aligned}
$$

と書けるので,$(x_1, x_2, x_3, x_4) = (0, 1, 0, 0), (1, -1, 1, 0)$ の 2 通りで,a_2 が表現できることになる。したがって,$\{a_1, a_2, a_4\}$ は基底であって,ベクトル空間の次元は 3 である。さらに,$a_1' = a_1 + a_2$, $a_2' = a_1 - a_2, a_4$ なる $\{a_1', a_2', a_4\}$ も,基底をなす。実際,

---

[1] 一般には,(0.2) が成立する任意の集合 V を $\mathbb{R}$ をスカラー倍にもつベクトル空間,その要素をベクトルとよぶ。

$$[a_1', a_2', a_4] = \begin{bmatrix} 2 & 0 & -2 \\ 3 & -1 & -4 \\ 3 & 3 & 1 \\ -1 & 1 & -1 \end{bmatrix} \sim \begin{bmatrix} 1 & 0 & -1 \\ 0 & -1 & -1 \\ 0 & 3 & 4 \\ 0 & 1 & 0 \end{bmatrix} \sim \begin{bmatrix} 1 & 0 & -1 \\ 0 & 1 & 1 \\ 0 & 0 & 1 \\ 0 & 0 & -1 \end{bmatrix} \sim \begin{bmatrix} 1 & 0 & 0 \\ 0 & 1 & 0 \\ 0 & 0 & 1 \\ 0 & 0 & 0 \end{bmatrix}$$

より，それらは一次独立である．

　V, W をそれぞれ $\mathbb{R}^n, \mathbb{R}^m$ の部分空間，$A \in \mathbb{R}^{m \times n}$ として，写像 $V \ni x \mapsto Ax \in W$ を線型写像という[2]．たとえば，像 $\{Ax \mid x \in V\}$ は W の部分空間，核 $\{x \in V \mid Ax = 0\}$ は V の部分空間となる．また，像は A の列ベクトルの一次結合で書けるので，像の次元と A の階数（一次独立な列ベクトルの個数）は，一致する．

◆ **例 13**　例 8 の行列 A と $a_1, \ldots, a_5$ の一次結合で表現できる部分空間 V について，像に含まれるベクトルはすべて a_1, a_2, a_4 の一次結合で表現できる．また，

$$Ax = 0 \iff \begin{bmatrix} 1 & 0 & -1 & 0 & 2 \\ 0 & 1 & 2 & 0 & -1 \\ 0 & 0 & 0 & 1 & 1 \end{bmatrix} \begin{bmatrix} x_1 \\ x_2 \\ x_3 \\ x_4 \\ x_5 \end{bmatrix} = \begin{bmatrix} 0 \\ 0 \\ 0 \end{bmatrix}$$

$$\iff \begin{bmatrix} x_1 \\ x_2 \\ x_3 \\ x_4 \\ x_5 \end{bmatrix} = \begin{bmatrix} x_3 - 2x_5 \\ -2x_3 + x_5 \\ x_3 \\ -x_5 \\ x_5 \end{bmatrix} = x_3 \begin{bmatrix} 1 \\ -2 \\ 1 \\ 0 \\ 0 \end{bmatrix} + x_5 \begin{bmatrix} -2 \\ 1 \\ 0 \\ -1 \\ 1 \end{bmatrix}$$

より，像および核は，それぞれ，

$$\{c_1 a_1 + c_2 a_2 + c_4 a_4 \mid c_1, c_2, c_4 \in \mathbb{R}\}, \quad \left\{ c_3 \begin{bmatrix} 1 \\ -2 \\ 1 \\ 0 \\ 0 \end{bmatrix} + c_5 \begin{bmatrix} -2 \\ 1 \\ 0 \\ -1 \\ 1 \end{bmatrix} \,\middle|\, c_3, c_5 \in \mathbb{R} \right\}$$

となり，それぞれ V の部分空間（次元 3），$W = \mathbb{R}^5$ の部分空間（次元 2）となる．

命題 4　V, W をそれぞれ $\mathbb{R}^n, \mathbb{R}^m$ の部分空間として，行列 $A \in \mathbb{R}^{m \times n}$ による線形写像 $V \to W$ の像と核は，それぞれ W, V の部分空間であって，それらの次元の和は n になる．また，その像の次元は，A の階数に一致する．

　証明は，章末の付録を参照のこと．

---

[2] 一般には，ベクトル空間 V, W があって，$f(x + y) = f(x) + f(y)$，$x, y \in V$，$f(ax) = af(x)$，$a \in \mathbb{R}$，$x \in V$ なる写像 $f : V \to W$ を線形写像という．

0.5 固有値と固有ベクトル

正方行列 $A \in \mathbb{R}^{n \times n}$ について，$Ax = \lambda x$ なる $\lambda \in \mathbb{C}$, $x \in \mathbb{R}^n$ で，$x \neq 0$ が成立するとき，$x \neq 0$ を固有値 $\lambda \in \mathbb{C}$ の固有ベクトルという。一般に

$$(A - \lambda I)x = 0 \text{ の解が } x = 0 \text{ のみ} \iff A - \lambda I \text{ の各列が一次独立} \iff A - \lambda I \text{ が正則}$$

と命題 1 より，以下が成立する。

命題 5　λ が A の固有値 $\iff A - \lambda I$ の行列式 $= 0$

本書では，固有値のすべてが実数であるような A のみを扱う。一般に $A \in \mathbb{R}^{n \times n}$ の固有値が $\lambda_1, \ldots, \lambda_n$ であれば，それらは固有方程式 $\det(A - tI) = (\lambda_1 - t) \cdots (\lambda_n - t) = 0$ の解であり（最高次の係数が $(-1)^n$，定数項が $\lambda_1, \ldots, \lambda_n$），$t = 0$ とおけば，$\det(A) = \lambda_1 \cdots \lambda_n$ が成立する。

命題 6　正方行列の行列式の値と，固有値の積は等しい。

各 $\lambda \in \mathbb{R}$ について，$\{x \in \mathbb{R}^n \mid Ax = \lambda x\}$ が $\mathbb{R}^n$ の部分空間をなす。実際，そのような部分空間（λ の固有空間）を V_λ と書くと，

$$x, y \in V_\lambda \implies Ax = \lambda x, Ay = \lambda y \implies A(x + y) = \lambda(x + y) \implies x + y \in V_\lambda$$
$$x \in V_\lambda, a \in \mathbb{R} \implies Ax = \lambda x, a \in \mathbb{R} \implies A(ax) = \lambda(ax) \implies ax \in V_\lambda$$

◆ **例 14**　$A = \begin{bmatrix} 7 & 12 & 0 \\ -2 & -3 & 0 \\ 2 & 4 & 1 \end{bmatrix}$, $A - tI$ の行列式 $= 0$ より，$(t-1)^2(t-3) = 0$

$t = 1$ のとき $A - tI = \begin{bmatrix} 6 & 12 & 0 \\ -2 & -4 & 0 \\ 2 & 4 & 0 \end{bmatrix} \sim \begin{bmatrix} 1 & 2 & 0 \\ 0 & 0 & 0 \\ 0 & 0 & 0 \end{bmatrix}$ の核 $\begin{bmatrix} 2 \\ -1 \\ 0 \end{bmatrix}, \begin{bmatrix} 0 \\ 0 \\ 1 \end{bmatrix}$

$t = 3$ のとき $A - tI = \begin{bmatrix} 4 & 12 & 0 \\ -2 & -6 & 0 \\ 2 & 4 & -2 \end{bmatrix} \sim \begin{bmatrix} 1 & 3 & 0 \\ 1 & 2 & -1 \\ 0 & 0 & 0 \end{bmatrix}$ の核 $\begin{bmatrix} 3 \\ -1 \\ 1 \end{bmatrix}$

$$W_1 = \left\{ c_1 \begin{bmatrix} 2 \\ -1 \\ 0 \end{bmatrix} + c_2 \begin{bmatrix} 0 \\ 0 \\ 1 \end{bmatrix} \,\middle|\, c_1, c_2 \in \mathbb{R} \right\}, \quad W_3 = \left\{ c_3 \begin{bmatrix} 3 \\ -1 \\ 1 \end{bmatrix} \,\middle|\, c_3 \in \mathbb{R} \right\}$$

◆ **例 15**　$A = \begin{bmatrix} 1 & 3 & 2 \\ 0 & -1 & 0 \\ 1 & 2 & 0 \end{bmatrix}$, $A - tI$ の行列式 $= 0$ より，$(t+1)^2(t-2) = 0$

$t = -1$ のとき $A - tI = \begin{bmatrix} 2 & 3 & 2 \\ 0 & 0 & 0 \\ 1 & 2 & 1 \end{bmatrix} \sim \begin{bmatrix} 1 & 0 & 1 \\ 0 & 1 & 0 \\ 0 & 0 & 0 \end{bmatrix}$ の核 $\begin{bmatrix} -1 \\ 0 \\ 1 \end{bmatrix}$

$t = 2$ のとき $A - tI = \begin{bmatrix} -1 & 3 & 2 \\ 0 & -3 & 0 \\ 1 & 2 & -2 \end{bmatrix} \sim \begin{bmatrix} 1 & 0 & -2 \\ 0 & 1 & 0 \\ 0 & 0 & 0 \end{bmatrix}$ の核 $\begin{bmatrix} 2 \\ 0 \\ 1 \end{bmatrix}$

$$W_{-1} = \left\{ c_1 \begin{bmatrix} -1 \\ 0 \\ 1 \end{bmatrix} \middle| c_1 \in \mathbb{R} \right\}, W_2 = \left\{ c_2 \begin{bmatrix} 2 \\ 0 \\ 1 \end{bmatrix} \middle| c_2 \in \mathbb{R} \right\}$$

正方行列 $A \in \mathbb{R}^{n \times n}$ の前後に正則行列とその逆行列を掛けて対角行列になるとき，A は対角化可能であるという。

◆ **例 16** 例 14 の固有ベクトルを各列にならべた行列を $P = \begin{bmatrix} 2 & 0 & 3 \\ -1 & 0 & -1 \\ 0 & 1 & 1 \end{bmatrix}$ と書くと，

$$P^{-1}AP = \begin{bmatrix} 1 & 0 & 0 \\ 0 & 1 & 0 \\ 0 & 0 & 3 \end{bmatrix}$$

例 14 のように，固有空間の次元の和が n になる場合，行列を対角化がすることができるが，例 15 のような場合は対角化することができない。実際，P の各列ベクトルは固有ベクトルである必要がある。固有空間の次元の和が n に満たないと，一次独立な P の列ベクトルを選ぶことができない。

0.6 正規直交基底と直交行列

ベクトル空間 V の $u, v \in V$ の内積[3] を $u^T v = \sum_{i=1}^{n} u_i v_i$，ノルムを $\|u\| = \sqrt{u^T u}$ で定義する。V の基底 $u_1, \ldots, u_n$ の異なるベクトルの内積が 0（直交する），同じベクトルどうしの内積（大きさ）が 1 となるとき，それらは正規直交基底であるという。ここでは，与えられた一次独立な $v_1, \ldots, v_n \in V$ に対し，各 $r = 1, \ldots, n$ について，$u_1, \ldots, u_r$ と $v_1, \ldots, v_r$ でそれぞれの一次結合で定義される部分空間が一致するような V の正規直交基底 $u_1, \ldots, u_n$ を構成する。

◆ **例 17（Gram-Schmidt の正規直交化法）** 各 $i = 1, 2, \ldots, n$ で

$$\{\alpha_1 v_1 + \cdots + \alpha_i v_i \mid \alpha_1, \ldots, \alpha_i \in \mathbb{R}\} = \{\beta_1 u_1 + \cdots + \beta_i u_i \mid \beta_1, \ldots, \beta_i \in \mathbb{R}\}$$

が成立するような，正規直交基底 $u_1, u_2, \ldots, u_n$ を構成する。$v_1 = \begin{bmatrix} 1 \\ 1 \\ 0 \end{bmatrix}, v_2 = \begin{bmatrix} 1 \\ 3 \\ 1 \end{bmatrix}, v_3 = \begin{bmatrix} 2 \\ -1 \\ 1 \end{bmatrix}$ について，$u_1 = \dfrac{1}{\|v_1\|} = \dfrac{1}{\sqrt{2}} \begin{bmatrix} 1 \\ 1 \\ 0 \end{bmatrix}$，

$$v_2' = v_2 - (v_2, u_1)u_1 = \begin{bmatrix} 1 \\ 3 \\ 1 \end{bmatrix} - \frac{4}{\sqrt{2}} \cdot \frac{1}{\sqrt{2}} \begin{bmatrix} 1 \\ 1 \\ 0 \end{bmatrix} = \begin{bmatrix} -1 \\ 1 \\ 1 \end{bmatrix}, u_2 = \frac{v_2'}{\|v_2'\|} = \frac{1}{\sqrt{3}} \begin{bmatrix} -1 \\ 1 \\ 1 \end{bmatrix},$$

---

[3] 一般には，$u, v \in V$，$c \in \mathbb{R}$ について，$(u + u', v) = (u, v) + (u', v)$，$(cu, v) = c(u, v)$，$(u, v) = (u', v)$，$u \neq 0 \implies (u, u) > 0$ が成立する $(\cdot, \cdot)$ をベクトル空間 V の内積という。

$$v_3' = v_3 - (v_3, u_1)u_1 - (v_3, u_2)u_2 = \begin{bmatrix} 2 \\ -1 \\ 1 \end{bmatrix} - \frac{1}{\sqrt{2}} \cdot \frac{1}{\sqrt{2}} \begin{bmatrix} 1 \\ 1 \\ 0 \end{bmatrix} - \frac{-2}{\sqrt{3}} \cdot \frac{1}{\sqrt{3}} \begin{bmatrix} -1 \\ 1 \\ 1 \end{bmatrix} = \frac{5}{6} \begin{bmatrix} 1 \\ -1 \\ 2 \end{bmatrix},$$

$$u_3 = \frac{1}{\sqrt{6}} \begin{bmatrix} 1 \\ -1 \\ 2 \end{bmatrix}$$

　各列が直交し，大きさが 1 であるような正方行列を直交行列という．$P \in \mathbb{R}^{n \times n}$ を直交行列とすれば，$P^T P$ が単位行列になる．したがって，

$$P^T = P^{-1} \tag{0.3}$$

この両辺の行列式をとると，$|P^T| \cdot |P| = 1$ となり，転置しても行列式の値は同じなので，P の行列式は 1 または -1 となる．また，ベクトル空間 V の要素 x に直交行列 P を掛ける線形写像 $V \ni x \mapsto Px \in V$ を直交変換という．$(Px)^T(Py) = x^T P^T Py = x^T y, \, x, y \in V$ というように，直交変換では，ベクトル空間の任意の 2 要素の間の内積を変えない．

0.7　対称行列の対角化

　まず，正方行列が上三角であることを，$i > j$ なるすべての (i, j) 成分が 0 である行列として定義する．まず，以下の事実に着目する．

命題 7　正方行列 $A \in \mathbb{R}^{n \times n}$ は，適当な直交行列 P を用いて，$P^{-1}AP$ を上三角にすることができる．

　証明は，章末の付録を参照のこと．

　ここで，A が対称行列であれば，命題 7 において，$P^{-1}AP$ の転置をとると，(0.3) より，$(P^{-1}AP)^T = P^T AP$ となり，対称であることがわかる．すなわち，同じ行列 P を用いて，三角化だけではなく，対角化もできている．

　以下では，もっと強い事実が成立することを確認してみよう．

命題 8　対称行列では，異なる固有空間に含まれるベクトルは直交する．

　実際，$\lambda, \mu \in \mathbb{R}$ を A の固有値 $x \in V_\lambda$，$y \in V_\mu$ として，

$$\lambda x^T y = (\lambda x)^T y = (Ax)^T y = x^T A^T y = x^T Ay = x^T(\mu y) = \mu x^T y$$

さらに $\lambda \neq \mu$ であるので，$x^T y = 0$ が成立する．また，$P^{-1}AP$ が対角行列となるためには，P の各列ベクトルが一次独立な固有ベクトルであることが必要十分条件であった（大きさは任意に選んでよい）．したがって，同じ固有空間に含まれるベクトルを直交するように選べば，n 個のベクトルすべてが直交することになる．そして，大きさをすべて 1 に選ぶことによって，P を直交行列とすることができる．

命題 9 対称行列 A は，適当な直交行列 P を用いて，$P^{-1}AP$ をすべての固有値を対角成分とする対角行列とすることができる．

◆ **例 18** $\begin{bmatrix} 1 & 2 & -1 \\ 2 & -2 & 2 \\ -1 & 2 & 1 \end{bmatrix}$ の固有空間は，$\left\{ c_1 \begin{bmatrix} 2 \\ 1 \\ 0 \end{bmatrix} + c_2 \begin{bmatrix} -1 \\ 0 \\ 1 \end{bmatrix} \,\middle|\, c_1, c_2 \in \mathbb{R} \right\}$，
$\left\{ c_3 \begin{bmatrix} 1 \\ -2 \\ 1 \end{bmatrix} \,\middle|\, c_3 \in \mathbb{R} \right\}$

重複度 2 の固有空間の基底を直交させて $P = \begin{bmatrix} 2/\sqrt{5} & -1/\sqrt{30} & 1/\sqrt{6} \\ 1/\sqrt{5} & 2/\sqrt{30} & -2/\sqrt{6} \\ 0 & 5/\sqrt{30} & 1/\sqrt{6} \end{bmatrix}$ とおくと，

$P^{-1}AP = \begin{bmatrix} 2 & 0 & 0 \\ 0 & 2 & 0 \\ 0 & 0 & -4 \end{bmatrix}$

また，これまでの議論から，以下が成立する．

命題 10 大きさ n の対称行列 A について，以下の 3 条件は同値になる．

1. $A = B^T B$ なる行列 $B \in \mathbb{R}^{m \times n}$ が存在
2. 任意の $x \in \mathbb{R}^n$ について，$x^T A x \geq 0$
3. A のすべての固有値が非負

実際，1. $\implies$ 2. は $A = B^T B \implies x^T A x = x^T B^T B x = \|Bx\|^2$ より，2. $\implies$ 3. は $x^T A x \geq 0 \implies 0 \leq x^T A x = x^T \lambda x = \lambda \|x\|^2$ より，3. $\implies$ 1. は命題 9 より $\lambda_1, \ldots, \lambda_n \geq 0 \implies A = P^{-1}DP = P^T \sqrt{D}\sqrt{D}P = (\sqrt{D}P)^T \sqrt{D}P$ より成立する．ただし，$D, \sqrt{D}$ は $\lambda_1, \ldots, \lambda_n$ を成分とする対角行列，$\sqrt{\lambda_1}, \ldots, \sqrt{\lambda_n}$ を成分とする対角行列とした．

本書では，命題 10 の同値な条件が成立する行列を非負定値，固有値がすべて正の行列を正定値とよぶ．

付録　命題の証明

命題 2 正方行列 A, B について，$\det(AB) = \det(A)\det(B)$ および $\det(A^T) = \det(A)$ が成立する．

証明 手順 $1, 2, 3$ は，行列 $B \in \mathbb{R}^{n \times n}$ に対して，

◆　$V_i(\alpha)$：単位行列の第 (i, i) 成分の 1 を α でおきかえた行列

◆　$U_{i,j}$：単位行列の第 $(i, i), (j, j)$ 成分を 0，第 $(i, j), (j, i)$ 成分を 1 におきかえた行列

◆　$W_{i,j}(\beta)$：単位行列の第 (i, j) 成分 $(i \neq j)$ の 0 を $-\beta$ でおきかえた行列

を左から掛けたものになる。すなわち

$$\det(V_i(\alpha)B) = \alpha \det(B), \ \det(U_{i,j}B) = -\det(B), \ \det(W_{i,j}(\beta)B) = \det(B) \tag{0.4}$$

ここで,

$$\det(V_i(\alpha)) = \alpha, \ \det(U_{i,j}) = -1, \ \det(W_{i,j}(\beta)) = 1 \tag{0.5}$$

が成立するので,行列 A をこれらの3種類の行列 $E_1, \ldots, E_r$ の積で書くと,

$$\det(A) = \det(E_1) \cdots \det(E_r)$$

が成立し,さらに以下が成立する。

$$\det(AB) = \det(E_1 \cdot E_2 \cdots E_r B) = \det(E_1) \det(E_2 \cdots E_r B) = \cdots$$
$$= \det(E_1) \cdots \det(E_r) \det(B) = \det(A) \det(B)$$

また,行列 $V_i(\alpha), U_{i,j}$ は対称で,$W_{i,j}(\beta)^T = W_{j,i}(\beta)$ であるので,(0.4)(0.5) と同様の等式が成立し,

$$\det(A^T) = \det(E_r^T \cdots E_1^T) = \det(E_r^T) \cdots \det(E_1^T) = \det(E_1) \cdots \det(E_r) = \det(A)$$

が成立する。

命題4　V, W をそれぞれ $\mathbb{R}^n, \mathbb{R}^m$ の部分空間として,行列 $A \in \mathbb{R}^{m \times n}$ による線形写像 $V \to W$ の像と核は,それぞれ W, V の部分空間であって,それらの次元の和は n になる。また,その像の次元は,A の階数に一致する。

証明　核の次元を r,$x_1, \ldots, x_r \in V$ を核の基底とする。以下では,それらとは一次独立な $x_{r+1}, \ldots, x_n$ を追加して,$x_1, \ldots, x_r, x_{r+1}, \ldots, x_n$ が V の基底となるようにすると,$Ax_{r+1}, \ldots, Ax_n$ が像の基底となることを示す。

まず,$x_1, \ldots, x_r$ が核であるので,$b_{r+1}, \ldots, b_n \in \mathbb{R}$ として V の要素を $x = \sum_{j=1}^{n} b_j x_j$ と書くと,$Ax_1 = \cdots = Ax_r = 0$ となり,任意の像 $Ax = \sum_{j=r+1}^{n} b_j Ax_j$ は $Ax_{r+1}, \ldots, Ax_n$ の一次結合で書ける。

また,$x_1, \ldots, x_r$ は核に含まれるので,$Ax_1 = \cdots = Ax_r = 0$,したがって $\sum_{i=r+1}^{n} b_i Ax_i = 0 \implies A\sum_{i=r+1}^{n} b_i x_i = 0 \implies \sum_{i=r+1}^{n} b_i x_i$ は核に含まれる $\implies \sum_{i=r+1}^{n} b_i x_i = -\sum_{i=1}^{r} b_i x_i$ なる $b_1, \ldots, b_r$ が存在 $\implies \sum_{i=1}^{n} b_i x_i = 0 \implies b_1 = \cdots = b_n = 0$ が成立する。ここで $x_1, \ldots, x_n$ が一次独立であることを用いた。したがって

$$\sum_{i=r+1}^{n} b_i Ax_i = 0 \implies b_{r+1} = \cdots = b_n = 0$$

すなわち,$Ax_{r+1}, \ldots, Ax_n$ が一次独立であることが示された。

命題 7　　正方行列 $A \in \mathbb{R}^{n \times n}$ は，適当な直交行列 P を用いて，$P^{-1}AP$ を上三角にすることができる。

証明　　数学的帰納法で示す。$n = 1$ では，両辺ともスカラーなので成立する。帰納法の仮定より，任意の $\tilde{B} \in \mathbb{R}^{(n-1) \times (n-1)}$ について，

$$\tilde{Q}^{-1}\tilde{B}\tilde{Q} = \begin{bmatrix} \tilde{\lambda}_2 & & * \\ & \ddots & \\ & & \tilde{\lambda}_n \end{bmatrix}$$

となるような直交行列 $\tilde{Q}$ が存在する。ただし，$*$ で非ゼロ成分をあらわし，$\tilde{\lambda}_2, \ldots, \tilde{\lambda}_n$ で $\tilde{B}$ の固有ベクトルをあらわすものとする。

重複を許して $\lambda_1, \ldots, \lambda_n$ を固有値とする正則行列 $A \in \mathbb{R}^{n \times n}$ について，u_1 を λ_1 の固有ベクトル，R を最初の列が u_1 であるような直交行列とすると，$Re_1 = u_1$ および $Au_1 = \lambda_1 u_1$ が成立する。ただし，$e_1 := [1, 0, \ldots, 0]^T \in \mathbb{R}^n$ とした。したがって，

$$R^{-1}ARe_1 = R^{-1}Au_1 = \lambda_1 R^{-1}u_1 = \lambda_1 R^{-1}Re_1 = \lambda_1 e_1$$

であって，ある $b \in \mathbb{R}^{1 \times (n-1)}$ を用いて，

$$R^{-1}AR = \begin{bmatrix} \lambda_1 & b \\ 0 & B \end{bmatrix}$$

と書いてよい。ただし，$0 \in \mathbb{R}^{(n-1) \times 1}$ であるとした。また，R と A が正則なので，B も正則である。

次に，Q を $B \in \mathbb{R}^{(n-1) \times (n-1)}$ を対角化する直交行列として，$P = R \begin{bmatrix} 1 & 0 \\ 0 & Q \end{bmatrix}$ が直交行列であることに注意したい。実際，$Q^T Q$ が単位行列なので，$P^T P = \begin{bmatrix} 1 & 0 \\ 0 & Q \end{bmatrix} R^T R \begin{bmatrix} 1 & 0 \\ 0 & Q \end{bmatrix}$ も単位行列となる。また，B の固有ベクトルは A の $\lambda_2, \ldots, \lambda_n$ になる：

$$\prod_{i=1}^{n}(\lambda_i - \lambda) = \det(A - I_n) = \det(R^{-1}AR - \lambda I_n) = (\lambda_1 - \lambda)\det(B - \lambda I_{n-1})$$

ただし，I_n は大きさ n の単位行列である。

最後に，A の前後に直交行列 P^{-1}, P をそれぞれ掛けると，

$$P^{-1}AP = \begin{bmatrix} 1 & 0 \\ 0 & Q^{-1} \end{bmatrix} R^{-1}AR \begin{bmatrix} 1 & 0 \\ 0 & Q \end{bmatrix} = \begin{bmatrix} 1 & 0 \\ 0 & Q^{-1} \end{bmatrix} \begin{bmatrix} \lambda_1 & b \\ 0 & B \end{bmatrix} \begin{bmatrix} 1 & 0 \\ 0 & Q \end{bmatrix}$$

$$= \begin{bmatrix} \lambda_1 & bQ \\ 0 & Q^{-1}BQ \end{bmatrix} = \begin{bmatrix} \lambda_1 & & & * \\ & \lambda_2 & & \\ & & \ddots & \\ & & & \lambda_n \end{bmatrix}$$

となり，対角化される。これで証明を終わる。

第**1**章　線形回帰

　説明変数と目的変数の具体的なデータから，それらの関係を直線にあてはめることを，線形回帰という。そのために，説明変数が**1**個の場合（単回帰）の最小二乗法の概念を理解し，説明変数が複数の場合（重回帰）に拡張する。また，データから母数を推定するという統計学の視点にもとづいて，最小二乗法で得られた係数（推定値）の分布を見出す。そして，仮説検定の方法にもとづいて，その係数の信頼区間，およびその係数が**0**か否かを検定する方法について学ぶ。さらに，説明変数を見出す方法，および新しいデータについての目的変数の信頼区間を求める方法について学ぶ。線形回帰の問題は，機械学習の諸問題を検討する際の足がかりとなるもので，本書でも重要な位置を占める。

1.1　最小二乗法

　以下では，N を正の整数とする。

　実際に生じたデータ $x_1, \ldots, x_N, y_1, \ldots, y_N \in \mathbb{R}$ から，最小二乗法 (least squares method) によって接点 β_0 と傾き β_1 を求める。すなわち，直線からの上下の距離 $|y_i - \beta_0 - \beta_1 x_i|$ の二乗の和 $L := \sum_{i=1}^{N}(y_i - \beta_0 - \beta_1 x_i)^2$ を最小にする $\beta_0, \beta_1 \in \mathbb{R}$ を求める（図1.1）とき，L を β_0, β_1 で偏微分して 0 とおくと，以下の2式が得られる。

$$\frac{\partial L}{\partial \beta_0} = -2 \sum_{i=1}^{N}(y_i - \beta_0 - \beta_1 x_i) = 0 \tag{1.1}$$

$$\frac{\partial L}{\partial \beta_1} = -2 \sum_{i=1}^{N} x_i(y_i - \beta_0 - \beta_1 x_i) = 0 \tag{1.2}$$

ここで，偏微分とは，2変数以上で微分するときに，一つの変数以外を定数とみなして行う微分で，この場合 β_0 で微分するとき β_1 は定数とみなし，β_1 で微分するとき β_0 は定数とみなす。

　(1.1)(1.2) を解くと，$\displaystyle\sum_{i=1}^{N}(x_i - \bar{x})^2 \neq 0$，すなわち

$$x_1 = \cdots = x_N \text{ではない} \tag{1.3}$$

とき，

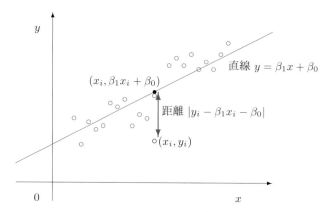

図 1.1　最小二乗法で $\sum_{i=1}^{n}(y_i - \beta_1 x_i - \beta_0)^2$ を最小にする β_0, β_1 を求める

$$\hat{\beta}_1 = \frac{\sum_{i=1}^{N}(x_i - \bar{x})(y_i - \bar{y})}{\sum_{i=1}^{N}(x_i - \bar{x})^2} \tag{1.4}$$

$$\hat{\beta}_0 = \bar{y} - \hat{\beta}_1 \bar{x} \tag{1.5}$$

が得られる。ただし，$\bar{x} := \frac{1}{N}\sum_{i=1}^{N} x_i$, $\bar{y} := \frac{1}{N}\sum_{i=1}^{N} y_i$ とおいた。また，β_0, β_1 ではなく，$\hat{\beta}_0, \hat{\beta}_1$ というふうにハットをつけているのは，それらが真の値ではなく，あくまで N 組のデータから推定して得られた値であることを意味している。

　(1.1) の両辺を $-2N$ で割れば，(1.5) が得られる。(1.4) を示すためには，

$$(x_1 - \bar{x}, \ldots, x_N - \bar{x}, y_1 - \bar{y}, \ldots, y_N - \bar{y}) \mapsto (x_1, \ldots, x_N, y_1, \ldots, y_N)$$

とおいて（中心化して），傾き $\hat{\beta}_1$ を求める。X, Y 座標で，すべての点を $(\bar{x}, \bar{y})$ だけ移動させても，傾きは変わらない（原点を通る直線となる）。ここで，$x_1, \ldots, x_N, y_1, \ldots, y_N$ がひとたび中心化されれば，$\bar{x} = \bar{y} = 0$ および $\hat{\beta} = 0$ が成立することに注意する。そして，そのように中心化された $x_1, \ldots, x_N, y_1, \ldots, y_N$ および $\hat{\beta} = 0$ から，β_1 を求める。(1.2) で $\beta_0 = 0$ を代入すると，$x_1 = \cdots = x_N = 0$ でないとき，

$$\hat{\beta}_1 = \frac{\sum_{i=1}^{N} x_i y_i}{\sum_{i=1}^{N} x_i^2} \tag{1.6}$$

が得られる。しかし，(1.6) は中心化したあとの $x_1, \ldots, x_N, y_1, \ldots, y_N$ に関しての推定方法であったが，

$$(x_1, \ldots, x_N, y_1, \ldots, y_N) \mapsto (x_1 + \bar{x}, \ldots, x_N + \bar{x}, y_1 + \bar{y}, \ldots, y_N + \bar{y})$$

によって，中心化前に戻した (1.4) の値と一致する。最後に，そのようにして得られた $\hat{\beta}_1$ および (1.5) から，切片 $\hat{\beta}_0 = \bar{y} - \hat{\beta}_1 \bar{x}$ が求まる。

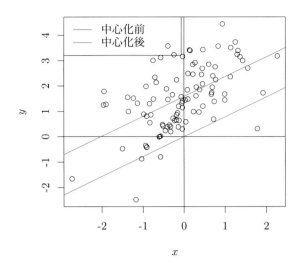

図1.2 (1.4) ではなく，最初に中心化しておいて，(1.6) から傾きを求めて，最後に算術平均 $\bar{x}, \bar{y}$ と (1.5) から切片を求めてもよい。

◆ **例 19** 図1.2は，下記 Python プログラムで，N 組のデータから最小二乗法で直線 l と，それが原点を通るように平行移動させた直線 l' を図示したものである。

```python
def min_sq(x,y):   # 最小二乗法の切片と傾きを求める関数
    x_bar,y_bar=np.mean(x),np.mean(y)
    beta_1=np.dot(x-x_bar,y-y_bar)/np.linalg.norm(x-x_bar)**2
    beta_0=y_bar-beta_1*x_bar
    return [beta_1,beta_0]
```

```python
N=100
a=np.random.normal(loc=2,scale=1,size=N)   # 平均・標準偏差・サイズ
b=randn(1) # 係数
x=randn(N)
y=a*x+b+randn(N)   # ここまで人工データの生成
a1,b1=min_sq(x,y)              # 回帰係数・切片
xx=x-np.mean(x);yy=y-np.mean(y) # 中心化
a2,b2=min_sq(xx,yy)            # 中心化後の回帰係数・切片
```

```
(1.7865393047324676, 1.067565008452225e-16)
```

```python
x_seq=np.arange(-5,5,0.1)
y_pre=x_seq*a1+b1
yy_pre=x_seq*a2+b2
plt.scatter(x,y,c="black")
plt.axhline(y=0,c="black",linewidth=0.5)
plt.axvline(x=0,c="black",linewidth=0.5)
plt.plot(x_seq,y_pre,c="blue",label="中心化前")
```

```
8  plt.plot(x_seq,yy_pre,c="orange",label="中心化後")
9  plt.legend(loc="upper left")
```

　ここで, 関数 min_sq は, $x, y \in \mathbb{R}^N$ から, その切片 β_0 と傾き β_1 を求める関数である。β_0, β_1 は未知であるが, x, y から最小二乗法で推定し, それらが $\hat{\beta}_0, \hat{\beta}_1$ であれば, $y = \hat{\beta}_0 + \hat{\beta}_1 x$ という直線を引くことになる。Python で用意された plt.plot で, 描画する。label="中心化前", label="中心化後"で指定するのは, 凡例でそのように表示させるためである。

1.2　重回帰

　説明変数が p 個ある場合の回帰（重回帰）について, 検討する。そのために, 単回帰 $(p = 1)$ の場合の最小二乗法の処理を, 行列で表示してみる。

$$
y := \left[\begin{array}{c} y_1 \\ \vdots \\ y_N \end{array} \right], \ X := \left[\begin{array}{cc} 1 & x_1 \\ \vdots & \vdots \\ 1 & x_N \end{array} \right], \ \beta := \left[\begin{array}{c} \beta_0 \\ \beta_1 \end{array} \right] \tag{1.7}
$$

このようにおくと, $L := \displaystyle\sum_{i=1}^{N} (y_i - \beta_0 - x_{i,1}\beta_1)^2$ について,

$$
L = \|y - X\beta\|^2
$$

および

$$
\nabla L := \left[\begin{array}{c} \dfrac{\partial L}{\partial \beta_0} \\ \dfrac{\partial L}{\partial \beta_1} \end{array} \right] = -2X^T (y - X\beta) \tag{1.8}
$$

が成立する。それを確認するために, (1.8) の右辺を成分で書いてみると,

$$
\left[\begin{array}{c} -2 \displaystyle\sum_{i=1}^{N} (y_i - \beta_0 - \beta_1 x_i) \\ -2 \displaystyle\sum_{i=1}^{N} x_i (y_i - \beta_0 - \beta_1 x_i) \end{array} \right] \tag{1.9}
$$

となり, (1.1)(1.2) と一致することがわかる。

　重回帰で, 一般の $p \geq 1$ で検討する場合は, (1.7) を

$$
y := \left[\begin{array}{c} y_1 \\ \vdots \\ y_N \end{array} \right], \ X := \left[\begin{array}{cccc} 1 & x_{1,1} & \cdots & x_{1,p} \\ \vdots & \vdots & \ddots & \vdots \\ 1 & x_{N,1} & \cdots & x_{N,p} \end{array} \right], \ \beta := \left[\begin{array}{c} \beta_0 \\ \beta_1 \\ \vdots \\ \beta_p \end{array} \right]
$$

のように拡張する。そのようにしても, (1.8) は成立する。実際, (1.9) は, $x_{i,0} = 1, i = 1, \ldots, N$ として,

$$-2X^T(y - X\beta) = \begin{bmatrix} -2\sum_{i=1}^{N}(y_i - \sum_{j=0}^{p}\beta_j x_{i,j}) \\ -2\sum_{i=1}^{N}x_{i,1}(y_i - \sum_{j=0}^{p}\beta_j x_{i,j}) \\ \vdots \\ -2\sum_{i=1}^{N}x_{i,p}(y_i - \sum_{j=0}^{p}\beta_j x_{i,j}) \end{bmatrix} \tag{1.10}$$

となる。(1.10) を 0 ベクトルとおいた方程式は，$X^T X \beta = X^T y$ より，以下のように与えられる。

命題 11 $X^T X \in \mathbb{R}^{(p+1) \times (p+1)}$ が逆行列をもつとき，

$$\hat{\beta} = (X^T X)^{-1} X^T y \tag{1.11}$$

◆ **例 20** 下記は，(1.11) にもとづいて，$\beta_0 = 1, \beta_1 = 2, \beta_2 = 3, \epsilon_i \sim N(0,1)$ として，$N = 100$ データ発生させて，切片と傾きを最小二乗法で推定する Python プログラムである。

```
n=100; p=2
beta=np.array([1,2,3])
x=randn(n,2)
y=beta[0]+beta[1]*x[:,0]+beta[2]*x[:,1]+randn(n)
X=np.insert(x,0,1,axis=1) # 左側にすべて1の列をおく
np.linalg.inv(X.T@X)@X.T@y # betaを推定する
```

```
array([1.08456582, 1.91382258, 2.98813678])
```

ここで，以下の各場合について，$X^T X$ が逆行列をもたないことがわかる。

1. $N < p + 1$ の場合
2. X のある 2 列が等しい場合

実際，$N < p + 1$ の場合，命題 3 より，

$$\mathrm{rank}(X^T X) \leq \mathrm{rank}(X) \leq \min\{N, p+1\} = N < p+1$$

これと命題 1 より，$X^T X$ が逆行列をもたない。また，X のある 2 列が等しい場合，命題 3 より，

$$\mathrm{rank}(X^T X) \leq \mathrm{rank}(X) < p+1$$

これと命題 1 より，$X^T X$ が逆行列をもたない。

さらに，$X^T X$ と X の階数が等しいこともいえる。実際，任意の $z \in \mathbb{R}^{p+1}$ について，

$$X^T X z = 0 \implies z^T X^T X z = 0 \implies \|Xz\|^2 = 0 \implies Xz = 0$$

$$Xz = 0 \implies X^T X z = 0$$

すなわち，$X^T X$ と X で核（の次元）が等しい。また，$X^T X$ と X は列数が同じなので，命題 4 より，両者の像の次元は等しい。また，命題 4 より，一致した像の次元がそれぞれの行列の階数に一致するので，$X^T X$ と X^T の階数は等しい。

本章の以下では，$X \in \mathbb{R}^{N \times (p+1)}$ の階数が $p+1$ であることを仮定する。なお，$p = 1$ の場合，条件 (1.3) は $\mathrm{rank}(X) = 2 = p+1$ と同値になる。

1.3　$\hat{\beta}$ の分布

目的変数 $y \in \mathbb{R}^N$ が，説明変数 $X \in \mathbb{R}^{N \times (p+1)}$ にある $\beta \in \mathbb{R}^{p+1}$ を掛けて，確率変数 $\epsilon \in \mathbb{R}^N$ を加えた値として得られたものと仮定する。すなわち，ϵ の変動によってのみ y が変動するととらえる。すなわち，

$$y = X\beta + \epsilon \tag{1.12}$$

とおく。ただし，β は $\hat{\beta}$ とは異なるもので，値が未知であるものとする。すなわち，N 組のデータ $(x_1, y_1), \ldots, (x_N, y_N) \in \mathbb{R}^p \times \mathbb{R}$ から，最小二乗法によって β を推定したものと解釈する。ここで，$x_i \in \mathbb{R}^p$ は X における第 i 行の最初の 1 をのぞいた p 個の成分である。

ここで，確率変数 ϵ の各成分 $\epsilon_1, \ldots, \epsilon_N$ は，独立であって，平均 0，分散 σ^2 の正規分布（確率密度関数が，それぞれの $i = 1, \ldots, N$ で

$$f_i(\epsilon_i) = \frac{1}{\sqrt{2\pi\sigma^2}} \exp\left\{ -\frac{\epsilon_i^2}{2\sigma^2} \right\}$$

と書ける）にしたがうものとする。これを，$\epsilon_i \sim N(0, \sigma^2)$ と書くことにする。これら $\epsilon_1, \ldots, \epsilon_N$ を，N 変数の正規分布として，

$$f(\epsilon) = \prod_{i=1}^{N} f_i(\epsilon_i) = \frac{1}{(2\pi\sigma^2)^{N/2}} \exp\left\{ -\frac{\epsilon^T \epsilon}{2\sigma^2} \right\}$$

と書くこともできる。これを，$N \times N$ の単位行列 I を用いて，$\epsilon \sim N(0, \sigma^2 I)$ と書くことにする。このとき，一般に以下が成立する。

命題 12　正規分布にしたがう確率変数について，それらが独立であることと，それらの共分散が 0 であることは同値である。

証明は，章末の付録を参照されたい。

このとき，(1.12) を (1.11) に代入すると，

$$\hat{\beta} = (X^T X)^{-1} X^T (X\beta + \epsilon) = \beta + (X^T X)^{-1} X^T \epsilon \tag{1.13}$$

とできる。β の推定値 $\hat{\beta}$ が ϵ に依存しているが，これは，N 組のデータ $(x_1, y_1), \ldots, (x_N, y_N)$ が偶然に生じたことによる。かりに，$x_1, \ldots, x_N$ を共通の値であるとして，再度 $(y_1, \ldots, y_N)$ を (1.12) にしたがって発生させた場合，それぞれに $(\epsilon_1, \ldots, \epsilon_N)$ だけの変動が加わる。$\hat{\beta}$ の推定は，この偶然生じた N 組のデータを用いて得られたものである。他方，$\epsilon \in \mathbb{R}^N$ の平均は 0 であるので，その

前に定数の行列 $(X^TX)^{-1}X^T$ が掛かっていても，平均は 0 である。したがって，(1.13) より，以下が成立する。

$$E[\hat{\beta}] = \beta \tag{1.14}$$

一般に，推定量の平均をとった値が真の値に一致するとき，その推定量は不偏 (unbiased) であるという。

次に，$\hat{\beta}$ もその平均値 β も $p+1$ 変数からなっている。この場合，$i = 0, 1, \ldots, p$ のそれぞれの分散 $V(\hat{\beta}_i) = E(\hat{\beta}_i - \beta_i)^2$ 以外に，$i \neq j$ について共分散 $\sigma_{i,j} := E(\hat{\beta}_i - \beta_i)(\hat{\beta}_j - \beta_j)^T$ が定義できる。$\sigma_{i,j}$ を (i,j) 成分にもつ行列を $\hat{\beta}$ の共分散行列とよぶ。これは，以下のように計算できる。(1.13) より，

$$E\begin{bmatrix} (\hat{\beta}_0 - \beta_0)^2 & (\hat{\beta}_0 - \beta_0)(\hat{\beta}_1 - \beta_1) & \cdots & (\hat{\beta}_0 - \beta_0)(\hat{\beta}_p - \beta_p) \\ (\hat{\beta}_1 - \beta_1)(\hat{\beta}_0 - \beta_0) & (\hat{\beta}_1 - \beta_1)^2 & \cdots & (\hat{\beta}_1 - \beta_1)(\hat{\beta}_p - \beta_p) \\ \vdots & \vdots & \ddots & \vdots \\ (\hat{\beta}_p - \beta_p)(\hat{\beta}_0 - \beta_0) & (\hat{\beta}_p - \beta_p)(\hat{\beta}_1 - \beta_1) & \cdots & (\hat{\beta}_p - \beta_p)^2 \end{bmatrix}$$

$$= E\begin{bmatrix} \hat{\beta}_0 - \beta_0 \\ \hat{\beta}_1 - \beta_1 \\ \vdots \\ \hat{\beta}_p - \beta_p \end{bmatrix} [\hat{\beta}_0 - \beta_0, \hat{\beta}_1 - \beta_1, \ldots, \hat{\beta}_p - \beta_p]$$

$$= E(\hat{\beta} - \beta)(\hat{\beta} - \beta)^T = E(X^TX)^{-1}X^T\epsilon\{(X^TX)^{-1}X^T\epsilon\}^T$$

$$= (X^TX)^{-1}X^T E\epsilon\epsilon^T X(X^TX)^{-1} = \sigma^2(X^TX)^{-1}$$

ここで，ϵ の共分散行列が $E\epsilon\epsilon^T = \sigma^2 I$ となることを用いた。すなわち，

$$\hat{\beta} \sim N(\beta, \sigma^2(X^TX)^{-1}) \tag{1.15}$$

とできる。

1.4 RSS の分布

本節では，$L = \|y - X\beta\|^2$ に $\beta = \hat{\beta}$ を代入した値，すなわち直線をあてはめた場合の二乗誤差の分布を導く。そのために，行列 $H := X(X^TX)^{-1}X^T \in \mathbb{R}^{N \times N}$ の性質を確認する[1]。

$$H^2 = X(X^TX)^{-1}X^T \cdot X(X^TX)^{-1}X^T = X(X^TX)^{-1}X^T = H$$

$$(I - H)^2 = I - 2H + H^2 = I - H$$

$$HX = X(X^TX)^{-1}X^T \cdot X = X$$

さらに，$\hat{y} = X\hat{\beta}$ とおくとき，(1.11) より，

$$\hat{y} = X\hat{\beta} = X(X^TX)X^T y = Hy$$

---

[1] ハット行列とよばれる。

$$y - \hat{y} = (I - H)y = (I - H)(X\beta + \epsilon) = (X - HX)\beta + (1 - H)\epsilon = (I - H)\epsilon$$

$$RSS := \|y - \hat{y}\|^2 = \{(I - H)\epsilon\}^T(I - H)\epsilon = \epsilon^T(I - H)^2\epsilon = \epsilon^T(I - H)\epsilon \qquad (1.16)$$

が成立する。

命題 13　$H, I - H$ の固有値は $0, 1$ のみであって，H の固有値 1 と $I - H$ の固有値 0 の固有空間の次元は $p + 1$，H の固有値 0 と $I - H$ の固有値 1 の固有空間の次元は $N - p - 1$ となる。

　証明は，章末の付録を参照されたい。

　$I - H$ は実対称行列なので，命題 9 より，直交行列 P を用いて対角行列 $P(I - H)P^T$ を得ることができ，固有値のうち $N - p - 1$ 個が 1 でそれ以外の $p + 1$ 個が 0 なので，対角成分の最初の $N - p - 1$ 個を 1 とすることができる。

$$P(I - H)P^T = \mathrm{diag}(\underbrace{1, \ldots, 1}_{N-p-1}, \underbrace{0, \ldots, 0}_{p+1})$$

また，$v = P\epsilon \in \mathbb{R}^N$ を定義すると，$\epsilon = P^T v$ であるので，v の成分を $v_1, \ldots, v_N$ であるとして，(1.16) より，

$$RSS = \epsilon^T(I - H)\epsilon = (P^T v)^T(I - H)P^T v = v^T P(I - H)P^T v$$

$$= [v_1, \ldots, v_{N-p-1}, v_{N-p}, \ldots, v_n]
\begin{bmatrix}
1 & 0 & \cdots & \cdots & \cdots & 0 \\
0 & \ddots & 0 & \cdots & \cdots & \vdots \\
\vdots & 0 & 1 & 0 & \cdots & 0 \\
\vdots & \vdots & 0 & 0 & \cdots & \vdots \\
\vdots & \vdots & \vdots & \vdots & \ddots & \vdots \\
0 & \cdots & 0 & \cdots & \cdots & 0
\end{bmatrix}
\begin{bmatrix}
v_1 \\
\vdots \\
v_{N-p-1} \\
v_{N-p} \\
\vdots \\
v_N
\end{bmatrix}
= \sum_{i=1}^{N-p-1} v_i^2$$

とできる。また，v の最初の $N - p - 1$ 個の成分だけからなるベクトルを w とおくと，v の平均が $E[P\epsilon] = 0$ なので，$E[w] = 0$ である。また，$\tilde{I}$ を対角成分の最初の $N - p - 1$ 個が 1，それ以外の $p + 1$ 個が 0 の対角行列として，

$$Evv^T = EP\epsilon(P\epsilon)^T = PE\epsilon\epsilon^T P^T = P\sigma^2\tilde{I}P^T = \sigma^2\tilde{I}$$

より，共分散行列は $Eww^T = \sigma^2 I$ とできる。ただし，I は大きさが $N - p - 1$ の単位行列である。正規分布は，各変量が独立であることと，それらの共分散行列が対角行列になることが同値であるので，以下が導かれる。

$$\frac{RSS}{\sigma^2} \sim \chi^2_{N-p-1} \qquad (1.17)$$

ただし，χ^2_m で，自由度 m の（カイ二乗分布），すなわち，標準正規分布にしたがう m 個の独立な確率変数の二乗和の分布をあらわすものとする。

◆ **例 21**　χ^2 分布の自由度 m の各値で，その確率密度関数がどのように変化するかを，図 1.3 に示す。

χ^2分布の自由度

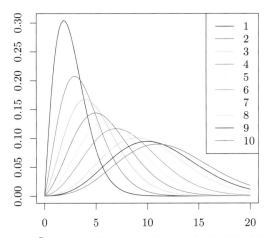

図 1.3 χ^2 分布で，自由度を 1 から 10 まで増やした場合。

```
1  x=np.arange(0,20,0.1)
2  for i in range(1,11):
3      plt.plot(x,stats.chi2.pdf(x,i),label='{}'.format(i))
4  plt.legend(loc='upper right')
```

1.5 $\hat{\beta}_j \neq 0$ の仮説検定

本節では，$\hat{\beta}_j$, $j = 0, 1, \ldots, p$ の各値から，それが 0 であるか否かの検定を行うことを考える。

$x_1, \ldots, x_N \in \mathbb{R}^p$ (行ベクトル) および $\beta \in \mathbb{R}^{p+1}$ が固定されていても，N 個の確率変数 $\epsilon_1, \ldots, \epsilon_N$ に変動があるため，

$$y_1 = \beta_0 + x_1[\beta_1, \ldots, \beta_p]^T + \epsilon_1 , \ldots, y_N = \beta_0 + x_N[\beta_1, \ldots, \beta_p]^T + \epsilon_N$$

は，偶然生じたものとみなすことができる（図 1.4）。実際，再度観測して異なる $\epsilon_1, \ldots, \epsilon_N$ の値が得られた場合，$y_1, \ldots, y_N$ も異なる値となる。

以下では，$j = 0, 1, \ldots, p$ として，β_j の真の値は未知であるが，$\beta_j = 0$ を仮定したときの，その推定値 $\hat{\beta}_j$ から計算できるある統計量が，自由度 $N - p - 1$ の t 分布にしたがうことを導き，その事実にもとづいて，仮説検定を構成する。

自由度 m の t 分布は，確率変数 $U \sim N(0, 1)$ および $V \sim \chi_m^2$（自由度 m の χ^2 分布）を用いて構成される確率変数 $T := U/\sqrt{V/m}$ の分布である。ただし，U, V は独立であるものとする。各自由度 m について，t 分布の確率密度関数の概形を図 1.5 に示す。t 分布は中心が 0 の対称な分布で，自由度が大きくなると標準正規分布に近づくことが知られている。

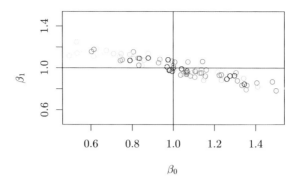

図 **1.4** $p = 1$, $N = 100$, $x_1, \ldots, x_N \sim N(2, 1)$ として発生させて固定した。そして，$\epsilon_1, \ldots, \epsilon_N \sim N(0, 1)$ を発生させたあと，$x_1, \ldots, x_N, y_1 = x_1 + 1 + \epsilon_1, \ldots, y_N = x_N + 1 + \epsilon_N$ から切片 β_0 と傾き β_1 を推定することを 100 回繰り返して，その推定値をプロットした。

t分布の自由度

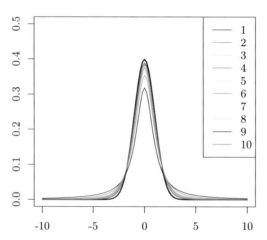

図 **1.5** t 分布で，自由度を 1 から 10 まで増やした場合。太線は標準正規分布。

◆ 例 **22** t 分布で，自由度を 1 から 10 まで増やし，標準正規分布と比較する。

```
1  x=np.arange(-10,10,0.1)
2  plt.plot(x,stats.norm.pdf(x,0,1),label="正規分布",c="black",linewidth=1)
3  for i in range(1,11):
4      plt.plot(x,stats.t.pdf(x,i),label='{}'.format(i),linewidth=0.8)
5  plt.legend(loc='upper right')
6  plt.title("t分布が自由度とともにどのように変化するか")
```

Text(0.5, 1.0, 't分布が自由度とともにどのように変化するか')

　ここで構成する検定は，$\alpha = 0.01, 0.05$ といった有意水準を設定しておき，T の値が両端の上位下位 $\alpha/2$ の確率に含まれるような T であれば，$\beta_j = 0$ という帰無仮説を棄却するというものであ

る。$\beta_j = 0$ であれば，理論的に $T \sim t_{N-p-1}$ であり，両端のはずれの値が生じるのは稀であるとする。

(1.12) の雑音 ϵ の標準偏差 σ を，

$$\hat{\sigma} := \sqrt{\frac{RSS}{N - p - 1}}$$

で推定し，$\hat{\beta}_j$ の標準偏差を

$$SE(\hat{\beta}_j) := \hat{\sigma}\sqrt{B_j}$$

で推定することを考える。ただし，B_j は $(X^T X)^{-1}$ の第 j 対角成分であるとする。

◆ 例 **23** $p = 1$ であれば，

$$X^T X = \begin{bmatrix} 1 & \cdots & 1 \\ x_1 & \cdots & x_N \end{bmatrix} \begin{bmatrix} 1 & x_1 \\ \vdots & \vdots \\ 1 & x_N \end{bmatrix} = N \begin{bmatrix} 1 & \bar{x} \\ \bar{x} & \frac{1}{N}\sum_{i=1}^{N} x_i^2 \end{bmatrix}$$

その逆行列をとると，

$$(X^T X)^{-1} = \frac{1}{\displaystyle\sum_{i=1}^{N}(x_i - \bar{x})^2} \begin{bmatrix} \frac{1}{N}\sum_{i=1}^{N} x_i^2 & -\bar{x} \\ -\bar{x} & 1 \end{bmatrix}$$

となるので，

$$B_0 = \frac{\frac{1}{N}\sum_{i=1}^{N} x_i^2}{\displaystyle\sum_{i=1}^{N}(x_i - \bar{x})^2} \text{ および } B_1 = \frac{1}{\displaystyle\sum_{i=1}^{N}(x_i - \bar{x})^2}$$

が成立する。$B = (X^T X)^{-1}$ として $B\sigma^2$ が $\hat{\beta}$ の共分散行列であるので，$B_j \sigma^2$ は $\hat{\beta}_j$ の分散であり，$B_j \hat{\sigma}^2$ はその推定値に相当する。$\beta_0 = 2, \beta_1 = 1$ として，$N = 100$ データから $\hat{\beta}_0, \hat{\beta}_1$ を推定する操作をくりかえし行ってから，それらをプロットした（図 1.4）。

```
N=100; p=1
iter_num=100
for i in range(iter_num):
    x=randn(N)+2   # 平均2, 分散1
    e=randn(N)
    y=x+1+e
    b_1,b_0=min_sq(x,y)
    plt.scatter(b_0,b_1)
plt.axhline(y=1.0,c="black",linewidth=0.5)
plt.axvline(x=1.0,c="black",linewidth=0.5)
plt.xlabel('beta_0')
plt.ylabel('beta_1')
```

Text(0, 0.5, 'beta_1')

$\bar{x}$ が正の値になるので，$\hat{\beta}_0, \hat{\beta}_1$ は負の相関をもっている。

以下では,

$$t = \frac{\hat{\beta}_j - \beta}{SE(\hat{\beta}_i)} \sim t_{N-p-1} \tag{1.18}$$

を示す。まず,

$$\frac{\hat{\beta}_j - \beta}{SE(\hat{\beta}_i)} = \frac{\hat{\beta}_j - \beta}{\sqrt{B_j}\sigma} \Big/ \sqrt{\frac{RSS/\sigma^2}{N-p-1}}$$

となるので, (1.15)(1.17) より,

$$U := \frac{\hat{\beta}_j - \beta}{\sqrt{B_j}\sigma} \sim N(0,1) \text{ および } V := \frac{RSS}{\sigma^2} \sim \chi^2_{N-p-1}$$

が成立する。あとは, U, V が独立であることを示せば (1.17) の t が t 分布にしたがうことを示せたことになる。そのために, RSS が $y - \hat{y}$ の関数なので, $y - \hat{y}$ と $\hat{\beta} - \beta$ の独立性を示せば十分である。ここで,

$$(\hat{\beta} - \beta)(y - \hat{y})^T = (X^T X)^{-1} X^T \epsilon\epsilon^T (I - H)$$

とできるので, $E\epsilon\epsilon^T = \sigma^2 I$ および $HX = X$ より,

$$E(\hat{\beta} - \beta)(y - \hat{y})^T = 0$$

が成立する。$y - \hat{y} = (I - H)\epsilon$, $\hat{\beta} - \beta$ とも正規分布にしたがうので, 両者の共分散が 0 であることは, 独立であることを意味する (命題12)。

◆ 例 24 帰無仮説 $H_0 : \beta_j = 0$, 対立仮説 $H_1 : \beta_j \neq 0$ の検定を行いたい。$p = 1$ として, H_0 のもとで,

$$t = \frac{\hat{\beta}_i - 0}{SE(\hat{\beta}_i)} \sim t_{N-p-1}$$

となることを用いて, 以下の処理を構成した。ただし, 関数 pt(x,m) は, 自由度 m の t 分布の確率密度関数を f_m として, $\int_x^\infty f_m(t)dt$ の値を返している。

```
N=100
x=randn(N); y=randn(N)
beta_1,beta_0=min_sq(x,y)
RSS=np.linalg.norm(y-beta_0-beta_1*x)**2
RSE=np.sqrt(RSS/(N-1-1))
B_0=(x.T@x/N)/np.linalg.norm(x-np.mean(x))**2
B_1=1/np.linalg.norm(x-np.mean(x))**2
se_0=RSE*np.sqrt(B_0)
se_1=RSE*np.sqrt(B_1)
t_0=beta_0/se_0
t_1=beta_1/se_1
p_0=2*(1-stats.t.cdf(np.abs(t_0),N-2))
p_1=2*(1-stats.t.cdf(np.abs(t_1),N-2))
```

```
beta_0,se_0,t_0,p_0 # 切片
```

```
(-0.007650428118828838,
 0.09826142188565655,
 -0.0778579016262494,
 0.9380998328599441)
```

```
1  beta_1,se_1,t_1,p_1 # 回帰係数
```

```
(0.03949448841467844,
 0.10414969655462533,
 0.37920886686370736,
 0.7053531714456662)
```

Python では，`scikit-learn` が用いられることが多い。

```
1  from sklearn import linear_model
```

```
1  reg=linear_model.LinearRegression()
2  x=x.reshape(-1,1) # sklearnでは配列のサイズを明示する必要がある
3  y=y.reshape(-1,1) # 片方の次元を設定し，もう片方を-1にすると自動でしてくれる
4  reg.fit(x,y) # 実行
```

```
LinearRegression(copy_X=True,fit_intercept=True,n_jobs=None,
        normalize=False)
```

```
1  reg.coef_,reg.intercept_  # 回帰係数 beta_1，切片 beta_0
```

```
(array([[0.03949449]]), array([-0.00765043]))
```

今度は，`statsmodels` というモジュールを用いてみる。X の左の列にすべて 1 の列を加えてから実行する。

```
1  import statsmodels.api as sm
```

```
1  X=np.insert(x,0,1,axis=1)
2  model=sm.OLS(y,X)
3  res=model.fit()
4  print(res.summary())
```

```
                            OLS Regression Results
==============================================================================
Dep. Variable:                      y   R-squared:                       0.001
Model:                            OLS   Adj. R-squared:                 -0.009
Method:                 Least Squares   F-statistic:                    0.1438
Date:                Wed, 12 Feb 2020   Prob (F-statistic):              0.705
```

```
Time:                      14:27:19   Log-Likelihood:              -139.12
No. Observations:                100   AIC:                          282.2
Df Residuals:                     98   BIC:                          287.5
Df Model:                          1
Covariance Type:            nonrobust
==============================================================================
                 coef    std err          t      P>|t|      [0.025      0.975]
------------------------------------------------------------------------------
const         -0.0077      0.098     -0.078      0.938      -0.203       0.187
x1             0.0395      0.104      0.379      0.705      -0.167       0.246
==============================================================================
Omnibus:                       1.015   Durbin-Watson:                   2.182
Prob(Omnibus):                 0.602   Jarque-Bera (JB):                0.534
Skew:                         -0.086   Prob(JB):                        0.766
Kurtosis:                      3.314   Cond. No.                         1.06
==============================================================================
```

◆ **例 25**　例24の$\hat{\beta}_1$を$r = 1000$回くりかえし推定して，$\hat{\beta}_1/SE(\beta_1)$のヒストグラムをとってみた。以下の処理では，毎回発生させたデータから`beta_1/se_1`が計算され，（大きさrの）ベクトルとして`T`に蓄積させている。まず，帰無仮説$\beta_1 = 0$のもとでデータを発生させてみた（図1.6左）。

```
1  N=100; r=1000
2  T=[]
3  for i in range(r):
```

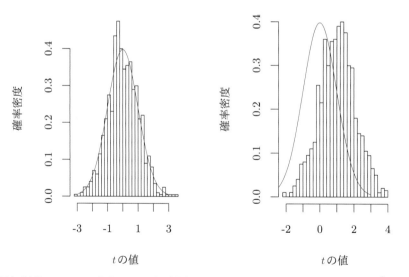

図 **1.6**　帰無仮説$\beta_1 = 0$が成立する場合（左）としない場合（$\beta_1 = 0.1$, 右）での$\hat{\beta}_1/SE(\hat{\beta}_1)$の分布

```
4    x=randn(N); y=randn(N)
5    beta_1,beta_0=min_sq(x,y)
6    pre_y=beta_0+beta_1*x # yの予測値
7    RSS=np.linalg.norm(y-beta_0-beta_1*x)**2
8    RSE=np.sqrt(RSS/(N-1-1))
9    B_0=(x.T@x/N)/np.linalg.norm(x-np.mean(x))**2
10   B_1=1/np.linalg.norm(x-np.mean(x))**2
11   se_1=RSE*np.sqrt(B_1)
12   T.append(beta_1/se_1)
13 plt.hist(T,bins=20,range=(-3,3),density=True)
14 x=np.linspace(-4,4,400)
15 plt.plot(x,stats.t.pdf(x,1))
16 plt.title("帰無仮説が成立する場合")
17 plt.xlabel('tの値')
18 plt.ylabel('確率密度')
```

Text(0, 0.5, '確率密度')

　次に，帰無仮説が成立しない場合の様子を見るために，$\beta_1 = 0.1$ として，y=randn(N) を y=0.1*x+randn(N) におきかえて実行してみた（図 1.6 右）．

1.6　決定係数と共線形性の検出

　以下では，すべての成分が $1/N$ の行列を $W \in \mathbb{R}^{N \times N}$ とおいて，すべての成分が $\bar{y} = \dfrac{1}{N}\displaystyle\sum_{i=1}^{N} y_i$ である大きさ N の列ベクトルを $Wy \in \mathbb{R}^N$ と書くものとする．ここで，データ $x_1, \ldots, x_N \in \mathbb{R}^p$, $y_1, \ldots, y_N \in \mathbb{R}$ について，

$$RSS = \|\hat{y} - y\|^2 = \|(I - H)\epsilon\|^2 = \|(I - H)y\|^2 \qquad (\text{residual sum of squares}, 残差変動)$$

以外に，

$$ESS := \|\hat{y} - \bar{y}\|^2 = \|\hat{y} - Wy\|^2 = \|(H - W)y\|^2 \qquad (\text{explained sum}, 回帰変動)$$
$$TSS := \|y - \bar{y}\|^2 = \|(I - W)y\|^2 \qquad (\text{total sum}, 全変動)$$

を定義する．TSS とくらべて RSS が小さいほど，線形回帰がデータに適合しているといえる．
　これらの間には，

$$TSS = RSS + ESS \tag{1.19}$$

という関係がある．ここで，$HX = X$ で，X の最も左の列がすべて 1 であり，すべて 1 の列ベクトルや，その定数倍のベクトルも固有値 1 の固有ベクトルになり，$HW = W$ が成立する．したがって，

$$(I - H)(H - W) = 0 \tag{1.20}$$

も成立する．次に，ベクトル $(I - W)y = (I - H)y + (H - W)y$ の両辺で大きさの二乗をとると，(1.20) より，$\|(I - W)y\|^2 = \|(I - H)y\|^2 + \|(H - W)y\|^2$ が成立する．

さらに，RSS と ESS が独立であることも示すことができる。実際，$(I - H)\epsilon$ と $(H - W)y =$ $(H - W)X\beta + (H - W)\epsilon$ の共分散行列は，$(I - H)\epsilon$ と $(H - W)\epsilon$ のそれと同じになる。また，$(H - W)X\beta \in \mathbb{R}^N$ は確率変動がなく，定数であるため，共分散を計算するときに除外してよい。そして，(1.20) より，共分散行列 $E(I - H)\epsilon\epsilon^T(H - W)$ は 0 となる。RSS, ESS とも正規分布にしたがうので，両者は独立になる。

特に，

$$R^2 = \frac{ESS}{TSS} = 1 - \frac{RSS}{TSS}$$

を決定係数 (coefficient of determination) という。以下で示すように，単回帰 ($p = 1$) のとき，R^2 の値が，（サンプルベースの）相関係数

$$\hat{\rho} := \frac{\displaystyle\sum_{i=1}^{N}(x_i - \bar{x})(y_i - \bar{y})}{\sqrt{\displaystyle\sum_{i=1}^{N}(x_i - \bar{x})^2 \sum_{i=1}^{N}(y_i - \bar{y})^2}}$$

の二乗に一致する。この意味で，決定係数は説明変数と目的変数の間の相関性 (非負) をあらわしているということができる。実際，$p = 1$ のとき，$\hat{y} = \hat{\beta}_0 + \hat{\beta}_1 x$ および (1.5) より，$\hat{y} - \bar{y} = \hat{\beta}_1(x - \bar{x})$ が成立する。したがって，(1.4) および $\|x - \bar{x}\|^2 = \displaystyle\sum_{i=1}^{N}(x_i - \bar{x})^2$，$\|y - \bar{y}\|^2 = \displaystyle\sum_{i=1}^{N}(y_i - \bar{y})^2$ より，

$$\frac{ESS}{TSS} = \frac{\hat{\beta}_1^2\|x - \bar{x}\|^2}{\|y - \bar{y}\|^2} = \left\{ \frac{\displaystyle\sum_{i=1}^{N}(x_i - \bar{x})(y_i - \bar{y})}{\displaystyle\sum_{i=1}^{N}(x_i - \bar{x})^2} \right\}^2 \frac{\displaystyle\sum_{i=1}^{N}(x_i - \bar{x})^2}{\displaystyle\sum_{i=1}^{N}(y_i - \bar{y})^2}$$

$$= \frac{\left\{ \displaystyle\sum_{i=1}^{N}(x_i - \bar{x})(y_i - \bar{y}) \right\}^2}{\displaystyle\sum_{i=1}^{N}(x_i - \bar{x})^2 \sum_{i=1}^{N}(y_i - \bar{y})^2}$$

となり，$\hat{\rho}^2$ と一致することがわかる。

調整済み決定係数 (adjusted coefficient of determination) といって，分子の RSS と分母の TSS をそれぞれ自由度で割ったものに置き換えた

$$1 - \frac{RSS/(N - p - 1)}{TSS/(N - 1)} \tag{1.21}$$

が用いられることがある。p の値が大きい場合，調整済み決定係数は，決定係数と比較して小さくなる。これは，変数の個数が大きくなればなるほど，実際以上に直線へのあてはまりはよくなるので，そのことへのペナルティを課していると考えてよい。

◆ 例 26　決定係数を求める関数を構成して，実際に値を求めてみる。

```
1  def R2(x,y):
2      n=x.shape[0]
3      xx=np.insert(x,0,1,axis=1)
4      beta=np.linalg.inv(xx.T@xx)@xx.T@y
5      y_hat=xx@beta
6      y_bar=np.mean(y)
7      RSS=np.linalg.norm(y-y_hat)**2
8      TSS=np.linalg.norm(y-y_bar)**2
9      return 1-RSS/TSS
```

```
1  N=100; m=2
2  x=randn(N,m)
3  y=randn(N)
4  R2(x,y)
```

0.03530233580996256

```
1  # 1変量ならば，決定係数は相関係数の二乗
2  x=randn(N,1)
3  y=randn(N)
4  R2(x,y)
```

0.033782723309598084

```
1  xx=x.reshape(N)
2  np.corrcoef(xx,y)
```

```
array([[1.        , 0.18380077],
       [0.18380077, 1.        ]])
```

```
1  np.corrcoef(xx,y)[0,1]**2   # 相関係数の二乗
```

0.033782723309598084

決定係数は，説明変数によって目的変数がどれだけ説明できているかをあらわす（最大値 1）。他方，説明変数どうし冗長なものがないかどうかを測る尺度として，VIF (variance inflation factor) が用いられる。

$$VIF := \frac{1}{1 - R^2_{X_j|X_{-j}}}$$

ただし，$R^2_{X_j|X_{-j}}$ で，目的変数として $X \in \mathbb{R}^{N \times p}$ の第 j 列を，説明変数としてそれ以外の $p-1$ 個の列を用いる（$y \in \mathbb{R}^N$ は用いない）。VIF の値が大きいほど（最小値 1），他の説明変数によって説明されている（共線形性 (colinearity) が強い）ことを意味する。

◆ 例 27　Python の `sklearn` パッケージの Boston というデータについて, VIF を計算してみた.

```
1  from sklearn.datasets import load_boston
```

```
1  boston=load_boston()
2  x=boston.data
3  x.shape
```

```
(506, 13)
```

```
1  def VIF(x):
2      p=x.shape[1]
3      values=[]
4      for j in range(p):
5          S=list(set(range(p))-{j})
6          values.append(1/(1-R2(x[:,S],x[:,j])))
7      return values
```

```
1  VIF(x)
```

```
array([1.79219155, 2.29875818, 3.99159642, 1.07399533, 4.39371985,
       1.93374444, 3.10082551, 3.95594491, 7.48449634, 9.00855395,
       1.79908405, 1.34852108, 2.94149108])
```

1.7　信頼区間と予測区間

これまで, $\beta \in \mathbb{R}^{p+1}$ の推定値 $\hat{\beta}$ について検討してきた. 本節では, その信頼区間について検討する. まず, (1.18) より, その確率密度関数を f として, $\alpha/2 = \int_t^\infty f(u)du$ なる t を $t_{N-p-1}(\alpha/2)$ と書くと, $\hat{\beta}$ の信頼区間として[2],

$$\beta_i = \hat{\beta}_i \pm t_{N-p-1}(\alpha/2)SE(\hat{\beta}_i), \ i = 0, 1, \ldots, p$$

が得られる. 本節ではこの他に, 推定に用いた $x_1, \ldots, x_N$ とは別の点 $x_* \in \mathbb{R}^{p+1}$ (行ベクトルで最初の成分が1) での目的変数の値を予測する際に, $x_*\hat{\beta}$ を用いたとする. この値の信頼区間を求めてみたい.

$x_*\hat{\beta}$ の平均は $E[x_*\hat{\beta}] = x_*E[\hat{\beta}]$ なので, 分散は, $\epsilon_i, i = 1, \ldots, N$ の分散を σ^2 として,

$$V[x_*\hat{\beta}] = E[\{x_*(\hat{\beta} - \beta)\}^T x_*(\hat{\beta} - \beta)] = x_*V(\hat{\beta})x_*^T = \sigma^2 x_*(X^TX)^{-1}x_*^T$$

というように計算できる. そして, 以前の導出と同様に

$$\hat{\sigma} := \sqrt{RSS/(N - p - 1)}, \ SE(x_*\hat{\beta}) := \hat{\sigma}\sqrt{x_*(X^TX)^{-1}x_*^T}$$

---

[2] $\alpha = \hat{\alpha} \pm \gamma$ と書いて ($\hat{\alpha}$ は α の不偏推定量), $\hat{\alpha} - \gamma \leq \alpha \leq \hat{\alpha} + \gamma$ をあらわすものとする.

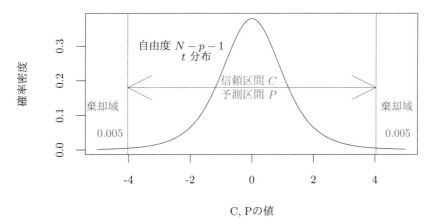

図 1.7 信頼区間も予測区間も，自由度 $N-p-1$ の t 分布の両端それぞれ確率 $\alpha/2$ になれば，危険率 α の区間にあることから導かれる。ここでは，$\alpha = 0.01$ としている。

とおくとき，

$$C := \frac{x_*\hat{\beta} - x_*\beta}{SE(x_*\hat{\beta})} = \frac{x_*\hat{\beta} - x_*\beta}{\hat{\sigma}\sqrt{x_*(X^TX)^{-1}x_*^T}} = \frac{x_*\hat{\beta} - x_*\beta}{\sigma\sqrt{x_*(X^TX)^{-1}x_*^T}} \Big/ \sqrt{\frac{RSS}{\sigma^2} \Big/ (N-p-1)}$$

が自由度 $N-p-1$ の t 分布にしたがうことを示すことができる。実際，分子 $\sim N(0,1)$ で，分母の平方根の内部は $\frac{RSS}{\sigma^2} \sim \chi^2_{N-p-1}$ をその自由度 $N-p-1$ で割った値になっている。さらに，以前に証明したように，RSS と $\hat{\beta}-\beta$ が独立であるので，$C \sim t_{N-p-1}$ が成立する。

他方，$x_*\hat{\beta}$ で推定した値に，実際には雑音 ϵ の値がのるので，その値を考慮した場合に $x_*\hat{\beta}$ と $y_* = x_*\beta + \epsilon$ の差の分布を評価する必要がある。この場合の信頼区間 (confident interval) は，予測区間 (prediction interval) とよばれることが多い。分散が評価できて，

$$V[x_*\hat{\beta} - (x_*\beta + \epsilon)] = V[x_*(\hat{\beta} - \beta)] + V[\epsilon] = \sigma^2 x_*(X^TX)^{-1}x_*^T + \sigma^2$$

同様に，

$$P := \frac{x_*\hat{\beta} - y_*}{SE(x_*\hat{\beta})} = \frac{x_*\hat{\beta} - y_*}{\sigma(1 + \sqrt{x_*(X^TX)^{-1}x_*^T})} \Big/ \sqrt{\frac{RSS}{\sigma} \Big/ (N-p-1)} \sim t_{N-p-1}$$

が得られる。

したがって，棄却域を確率 α（危険率 α）として（図 1.7）

$$x_*\beta = x_*\hat{\beta} \pm t_{N-p-1}(\alpha/2)\hat{\sigma}\sqrt{x_*(X^TX)^{-1}x_*^T} \qquad \text{(信頼区間)}$$

$$y_* = x_*\hat{\beta} \pm t_{N-p-1}(\alpha/2)\hat{\sigma}\sqrt{1 + x_*(X^TX)^{-1}x_*^T} \qquad \text{(予測区間)}$$

が得られる。

◆ **例 28** 最小二乗法で直線をあてはめるだけでなく，その外側に信頼区間，さらにその外側に予測区間の範囲を表示してみる（図 1.8）。

```
1  N=100; p=1
2  X=randn(N,p)
3  X=np.insert(X,0,1,axis=1)
4  beta=np.array([1,1])
5  epsilon=randn(N)
6  y=X@beta+epsilon
```

```
1  # 関数f(x),g(x)を定義
2  U=np.linalg.inv(X.T@X)
3  beta_hat=U@X.T@y
4  RSS=np.linalg.norm(y-X@beta_hat)**2
5  RSE=np.sqrt(RSS/(N-p-1))
6  alpha=0.05
```

```
1  def f(x,a):   # a=0なら信頼区間・a=1なら予測区間
2      x=np.array([1,x])
3      # stats.t.ppf(0.975,df=N-p-1) # 累積確率が1-alpha/2となる点
4      range=stats.t.ppf(0.975,df=N-p-1)*RSE*np.sqrt(a+x@U@x.T)
5      lower=x@beta_hat-range
6      upper=x@beta_hat+range
7      return ([lower,upper])
```

```
1  # 例
2  stats.t.ppf(0.975,df=1)   # 確率pに対応する点
```

12.706204736432095

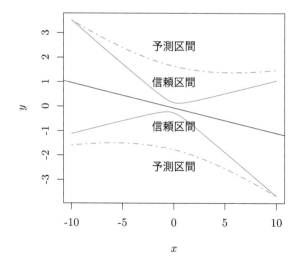

図1.8　最小二乗法で得られた直線と，それをはさむ信頼区間（実線）と予測区間（破線）。予測区間のほうが，信頼区間の外側にくる。

```
1   x_seq=np.arange(-10,10,0.1)
2   # 信頼区間
3   lower_seq1=[]; upper_seq1=[]
4   for i in range(len(x_seq)):
5       lower_seq1.append(f(x_seq[i],0)[0]); upper_seq1.append(f(x_seq[i],0)[1])
6   # 予測区間
7   lower_seq2=[]; upper_seq2=[]
8   for i in range(len(x_seq)):
9       lower_seq2.append(f(x_seq[i],1)[0]); upper_seq2.append(f(x_seq[i],1)[1])
10  # 回帰直線による予測値
11  yy=beta_hat[0]+beta_hat[1]*x_seq
```

```
1   plt.xlim(np.min(x_seq),np.max(x_seq))
2   plt.ylim(np.min(lower_seq1),np.max(upper_seq1))
3   plt.plot(x_seq,yy,c="black")
4   plt.plot(x_seq,lower_seq1,c="blue")
5   plt.plot(x_seq,upper_seq1,c="red")
6   plt.plot(x_seq,lower_seq2,c="blue",linestyle="dashed")
7   plt.plot(x_seq,upper_seq2,c="red",linestyle="dashed")
8   plt.xlabel("x")
9   plt.ylabel("y")
```

Text(0, 0.5, 'y')

付録 命題の証明

命題12 正規分布にしたがう確率変数について，それらが独立であることと，それらの共分散が0であることは同値である。

証明 $X \sim N(\mu_X, \sigma_X^2)$, $Y \sim N(\mu_Y, \sigma_Y^2)$, $E[\cdot]$ で平均をとる操作として，両者の相関係数を

$$\rho := \frac{E(X - \mu_X)(Y - \mu_Y)}{\sqrt{E(X - \mu_X)^2}\sqrt{E(Y - \mu_Y)^2}} \tag{1.22}$$

で定義し，X, Y が独立であることを，それぞれの確率密度関数

$$f_X(x) = \frac{1}{\sqrt{2\pi}\sigma_X} \exp\left\{-\frac{1}{2\sigma_X^2}(x - \mu_X)^2\right\}$$

$$f_Y(y) = \frac{1}{\sqrt{2\pi}\sigma_Y} \exp\left\{-\frac{1}{2\sigma_Y^2}(y - \mu_Y)^2\right\}$$

$$f_{XY}(x, y) = \frac{1}{2\pi\sigma_X\sigma_Y\sqrt{1 - \rho^2}}$$
$$\times \exp\left\{-\frac{1}{2(1 - \rho^2)}\left[\left(\frac{x - \mu_X}{\sigma_X}\right)^2 - 2\rho\left(\frac{x - \mu_X}{\sigma_X}\right)\left(\frac{y - \mu_Y}{\sigma_Y}\right) + \left(\frac{x - \mu_X}{\sigma_X}\right)^2\right]\right\}$$

について $f_X(x)f_Y(y) = f_{XY}(x,y)$ で定義すると，ただちに $\rho = 0 \implies f_{XY}(x,y) = f_X(x)f_Y(y)$ が成立する。また，$f_{XY}(x,y) = f_X(x)f_Y(y)$ であれば，(1.22) の ρ の分子が

$$\int_{-\infty}^{\infty} \int_{-\infty}^{\infty} (x - \mu_X)(y - \mu_Y) f_{XY}(x,y) dx dy$$
$$= \int_{-\infty}^{\infty} (x - \mu_X) f_X(x) dx \int_{-\infty}^{\infty} (y - \mu_Y) f_Y(y) dy$$
$$= 0$$

と書けるので，$\rho = 0 \impliedby f_{XY}(x,y) = f_X(x)f_Y(y)$ も成立する。

命題 13 $H, I - H$ の固有値は $0, 1$ のみであって，H の固有値 1 と $I - H$ の固有値 0 の固有空間の次元は $p + 1$，H の固有値 0 と $I - H$ の固有値 1 の固有空間の次元は $N - p - 1$ となる。

証明 命題 4 を用いると，$H = X(X^T X)^{-1} X$ かつ $\mathrm{rank}(X) = p + 1$ より，

$$\mathrm{rank}(H) \leq \min\{\mathrm{rank}(X(X^T X)^{-1}), \mathrm{rank}(X)\} \leq \mathrm{rank}(X) = p + 1$$

他方，命題 4 と，$HX = X$, $\mathrm{rank}(X) = p + 1$ より，

$$\mathrm{rank}(H) \geq \mathrm{rank}(HX) = \mathrm{rank}(X) = p + 1$$

したがって，$\mathrm{rank}(H) = p + 1$ が成立する。次に，$HX = X$ より，X の各列が H の像の基底で（H, X とも列数と階数が $p + 1$ で一致），H の固有値 1 の固有ベクトルになっている。H の像の次元が $p + 1$ なので，核の次元は $N - p - 1$ となる。したがって，固有値 0 の固有空間（核）の次元は $N - p - 1$ となる。さらに，任意の $x \in \mathbb{R}^{p+1}$ について，$(I - H)x = 0 \iff Hx = x$ および $(I - H)x = x \iff Hx = 0$ が成立するので，H と $I - H$ で固有値 $0, 1$ の固有空間が入れ替わる。

問題 1〜18

□ **1** $x_1, \ldots, x_N, y_1, \ldots, y_N \in \mathbb{R}$ について，$\displaystyle\sum_{i=1}^{N}(y_i - \beta_0 - \beta_1 x_i)^2$ を最小にする $\beta_0, \beta_1 \in \mathbb{R}$ を

$\hat{\beta}_0, \hat{\beta}_1$ とおくとき，以下の等式を示せ。ただし，$\bar{x}$ および $\bar{y}$ は，$\displaystyle\frac{1}{N}\sum_{i=1}^{N}x_i$ および $\displaystyle\frac{1}{N}\sum_{i=1}^{N}y_i$

で定義されるものとする。

(a) $\hat{\beta}_0 + \hat{\beta}_1 \bar{x} = \bar{y}$

(b) $x_1, \ldots, x_N$ がすべて等しくはないとき，

$$\hat{\beta}_1 = \frac{\displaystyle\sum_{i=1}^{N}(x_i - \bar{x})(y_i - \bar{y})}{\displaystyle\sum_{i=1}^{N}(x_i - \bar{x})^2}$$

ヒント (a) は，$\dfrac{\partial S}{\partial \beta_0} = 0$ から。(b) は，$\dfrac{\partial S}{\partial \beta_1} = -2\displaystyle\sum_{i=1}^{N}x_i(y_i - \beta_0 - \beta_1 x_i) = 0$ に (a) を代入

して，β_0 を消去する。そして，β_1 について解き，分子分母をそれぞれ変形する。

□ **2** 問題 1 で得られた $\hat{\beta}_0$ および $\hat{\beta}_1$ をそれぞれ切片および傾きにする直線 l を考える。
$x_1 - \bar{x}, \ldots, x_N - \bar{x}$ および $y_1 - \bar{y}, \ldots, y_N - \bar{y}$ から得られた直線 l' の切片と傾きを求めよ。また，$\hat{\beta}_1$ が求まってから，l の切片 $\hat{\beta}_0$ を求めるにはどうすればよいか。

□ **3** 問題 2 の直線 l, l' の関係を可視化したい。空欄 (1)，空欄 (2) をうめて，グラフを図示せよ。

```
1  def min_sq(x,y):   # 最小二乗法の切片と傾きを求める関数
2      x_bar,y_bar=np.mean(x),np.mean(y)
3      beta_1=np.dot(x-x_bar,y-y_bar)/np.linalg.norm(x-x_bar)**2
4      beta_0=y_bar-beta_1*x_bar
5      return [beta_1,beta_0]
```

```
1  N=100
2  a=np.random.normal(loc=2,scale=1,size=N) # 平均・標準偏差・サイズ
3  b=randn(1) # 係数
4  x=randn(N)
5  y=a*x+b+randn(N)    # ここまで人工データの生成
6  a1,b1=min_sq(x,y)              # 回帰係数・切片
7  xx=x-# 空欄(1) #
8  yy=y-# 空欄(2) #
9  a2,b2=min_sq(xx,yy)            # 中心化後の回帰係数・切片
```

```
(1.7865393047324676, 1.067565008452225e-16)
```

```
1  x_seq=np.arange(-5,5,0.1)
2  y_pre=x_seq*a1+b1
3  yy_pre=x_seq*a2+b2
4  plt.scatter(x,y,c="black")
5  plt.axhline(y=0,c="black",linewidth=0.5)
6  plt.axvline(x=0,c="black",linewidth=0.5)
7  plt.plot(x_seq,y_pre,c="blue",label="中心化前")
8  plt.plot(x_seq,yy_pre,c="orange",label="中心化後")
9  plt.legend(loc="upper left")
```

□ **4** m, n を正の整数として，行列 $A \in \mathbb{R}^{m \times m}$ が，ある行列 $B \in \mathbb{R}^{n \times m}$ を用いて $A = B^T B$ と書けるとき，

(a) 任意の $z \in \mathbb{R}^m$ について，$Az = 0 \iff Bz = 0$ を示せ。

　ヒント　$Az = 0 \implies z^T B^T B z = 0 \implies \|Bz\|^2 = 0$ となる。

(b) A が B の階数が等しいことを示せ。

　ヒント　A, B の核が等しいので，両者の像の次元（階数）が等しくなる。

以下では，$X \in \mathbb{R}^{N \times (p+1)}$ を最初の列（第 0 列）がすべて 1 の行列とする。

□ **5** 以下の各場合について，$X^T X$ が逆行列をもたないことを示せ。

(a) $N < p + 1$ のとき

(b) $N \geq p + 1$ であって，X のある 2 列が等しい場合

以下では，$X \in \mathbb{R}^{N \times (p+1)}$ の階数が $p + 1$ であることを仮定する。

□ **6** $X \in \mathbb{R}^{N \times (p+1)}$, $y \in \mathbb{R}^N$ から，$L := \|y - X\beta\|^2$ が最小となる $\beta \in \mathbb{R}^{p+1}$ を求めたい。ただし，$\|\cdot\|$ は，$z = [z_1, \ldots, z_N]^T \in \mathbb{R}^N$ に対して $\sqrt{\sum_{i=1}^{N} z_i^2}$ であると定義するものとする。

(a) X の第 (i, j) 成分を $x_{i,j}$ と書くとき，$L = \dfrac{1}{2} \sum_{i=1}^{N} \left(y_i - \sum_{j=0}^{p} x_{i,j} \beta_j \right)^2$ の β_j による偏微分が，$-X^T y + X^T X \beta$ の第 j 成分と一致することを示せ。

　ヒント　$X^T y$ の第 j 成分は $\sum_{i=1}^{N} x_{i,j} y_i$，$X^T X$ の第 (j, k) 成分は $\sum_{i=1}^{N} x_{i,j} x_{i,k}$，$X^T X \beta$ の第 j 成分は $\sum_{k=0}^{p} \sum_{i=1}^{N} x_{i,j} x_{i,k} \beta_k$ となる。

(b) $\dfrac{\partial L}{\partial \beta} = 0$ なる $\beta \in \mathbb{R}^{p+1}$ を求めよ。以下では，この値を $\hat{\beta}$ と書くものとする。

□ **7** 未知の定数 $\beta \in \mathbb{R}^{p+1}, \sigma^2 > 0$ と，確率変数 $\epsilon \sim N(0, \sigma^2 I)$ から，$y \in \mathbb{R}^N$ が $X\beta + \epsilon$ の実現値として得られ，問題6の手順にしたがって確率変数 $\hat{\beta}$ が得られるものとする。ただし，$I \in \mathbb{R}^{N \times N}$ は単位行列であるとする。

     (a) $\hat{\beta} = \beta + (X^T X)^{-1} X^T \epsilon$ を示せ。

     (b) $\hat{\beta}$ の平均が β に一致する（$\hat{\beta}$ が不偏推定量である）ことを示せ。

     (c) $\hat{\beta}$ の共分散行列 $E(\hat{\beta} - \beta)(\hat{\beta} - \beta)^T$ が $\sigma^2 (X^T X)^{-1}$ となることを示せ。

□ **8** $H := X(X^T X)^{-1} X^T \in \mathbb{R}^{N \times N}$，$\hat{y} = X\hat{\beta}$ とおくとき，以下の等式を証明せよ。

     (a) $H^2 = H$

     (b) $(I - H)^2 = I - H$

     (c) $HX = X$

     (d) $\hat{y} = Hy$

     (e) $y - \hat{y} = (I - H)\epsilon$

     (f) $\|y - \hat{y}\|^2 = \epsilon^T (I - H)\epsilon$

□ **9** 以下を証明せよ。

     (a) H の像の次元（階数）は $p+1$ である。

        | ヒント | X の階数が $p+1$ であることを仮定している。

     (b) H が固有値 0 の $N - p - 1$ 次の固有空間と，固有値 1 の $p+1$ 次の固有空間をもつ。

        | ヒント | H は N 個の列をもつが，これは像の次元と核の次元の和になっている。

     (c) $I - H$ が固有値 0 の $p+1$ 次の固有空間と，固有値 1 の $N - p - 1$ 次の固有空間をもつ。

        | ヒント | 任意の $x \in \mathbb{R}^{p+1}$ について，$(I - H)x = 0 \iff Hx = x$ および $(I - H)x = x \iff Hx = 0$ が成立する。

□ **10** $P(I - H)P^T$ が対角行列（最初の $N - p - 1$ 個が 1，それ以外の $p+1$ 個が 0）となる直交行列 P を用いて，$v := P\epsilon$ を定義するとき，以下を示せ。

     (a) $RSS := \epsilon^T (I - H)\epsilon = \sum_{i=1}^{N-p-1} v_i^2$

        | ヒント | P は直交行列なので $P^T P = I$ となり，$\epsilon = P^{-1} v = P^T v$ を代入する。そして，$P^T(I - H)P$ は N 個の固有値を対角成分にもつ対角行列となる。特に，$I - H$ は固有値 1 が $N - p - 1$ 個，固有値 0 が $p+1$ 個となる。

     (b) $Evv^T = \sigma^2 I$

        | ヒント | $Evv^T = P(E\epsilon\epsilon^T)P^T$ と変形する。

     (c) $RSS/\sigma^2 \sim \chi_{N-p-1}^2$（自由度 $N - p - 1$ の χ^2 分布）

        | ヒント | (a)(b) より，RSS の統計的性質がわかる。

     ただし，正規分布にしたがう2個以上の確率変数の共分散行列が対角行列になることと

それらが独立であることが同値になることは，証明なしで用いてよい。

□ **11** (a) $E(\hat{\beta} - \beta)(y - \hat{y})^T = 0$ を示せ。

> ヒント　$(\hat{\beta} - \beta)(y - \hat{y})^T = (X^T X)^{-1} X^T \epsilon \epsilon^T (I - H)$ および $E\epsilon\epsilon^T = \sigma^2 I$ を用いる。

(b) $(X^T X)^{-1}$ の対角成分を $B_0, \ldots, B_p$ とおくとき，$(\hat{\beta}_i - \beta_i)/(\sqrt{B_i}\sigma)$ と RSS/σ^2 が独立であることを示せ。ただし，$i = 0, 1, \ldots, p$ とする。

> ヒント　RSS が $y - \hat{y}$ の関数なので，$y - \hat{y}$ と $\hat{\beta} - \beta$ の独立性に帰着される。正規分布にしたがうので，共分散が0であることと独立であることが同値になる。

(c) $\hat{\sigma} := \sqrt{\dfrac{RSS}{N - p - 1}}$（残差標準誤差，residual standard error，σ の推定値），および $SE(\hat{\beta}_i) := \hat{\sigma}\sqrt{B_i}$（$\hat{\beta}_i$ の標準偏差の推定値）とおくとき

$$\frac{\hat{\beta}_i - \beta_i}{SE(\hat{\beta}_i)} \sim t_{N-p-1} \quad (\text{自由度 } N - p - 1 \text{ の } t \text{ 分布}), \; i = 0, 1, \ldots, p$$

を示せ。

> ヒント
>
> $$\frac{\hat{\beta}_i - \beta_i}{SE(\hat{\beta}_i)} = \frac{\hat{\beta}_i - \beta_i}{\sigma\sqrt{B_i}} \Big/ \sqrt{\frac{RSS}{\sigma^2} \Big/ (N - p - 1)}$$
>
> を導き，右辺が t 分布にしたがうことを示す。

(d) $p = 1$ のとき，第1列が $(x_{1,1}, \ldots, x_{N,1}) = (x_1, \ldots, x_N)$ であるとして，B_0 および B_1 を求めよ。

> ヒント　以下を導く。
>
> $$(X^T X)^{-1} = \frac{1}{\displaystyle\sum_{i=1}^{N}(x_i - \bar{x})^2} \begin{bmatrix} \dfrac{1}{N}\displaystyle\sum_{i=1}^{N} x_i^2 & -\bar{x} \\ -\bar{x} & 1 \end{bmatrix}$$

ただし，正規分布にしたがう確率変数 $U_1, \ldots, U_m, V_1, \ldots, V_N$ の大きさ $m \times n$ の共分散行列が0であることと，$U_i, V_j, i = 1, \ldots, m, j = 1, \ldots, n$ が独立であることは，証明なしで用いてよい。

□ **12** 帰無仮説 $H_0 : \beta_i = 0$，対立仮説 $H_1 : \beta_i \neq 0$ の検定を行いたい。$p = 1$ として，H_0 のもとで，

$$t = \frac{\hat{\beta}_i - 0}{SE(\hat{\beta}_i)} \sim t_{N-p-1}$$

となることを用いて，以下の処理を構成した。ただし，関数 stats.t.cdf(x,m) は，自由度 m の t 分布の確率密度関数を f_m として，$\displaystyle\int_x^{\infty} f_m(t)dt$ の値を返すものとする。

```
1  N=100
2  x=randn(N); y=randn(N)
```

```
3   beta_1,beta_0=min_sq(x,y)
4   RSS=np.linalg.norm(y-beta_0-beta_1*x)**2
5   RSE=np.sqrt(RSS/(N-1-1))
6   B_0=(x.T@x/N)/np.linalg.norm(x-np.mean(x))**2
7   B_1=1/np.linalg.norm(x-np.mean(x))**2
8   se_0=RSE*np.sqrt(B_0)
9   se_1=RSE*np.sqrt(B_1)
10  t_0=beta_0/se_0
11  t_1=beta_1/se_1
12  p_0=2*(1-stats.t.cdf(np.abs(t_0),N-2))
13  p_1=2*(1-stats.t.cdf(np.abs(t_1),N-2))
14  beta_0,se_0,t_0,p_0 # 切片
15  beta_1,se_1,t_1,p_1 # 回帰係数
```

linear_model および stat_models パッケージを用いて関数で，数値が正しいことを確認
せよ．

```
1   from sklearn import linear_model
```

```
1   reg=linear_model.LinearRegression()
2   x=x.reshape(-1,1) # sklearnでは配列のサイズを明示する必要がある
3   y=y.reshape(-1,1) # 片方の次元を設定し，もう片方を-1にすると自動でしてくれる
4   reg.fit(x,y) # 実行
5   reg.coef_,reg.intercept_  # 回帰係数 beta_1，切片 beta_0
```

```
1   import statsmodels.api as sm
```

```
1   X=np.insert(x,0,1,axis=1)
2   model=sm.OLS(y,X)
3   res=model.fit()
4   print(res.summary())
```

□ **13** 下記は，前問の $\hat{\beta}_1$ を $r = 1000$ 回くりかえし推定して，$\hat{\beta}_1/SE(\beta_1)$ のヒストグラムを
とったものである．ただし，毎回発生させたデータから beta_1/se_1 が計算され，（大き
さ r の）ベクトルとして T に蓄積される．

```
1   N=100; r=1000
2   T=[]
3   for i in range(r):
4       x=randn(N); y=randn(N)
5       beta_1,beta_0=min_sq(x,y)
6       pre_y=beta_0+beta_1*x # yの予測値
7       RSS=np.linalg.norm(y-beta_0-beta_1*x)**2
8       RSE=np.sqrt(RSS/(N-1-1))
```

```
 9        B_0=(x.T@x/N)/np.linalg.norm(x-np.mean(x))**2
10        B_1=1/np.linalg.norm(x-np.mean(x))**2
11        se_1=RSE*np.sqrt(B_1)
12        T.append(beta_1/se_1)
13   plt.hist(T,bins=20,range=(-3,3),density=True)
14   x=np.linspace(-4,4,400)
15   plt.plot(x,stats.t.pdf(x,1))
16   plt.title("帰無仮説が成立する場合")
17   plt.xlabel('tの値’)
18   plt.ylabel('確率密度’)
```

y=randn(N) を y=0.1*x+randn(N) におきかえて実行し，2 個のグラフの差異を説明せよ。

□ **14** $W \in \mathbb{R}^{N \times N}$ の各成分を $1/N$ とし，$\bar{y} := \dfrac{1}{N}\sum_{i=1}^{N}y_i = Wy$ と書くとき，

(a) $HW = W$ および $(I - H)(H - W) = 0$ を示せ。

> **ヒント** W の各列は，H の固有値 1 の固有ベクトルなので，$HW = W$。

(b) $ESS := \|\hat{y} - \bar{y}\|^2 = \|(H - W)y\|^2$ および $TSS := \|y - \bar{y}\|^2 = \|(I - W)y\|^2$ を示せ。

(c) $RSS = \|(I - H)\epsilon\|^2 = \|(I - H)y\|^2$ と ESS は独立であることを示せ。

> **ヒント** $(I - H)\epsilon$ と $(H - W)y$ の共分散行列は，$(I - H)\epsilon$ と $(H - W)\epsilon$ のそれと同じになる。共分散行列 $E(I - H)\epsilon\epsilon^T(H - W)$ を評価する。その際に (a) を用いる。

(d) $\|(I - W)y\|^2 = \|(I - H)y\|^2 + \|(H - W)y\|^2$，すなわち $TSS = RSS + ESS$ を示せ。

> **ヒント** $(I - W)y = (I - H)y + (H - W)y$ と変形する。

本章の以下の問題では，$X \in \mathbb{R}^{N \times p}$ の要素がすべて 1 の列 (第 0 列) が含まれていないものとする。

□ **15** $X \in \mathbb{R}^{N \times (p+1)}$，$y \in \mathbb{R}^N$ に対して，

$$R^2 = \frac{ESS}{TSS} = 1 - \frac{RSS}{TSS}$$

を決定係数 (coefficient of determination) という。$p = 1$ のとき，$x = [x_1, \ldots, x_N]^T$ として，

(a) $\hat{y} - \bar{y} = \hat{\beta}_1(x - \bar{x})$ を示せ。

> **ヒント** $\hat{y}_i = \hat{\beta}_0 + \hat{\beta}_1 x_i$ および問題 1 (a) を用いる。

(b) $R^2 = \dfrac{\hat{\beta}_1^2\|x - \bar{x}\|^2}{\|y - \bar{y}\|^2}$ を示せ。

(c) $p = 1$ のとき，R^2 の値が相関係数の二乗に一致することを示せ。

> **ヒント** $\|x - \bar{x}\|^2 = \sum_{i=1}^{N}(x_i - \bar{x})^2$ および問題 1 (b) を用いる。

(d) 下記の関数は，決定係数を求めている。

```
1   def R2(x,y):
2       n=x.shape[0]
3       xx=np.insert(x,0,1,axis=1)
4       beta=np.linalg.inv(xx.T@xx)@xx.T@y
5       y_hat=xx@beta
6       y_bar=np.mean(y)
7       RSS=np.linalg.norm(y-y_hat)**2
8       TSS=np.linalg.norm(y-y_bar)**2
9       return 1-RSS/TSS
10  N=100; m=2; x=randn(N,m); y=randn(N); R2(x,y)
```

N=100; m=1 として，x=randn(N); y=randn(N); R2(x,y); np.corrcoef(x,y) を実行せよ。

□ **16** 決定係数は，説明変数によって目的変数がどれだけ説明できているかをあらわす（最大値1）。説明変数どうし冗長なものがないかどうかを測る尺度として，VIF (variance inflation factor) が用いられる。

$$VIF := \frac{1}{1 - R^2_{X_j|X_{-j}}}$$

ただし，$R^2_{X_j|X_{-j}}$ で，目的変数として $X \in \mathbb{R}^{N \times p}$ の第 j 列説明変数としてそれ以外の $p-1$ 個の列を用いる（$y \in \mathbb{R}^N$ は用いない）。VIF の値が大きいほど（最小値1），他の説明変数によって説明されている（共線形性 (colinearity) が強い）ことを意味する。sklearn パッケージの Boston というデータについて，空欄をうめて VIF を計算せよ。

```
1   from sklearn.datasets import load_boston
```

```
1   boston=load_boston()
2   p=x.shape[1]; values=[]
3   for j in range(p):
4       S=list(set(range(p))-{j})
5       values.append(# 空欄 #)
6   values
```

□ **17** 係数の推定値 $\hat{\beta}$ を用いて，N サンプルとは別の新しい点 $x_* \in \mathbb{R}^{p+1}$（行ベクトル，最初の成分が1で，それ以外には p 変数の値が入る）における予測値 $x_*\hat{\beta}$ を計算できる。

(a) $x_*\hat{\beta}$ の分散が $\sigma^2 x_*(X^TX)^{-1}x_*^T$ となることを示せ。

　　ヒント　$V(\hat{\beta}) = \sigma^2(X^TX)^{-1}$ を用いよ。

(b) $SE(x_*^T\hat{\beta}) := \hat{\sigma}\sqrt{x_*(X^TX)^{-1}x_*^T}$ とおくとき，

$$\frac{x_*\hat{\beta} - x_*\beta}{SE(x_*\hat{\beta})} \sim t_{N-p-1}$$

となることを示せ。ただし，$\hat{\sigma} = \sqrt{RSS/(N-p-1)}$ とした。

(c) 実際に生じる y の値は，$y_* := x_*\beta + \epsilon$ とできる。したがって，$y - x_*\hat{\beta}$ の分散は，σ^2 だけ大きくなる。

$$\frac{x_*\hat{\beta} - y}{\hat{\sigma}\sqrt{1 + x_*(X^TX)^{-1}x_*^T}} \sim t_{N-p-1}$$

を示せ。

□ **18** 問題17より，自由度 $N-p-1$ の t 分布の確率密度関数を f として，$\alpha/2 = \int_t^\infty f(u)du$ なる t を $t_{N-p-1}(\alpha/2)$ と書くと，$y_* = x_*^T\beta + \epsilon$ の信頼区間として，

$$x_*^T\hat{\beta} \pm t_{N-p-1}(\alpha/2)\hat{\sigma}\sqrt{x_*^T(X^TX)^{-1}x_*} \qquad \text{(信頼区間)}$$

もしくは

$$y_* \pm t_{N-p-1}(\alpha/2)\hat{\sigma}\sqrt{1 + x_*^T(X^TX)^{-1}x_*} \qquad \text{(予測区間)}$$

とできる。$p = 1$ として，x_* を動かしていきながら，前者の区間のペアを赤で，後者の区間のペアを青でプロットしたい。信頼区間に関しては，下記を実行して，上限下限のグラフが得られる。予測区間に関しても，関数 $g(x)$ を定義して，信頼区間のグラフの上に，点線として重ね合わせて出力せよ。

```
N=100; p=1
X=randn(N,p)
X=np.insert(X,0,1,axis=1)
beta=np.array([1,1])
epsilon=randn(N)
y=X@beta+epsilon
# 関数f(x),g(x)を定義
U=np.linalg.inv(X.T@X)
beta_hat=U@X.T@y
RSS=(y-X@beta_hat).T@(y-X@beta_hat)
RSE=np.sqrt(RSS/(N-p-1))
alpha=0.05
def f(x):
    x=np.array([1,x])
    # stats.t.ppf(0.975,df=N-p-1) # 累積確率が1-alpha/2となる点
    range=stats.t.ppf(0.975,df=N-p-1)*RSE*np.sqrt(x@U@x.T)
    lower=x@beta_hat-range
    upper=x@beta_hat+range
    return ([lower,upper])
x_seq=np.arange(-10,10,0.1)
lower_seq1=[]; upper_seq1=[]
for i in range(len(x_seq)):
    lower_seq1.append(f(x_seq[i],0)[0])
    upper_seq1.append(f(x_seq[i],0)[1])
```

```
25  yy=beta_hat[0]+beta_hat[1]*x_seq
26  plt.xlim(np.min(x_seq),np.max(x_seq))
27  plt.ylim(np.min(lower_seq1),np.max(upper_seq1))
28  plt.plot(x_seq,yy,c="black")
29  plt.plot(x_seq,lower_seq1,c="blue")
30  plt.plot(x_seq,upper_seq1,c="red")
31  plt.plot(x_seq,lower_seq2,c="blue",linestyle="dashed")
32  plt.plot(x_seq,upper_seq2,c="red",linestyle="dashed")
33  plt.xlabel("x")
34  plt.ylabel("y")
```

第2章 分類

本章では，目的変数が ± 1，数字の $0, 1, \ldots, 9$ といった，有限個のいずれかという場合の処理について検討する。特に，手書き文字から郵便番号を読み取るというような，説明変数から目的変数への対応を，具体的な訓練データから学習する問題を検討する。そのうち，代表的な方法である，ロジスティック回帰，線形判別・二次判別，K 近傍法の処理について学ぶ。線形判別・二次判別は，郵便番号なら先頭の桁に 0 が出にくいなどの事前情報（事前確率）を用いて，誤り率が最小になるような判定が設計可能であるが，医療診断のように病気の人を健康であるとみなすようなリスクの大きさを考慮した判定に関しても検討する。前章の回帰と本章の分類が，機械学習という分野の両輪としての役割をはたす。

2.1 ロジスティック回帰

目的変数が2個のいずれかの値をとり，p 個の説明変数からそのいずれであるかを対応づけたい。すなわち，データ $(x_1, y_1), \ldots, (x_N, y_N) \in \mathbb{R}^p \times \{-1, 1\}$ から，決定ルール $x \in \mathbb{R}^p \to y \in \{-1, 1\}$ を導きたい。

本節では，$x \in \mathbb{R}^p$（行ベクトル）に対して，$y = 1$ となる確率が $\dfrac{e^{\beta_0 + x\beta}}{1 + e^{\beta_0 + x\beta}}$，$y = -1$ となる確率が $\dfrac{1}{1 + e^{\beta_0 + x\beta}}$ となるような $\beta_0 \in \mathbb{R}, \beta \in \mathbb{R}^p$ が存在すること[1]，すなわち $y \in \{-1, 1\}$ となる確率が

$$\frac{1}{1 + e^{-y(\beta_0 + x\beta)}}$$

と書けることを仮定する（ロジスティック回帰）。まず，$p = 1, \beta_0 = 0, \beta > 0, y = 1$ として，関数（シグモイド関数）$f(x) = \dfrac{1}{1 + e^{-(\beta_0 + x\beta)}}, x \in \mathbb{R}$ のグラフを描いてみよう。

---

[1] 本章では，$\beta \in \mathbb{R}^{p+1}$ ではなく，傾き $\beta \in \mathbb{R}^p$ と切片 $\beta_0 \in \mathbb{R}$ に分けている。

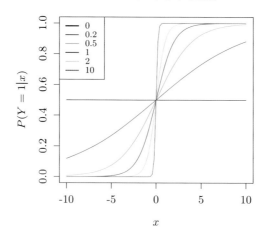

ロジスティック曲線

図 2.1　単調増加で，β の値を大きくすると，$x = 0$ の近辺で $y = 1$ の確率が 0 近辺から 1 近辺に大きく変化することがわかる。

◆ **例 29**　下記のプログラムを実行し，図 2.1 にその概形を表示した。

```
def f(x):
    return np.exp(beta_0+beta*x)/(1+np.exp(beta_0+beta*x))
```

```
beta_0=0
beta_seq=np.array([0,0.2,0.5,1,2,10])
x_seq=np.arange(-10,10,0.1)
plt.xlabel("x")
plt.ylabel("P(Y=1|x)")
plt.title("ロジスティック曲線")
for i in range(beta_seq.shape[0]):
    beta=beta_seq[i]
    p=f(x_seq)
    plt.plot(x_seq,p,label='{}'.format(beta))
plt.legend(loc='upper left')
```

$$f'(x) = \beta \frac{e^{-(\beta_0 + x\beta)}}{(1 + e^{-(\beta_0 + x\beta)})^2} \geq 0$$

$$f''(x) = -\beta^2 \frac{e^{-(\beta_0 + x\beta)}[1 - e^{-(\beta_0 + x\beta)}]}{(1 + e^{-(\beta_0 + x\beta)})^3}$$

より，単調増加，$x < -\beta_0/\beta$ で下に凸，$x > -\beta_0/\beta$ で上に凸であることがわかる。$\beta_0 = 0$ では，その分岐が $x = 0$ になっている。

　以下では，観測データ $(x_1, y_1), \ldots, (x_N, y_N) \in \mathbb{R}^p \times \{-1, 1\}$ から，尤度 $\displaystyle\prod_{i=1}^{N} \frac{1}{1 + e^{-y_i(\beta_0 + x_i\beta)}}$ を最大にする（最尤推定），もしくは，その対数のマイナスをとった値

$$l(\beta_0, \beta) = \sum_{i=1}^{N} \log(1 + v_i), \ v_i = e^{-y_i(\beta_0 + x_i \beta)}, \ i = 1, \ldots, N$$

を最小にすることによって，$\beta_0 \in \mathbb{R}$, $\beta \in \mathbb{R}^p$ の推定値を得ることを考える。

◆ 例 30 観測データが $p = 1$, $N = 25$ として，

i	1	2	3	$\cdots$	25
x_i	71.2	29.3	42.3	$\cdots$	25.8
y_i	-1	-1	1	$\cdots$	1

であれば，最大にすべき尤度は，

$$\frac{1}{1 + \exp(\beta_0 + 71.2\beta_1)} \cdot \frac{1}{1 + \exp(\beta_0 + 29.3\beta_1)} \cdot \frac{1}{1 + \exp(-\beta_0 - 42.3\beta_1)} \cdots \frac{1}{1 + \exp(-\beta_0 - 25.8\beta_1)}$$

となる。観測データは既知であって，尤度を最大にするように β_0, β_1 を決める。

しかし，線形回帰の最小二乗法と違って，ロジスティック回帰には，係数を求める公式のようなものが存在しない。

2.2 Newton-Raphson 法の適用

$l(\beta_0, \beta)$ を β_0, β のそれぞれで偏微分して 0 とおく方程式を解く際に，Newton-Raphson 法を適用することが多い。

その前にまず，Newton-Raphson 法がどのようなものかを順を追ってみてみよう。

$$f(x) = x^2 - 1$$

の $f(x) = 0$ の解を求めるという場合（図 2.2），適当な初期値 $x = x_0$ を決めて，点 $(x_0, f(x_0))$ から接線を引いて，x 軸との交点を x_1 として，点 $(x_1, f(x_1))$ から接線を引くということを繰り返すと，

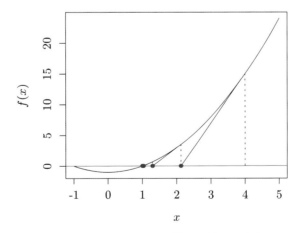

図 2.2 Newton-Raphson 法で，$x_0 = 4$ から引いた接線と x 軸との交点を x_1，次の交点を x_2 というように繰り返す。これは，漸化式 $x_1 = x_0 - f(x_0)/f'(x_0)$, $x_2 = x_1 - f(x_1)/f'(x_1), \ldots$ によって得られた点の列（赤で記す）と同じである。

$x_0, x_1, x_2, \ldots$ という系列は $f(x) = 0$ の解に近づく。一般に，接線は $y - f(x_i) = f'(x_i)(x - x_i)$ なので，$y = 0$ との交点は

$$x_{i+1} := x_i - \frac{f(x_i)}{f'(x_i)} \tag{2.1}$$

となる。解が複数ある場合に，x_0 の選び方によって収束する解が異なる場合がある。この場合でも，$x_0 = -2$ とすれば，$x = -1$ に収束する。また，$|x_{i+1} - x_i|$ の大きさや繰り返し回数などの繰り返しの終了条件を決めておく必要がある。

◆ 例 31　$x_0 = 4$ として，10 回繰り返すとして，下記の Python で実行した場合の出力を図 2.2 に示す。

```
1  def f(x):
2      return x**2-1
3  def df(x):
4      return 2*x
```

```
1  x_seq=np.arange(-1,5,0.1)
2  f_x=f(x_seq)
3  plt.plot(x_seq,f_x)
4  plt.axhline(y=0,c="black",linewidth=0.5)
5  plt.xlabel("x")
6  plt.ylabel("f(x)")
7  x=4
8  for i in range(10):
9      X=x; Y=f(x)   # X,Y 更新前の点
10     x=x-f(x)/df(x) # x 更新後
11     y=f(x)          # y 更新後
12     plt.plot([X,x],[Y,0],c="black",linewidth=0.8)
13     plt.plot([X,X],[Y,0],c="black",linestyle="dashed",linewidth=0.8)
14     plt.scatter(x,0,c="red")
```

Newton-Raphson 法は，方程式が 2 個，変数が 2 個の場合にも適用される。

$$\begin{cases} f(x,y) = 0 \\ g(x,y) = 0 \end{cases}$$

その場合，(2.1) は

$$\begin{bmatrix} x \\ y \end{bmatrix} \leftarrow \begin{bmatrix} x \\ y \end{bmatrix} - \begin{bmatrix} \dfrac{\partial f(x,y)}{\partial x} & \dfrac{\partial f(x,y)}{\partial y} \\ \dfrac{\partial g(x,y)}{\partial x} & \dfrac{\partial g(x,y)}{\partial y} \end{bmatrix}^{-1} \begin{bmatrix} f(x,y) \\ g(x,y) \end{bmatrix} \tag{2.2}$$

に拡張される。行列 $\begin{bmatrix} \dfrac{\partial f(x,y)}{\partial x} & \dfrac{\partial f(x,y)}{\partial y} \\ \dfrac{\partial g(x,y)}{\partial x} & \dfrac{\partial g(x,y)}{\partial y} \end{bmatrix}$ は，ヤコビ行列とよばれる。

◆ **例 32** $f(x,y) = x^2 + y^2 - 1$, $g(x,y) = x + y$ について，$(x,y) = (3,4)$ から解の探索を開始すると，以下のようになる。

```python
def f(z):
    return z[0]**2+z[1]**2-1
def dfx(z):
    return 2*z[0]
def dfy(z):
    return 2*z[1]
def g(z):
    return z[0]+z[1]
def dgx(z):
    return 1
def dgy(z):
    return 1
```

```python
z=np.array([3,4]) # 初期値
for i in range(10):
    J=np.array([[dfx(z),dfy(z)],[dgx(z),dgy(z)]])
    z=z-np.linalg.inv(J)@np.array([f(z),g(z)])
z
```

```
array([-0.70710678,  0.70710678])
```

同様の方法を，$\nabla l(\beta_0, \beta) = 0$ なる $\beta_0 \in \mathbb{R}$, $\beta \in \mathbb{R}^{p+1}$ を求める問題に適用してみよう。

$$(\beta_0, \beta) \leftarrow (\beta_0, \beta) - \{\nabla^2 l(\beta_0, \beta)\}^{-1} \nabla l(\beta_0, \beta)$$

ただし，$\nabla f(v) \in \mathbb{R}^{p+1}$ は第 i 成分が $\dfrac{\partial f}{\partial v_i}$ であるようなベクトル，$\nabla^2 f(v) \in \mathbb{R}^{(p+1)\times(p+1)}$ は (i,j) 成分が $\dfrac{\partial^2 f}{\partial v_i \partial v_j}$ であるような正方行列であるとした。また，以下では記法の簡略化のため，$(\beta_0, \beta) \in \mathbb{R} \times \mathbb{R}^p$ を $\beta \in \mathbb{R}^{p+1}$ とあらわすものとする。

実際に，マイナス対数尤度 $l(\beta_0, \beta)$ を微分すると，$v_i = e^{-y_i(\beta_0 + x_i\beta)}$, $i = 1, \ldots, N$ として，第 j 成分が $\dfrac{\partial L}{\partial \beta_j}$, $j = 0, 1, \ldots, p$ となるベクトル $\nabla L \in \mathbb{R}^{p+1}$ が，

$$u = \begin{bmatrix} \dfrac{y_1 v_1}{1 + v_1} \\ \vdots \\ \dfrac{y_N v_N}{1 + v_N} \end{bmatrix}$$

として，$\nabla L = -X^T u$ と書ける。さらに，$y_i = \pm 1$ すなわち $y_i^2 = 1$ に注意すると，第 (j,k) 成分が $\dfrac{\partial^2 L}{\partial \beta_j \beta_k}$, $j, k = 0, 1, \ldots, p$ となる行列 $\nabla^2 L$ が，

$$W = \begin{bmatrix} \dfrac{v_1}{(1+v_1)^2} & \cdots & 0 \\ \vdots & \ddots & \vdots \\ 0 & \cdots & \dfrac{v_N}{(1+v_N)^2} \end{bmatrix} \quad (\text{対角行列})$$

として，$\nabla^2 L = X^T W X$ と書ける。ただし，X の第 i 行目は $[1, x_i] \in \mathbb{R}^{p+1}$ であるとし，β_0 は第 0 成分とみなした。

そのような W, u を用いると，更新規則は，

$$\beta \leftarrow \beta + (X^T W X)^{-1} X^T u$$

と書ける。また，$z := X\beta + W^{-1}u \in \mathbb{R}^N$ という変数を導入すると，

$$\beta \leftarrow (X^T W X)^{-1} X^T W z$$

と書くことができる。

◆ 例 33　$\nabla l(\beta_0, \beta) = 0$ の解を求める手順を Python で書いて，実行してみた。

```
N=1000; p=2
X=randn(N,p)
X=np.insert(X,0,1,axis=1)
beta=randn(p+1)
y=[]
prob=1/(1+np.exp(X@beta))
for i in range(N):
    if (np.random.rand(1)>prob[i]):
        y.append(1)
    else :
        y.append(-1)
# データの生成ここまで
beta # 確認
```

```
array([ 0.79985659, -1.31770628, -0.23553563])
```

```
# 最尤推定
beta=np.inf
gamma=randn(p+1) # betaの初期値
print (gamma)
while (np.sum((beta-gamma)**2)>0.001):
    beta=gamma
    s=X@beta
    v=np.exp(-s*y)
    u=(y*v)/(1+v)
    w=v/((1+v)**2)
    W=np.diag(w)
    z=s+u/w
```

```
13    gamma=np.linalg.inv(X.T@W@X)@X.T@W@z
14    print (gamma)
```

```
[-1.00560507  0.44039528 -0.89669456]
[ 1.73215544 -1.89462271  1.11707796]
[-0.25983643 -0.38933759 -1.10645012]
[ 0.81463839 -1.04443553  0.39176123]
[ 0.7458049  -1.3256336  -0.08413818]
[ 0.79163801 -1.41592785 -0.09332545]
[ 0.7937899  -1.4203184  -0.09373029]
```

ほぼ正しい値に収束していることが確認できた。

Newton-Raphson 法を用いても用いなくても，最尤法が求まらないことがある。まず，極端な場合として，観測値が $y_i(\beta_0 + x_i\beta) \geq 0$, $(x_i, y_i) \in \mathbb{R}^p \times \mathbb{R}$, $i = 1, \ldots, N$ を満足していると，ロジスティック回帰の最尤推定のパラメータを見出すことはできない。実際，

$$\prod_{i=1}^{N} \frac{1}{1 + \exp\{-y_i(\beta_0 + x_i\beta)\}}$$

の指数部がすべて負または 0 なので，すべての β_0, β を 2 倍すれば，尤度はもっと大きくなる。そのようにして，すべてが無限大に発散する。そのようなことが生じなくても，N に対して p が相対的に大きいと，尤度が無限大に発散する可能性が高くなる。

◆ 例 34　$p = 1$ として，$N/2$ 個のサンプルでロジスティック回帰の係数を推定して（推定値 $\hat{\beta}_0, \hat{\beta}_1$），$N/2$ 個の推定で用いなかったデータの x だけから，それらの y の値を予測してみた。

```
1  # データの生成
2  n=100
3  x=np.concatenate([randn(n)+1,randn(n)-1],0)
4  y=np.concatenate([np.ones(n),-np.ones(n)],0)
5  train=np.random.choice(2*n,int(n),replace=False) # 訓練データの添え字
6  test=list(set(range(2*n))-set(train))        # テストデータの添え字
7  X=np.insert(x[train].reshape(-1,1),0,1,axis=1)
8  Y=y[train]
9  # すべて1の列をxの左に置いて，2列とした
```

```
1  # gammaの初期値によっては収束しないので，複数回施行することがある
2  p=1
3  beta=[0,0]; gamma=randn(p+1)
4  print (gamma)
5  while (np.sum((beta-gamma)**2)>0.001):
6      beta=gamma
7      s=X@beta
8      v=np.exp(-s*Y)
9      u=(Y*v)/(1+v)
10     w=v/((1+v)**2)
```

```
11    W=np.diag(w)
12    z=s+u/w
13    gamma=np.linalg.inv(X.T@W@X)@X.T@W@z
14    print (gamma)
```

```
[0.20382031 0.19804102]
[0.17521272 1.13479347]
[0.29020473 1.72206578]
[0.38156063 2.04529677]
[0.40773631 2.1233337 ]
[0.40906736 2.12699164]
```

```
1    def table_count(m,u,v):
2        n=u.shape[0]
3        count=np.zeros([m,m])
4        for i in range(n):
5            count[int(u[i]),int(v[i])]+=1
6        return (count)
```

```
1    ans=y[test]  # 正解
2    pred=np.sign(gamma[0]+x[test]*gamma[1])   # 予測
3    ans=(ans+1)/2      # -1,1から0,1になおす
4    pred=(pred+1)/2   # -1,1から0,1になおす
5    table_count(3,ans, pred)
```

```
array([[41.,  9.],
       [ 5., 45.]])
```

説明変数と目的変数の対をデータフレームとして保存してから，推定で用いる n 個 $(N = 2n)$ とテストで用いる n 個に分けている。最後に得られた y が正解で，推定された β_0, β_1 から y の値を z で予測している。最後に得られた表は，正誤の数を表している。正答率は $(38 + 40)/100 = 0.78$ になっている。

2.3 線形判別と二次判別

本章のこれまでと同様，観測データ $x_1, \ldots, x_N \in \mathbb{R}^p$, $y_1, \ldots, y_N \in \{-1, 1\}$ があって，それらから $x \in \mathbb{R}^p \mapsto y \in \{-1, 1\}$ の対応を見出してみよう。$y = \pm 1$ のもとでのそれぞれの $x \in \mathbb{R}^p$ の分布は $N(\mu_{\pm 1}, \Sigma_{\pm 1})$ であることが既知であるとし，その確率密度関数を

$$f_{\pm 1}(x) = \frac{1}{\sqrt{(2\pi)^p \det \Sigma}} \exp\left\{ -\frac{1}{2}(x - \mu_{\pm 1})^T \Sigma_{\pm 1}^{-1}(x - \mu_{\pm 1}) \right\} \tag{2.3}$$

と書くものとする。また，$y_1, \ldots, y_N$ の値の比率などの事前情報から，x をみなくとも，$y = \pm 1$ の生起する確率（事前確率）がそれぞれ $\pi_{\pm 1}$ で既知であるとする。このとき，

$$\frac{\pi_{\pm 1} f_{\pm 1}(x)}{\pi_1 f_1(x) + \pi_{-1} f_{-1}(x)}$$

を x のもとでの $y = \pm 1$ の事後確率という。そして,

$$\frac{\pi_1 f_1(x)}{\pi_1 f_1(x) + \pi_{-1} f_{-1}(x)} \geq \frac{\pi_{-1} f_{-1}(x)}{\pi_1 f_1(x) + \pi_{-1} f_{-1}(x)}$$

もしくは

$$\pi_1 f_1(x) \geq \pi_{-1} f_{-1}(x) \tag{2.4}$$

であれば $y = 1$, そうでなければ $y = -1$ の値と推定することによって, 誤り率を最小にすることができる。ただし, それは $f_{\pm 1}$ が正規分布であって, その平均 $\mu_{\pm 1}$, 共分散行列 $\Sigma_{\pm 1}$ が既知であり, 事前確率も既知であるという仮定をおいている。実際には, 観測データからそれらを推定することになる。

また, 事後確率最大の原理は, 2値ではなく, 一般の $K \geq 2$ 値の場合にも適用される。説明変数のデータ x をもらったときに, 各 $k = 1, \ldots, K$ について $y = k$ の確率が $P(y = k|x)$ であれば, $y = \hat{k}$ と推定したときに, それが正しくない確率は $1 - \sum_{k \neq \hat{k}} P(y = k|x) = 1 - P(y = \hat{k}|x)$ となるので, 事後確率 $P(y = k|x)$ を最大にする k を $\hat{k}$ とすることが誤り率最小の意味で, 最適になる。

以下では, $K = 2$ として, (2.3)(2.4) から得られる事後確率最大の判定を行う $y = \pm 1$ の境界線

$$-(x - \mu_1)^T \Sigma_1^{-1}(x - \mu_1) + (x - \mu_{-1})^T \Sigma_{-1}^{-1}(x - \mu_{-1}) = \log \frac{\det \Sigma_1}{\det \Sigma_{-1}} - 2 \log \frac{\pi_1}{\pi_{-1}}$$

の性質をみていこう。左辺は一般には, x の二次形式 $x^T \Sigma_1^{-1} x$, $x^T \Sigma_{-1}^{-1} x$, および $\mu_1^T \Sigma_1^{-1} x$, $\mu_{-1}^T \Sigma_{-1}^{-1} x$ の関数になっている (二次判別)。

まず, $\Sigma_1 = \Sigma_{-1}$ のとき, それらを Σ と書くと, 境界線が平面 ($p = 2$ なら直線) になる (線形判別)。実際, $x^T \Sigma_1^{-1} x = x^T \Sigma_{-1}^{-1} x$ の2項が打ち消され,

$$2(\mu_1 - \mu_{-1})^T \Sigma^{-1} x - (\mu_1^T \Sigma^{-1} \mu_1 - \mu_{-1} \Sigma^{-1} \mu_{-1}) = -2 \log \frac{\pi_1}{\pi_{-1}}$$

もしくは

$$(\mu_1 - \mu_{-1})^T \Sigma^{-1} (x - \frac{\mu_1 + \mu_{-1}}{2}) = -\log \frac{\pi_1}{\pi_{-1}}$$

と書ける。したがって, もし $\pi_1 = \pi_{-1}$ であれば, $x = \dfrac{\mu_1 + \mu_{-1}}{2}$ が境界である。

ここで, $\pi_{\pm 1}, f_{\pm 1}$ が未知の場合は, 観測データから推定する。

◆ **例 35** 人工的にサンプルを発生させて, $y = \pm 1$ の x の平均, 共分散を推定して, 境界を生成してみた。

```
1  # 真のパラメータ
2  mu_1=np.array([2,2]); sigma_1=2; sigma_2=2; rho_1=0
3  mu_2=np.array([-3,-3]); sigma_3=1; sigma_4=1; rho_2=-0.8
4  # 真のパラメータにもとづいてデータを発生
5  n=100
6  u=randn(n); v=randn(n)
7  x_1=sigma_1*u+mu_1[0]; y_1=(rho_1*u+np.sqrt(1-rho_1**2)*v)*sigma_2+mu_1[1]
```

```
 8  u=randn(n); v=randn(n)
 9  x_2=sigma_3*u+mu_2[0]; y_2=(rho_2*u+np.sqrt(1-rho_2**2)*v)*sigma_4+mu_2[1]
10  # データからパラメータを推定
11  mu_1=np.average((x_1,y_1),1); mu_2=np.average((x_2,y_2),1)
12  df=np.array([x_1,y_1]); mat=np.cov(df,rowvar=1); inv_1=np.linalg.inv(mat); de_1=np.linalg.
       det(mat)   #
13  df=np.array([x_2,y_2]); mat=np.cov(df,rowvar=1); inv_2=np.linalg.inv(mat); de_2=np.linalg.
       det(mat)   #
```

```
 1  # 推定されたパラメータを分布の式に代入
 2  def f(x,mu,inv,de):
 3      return(-0.5*(x-mu).T@inv@(x-mu)-0.5*np.log(de))
 4  def f_1(u,v):
 5      return f(np.array([u,v]),mu_1,inv_1,de_1)
 6  def f_2(u,v):
 7      return f(np.array([u,v]),mu_2,inv_2,de_2)
```

```
 1  # 等高線データを作成
 2  # この値が0の箇所に境界線をひく
 3  pi_1=0.5; pi_2=0.5
 4  u=v=np.linspace(-6,6,50)
 5  m=len(u)
 6  w=np.zeros([m,m])
 7  for i in range(m):
 8      for j in range(m):
 9          w[i,j]=np.log(pi_1)+f_1(u[i],v[j])-np.log(pi_2)-f_2(u[i],v[j])
10  # 境界線とデータをプロット
11  plt.contour(u,v,w,levels=1,colors=['black'])
12  plt.scatter(x_1,y_1,c="red")
13  plt.scatter(x_2,y_2,c="blue")
```

この出力を図 2.3 右に示す。共分散行列が等しいと仮定する場合，#のついた行を変更すればよい。

```
 1  # 線形判別(図2.3左)(分散が等しいと仮定する場合)
 2  # #のついている行を以下のように変更する
 3  xx=np.concatenate((x_1-mu_1[0],x_2-mu_2[0]),0).reshape(-1,1)
 4  yy=np.concatenate((y_1-mu_1[1],y_2-mu_2[1]),0).reshape(-1,1)
 5  df=np.concatenate((xx,yy),1)  # データを縦方向に結合した
 6  mat=np.cov(df,rowvar=0)        # 縦方向なので0を指定した
 7  inv_1=np.linalg.inv(mat)
 8  de_1=np.linalg.det(mat)
 9  inv_2=inv_1; de_2=de_1
10  w=np.zeros([m,m])
11  for i in range(m):
12      for j in range(m):
```

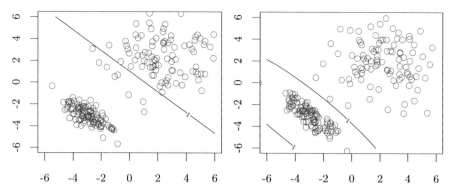

図 2.3 線形判別（左）と二次判別（右） 境界線は共分散行列が等しいとき直線，等しくないときに二次曲線（楕円）になる。分散が大きいときなど，サンプルが境界線の反対側にくることもある。また，共分散行列および事前確率が等しい場合，それぞれの中心を結ぶ直線の垂直二等分線が境界になる。

```
13        w[i,j]=np.log(pi_1)+f_1(u[i],v[j])-np.log(pi_2)-f_2(u[i],v[j])
14  plt.contour(u,v,w,levels=1,colors=['black'])
15  plt.scatter(x_1,y_1,c="red")
16  plt.scatter(x_2,y_2,c="blue")
```

この出力を図 2.3 左に示す。

◆ **例 36（Fisher のあやめ）** 3 値以上の場合も，事後確率最大にするクラスを選択することができる。Fisher のあやめのデータについて，4 個の説明変数（がく片の長さ，がくの幅，花びらの長さ，花びらの幅）から，3 種類のあやめ（ヒオウギあやめ，紫あやめ，バージニアあやめ）のいずれであるか識別したい。二次判別を用いて，訓練データからルールを学習して，テストデータで評価してみた。$N = 150, p = 4$ として，3 種類のあやめが 50 個ずつ，サンプルに含まれている。

```
1  from sklearn.datasets import load_iris
```

```
1   iris=load_iris()
2   iris.target_names
3   x=iris.data
4   y=iris.target
5   n=len(x)
6   train=np.random.choice(n,int(n/2),replace=False)
7   test=list(set(range(n))-set(train))
8   # パラメータを推定する
9   X=x[train,:]
10  Y=y[train]
11  mu=[]
12  covv=[]
13  for j in range(3):
14      xx=X[Y==j,:]
```

```
15      mu.append(np.mean(xx,0))
16      covv.append(np.cov(xx,rowvar=0))
```

```
1   # 推定されたパラメータを代入する分布の定義式
2   def f(w,mu,inv,de):
3       return -0.5*(w-mu).T@inv@(w-mu)-0.5*np.log(de)
4   def g(v,j):
5       return f(v,mu[j],np.linalg.inv(covv[j]),np.linalg.det(covv[j]))
```

```
1   z=[]
2   for i in test:
3       z.append(np.argsort([-g(x[i,],0),-g(x[i,],1),-g(x[i,],2)])[0])
4   table_count(3,y[test],z)
```

```
array([[27.,  0.,  0.],
       [ 0., 20.,  4.],
       [ 0.,  0., 24.]])
```

もし，実際の 3 種類のあやめの事前確率が等確率でないことがわかった場合，たとえば，ヒオウギあやめ，紫あやめ，バージニアあやめの事前確率が実際には，$0.5, 0.25, 0.25$ であることがわかった場合，プログラムの a, b, c の値に事前確率の対数を加えることになる。

2.4 K 近傍法

　K 近傍法は，訓練データ $(x_1, y_1), \ldots, (x_N, y_N) \in \mathbb{R}^p \times$ 有限集合 から規則を生成するのではなく，新しいデータ $x_* \in \mathbb{R}^p$ に最も近い K 個の多数決によって，そのデータの $y_* \in$ 有限集合 を予測する方法である。$X \in \mathbb{R}^{N \times p}, y \in \{1, \ldots, m\}^N$ として（各 $y_1, \ldots, y_N$ が $m \geq 2$ 通りの値をとる），$x_* \in \mathbb{R}^p$ からみて最も距離の近い K 個のサンプルの $y_i \in \{1, \ldots, m\}$ の頻度をしらべ，その最も大きい y を x_* に対応する y_* とみなす。たとえば，以下のような処理を組むことができる。

```
1   def knn_1(x,y,z,k):
2       x=np.array(x); y=np.array(y)
3       dis=[]
4       for i in range(x.shape[0]):
5           dis.append(np.linalg.norm(z-x[i,]))
6       S=np.argsort(dis)[0:k]    # 距離が近いk個のindex
7       u=np.bincount(y[S])        # 度数を数える
8       m=[i for i, x in enumerate(u) if x==max(u)] # 最頻値のindex
9       # タイブレーキングの処理(最頻値が2個以上ある場合)
10      while (len(m)>1):
11          k=k-1
12          S=S[0:k]
13          u=np.bincount(y[S])
```

```
14        m=[i for i, x in enumerate(u) if x==max(u)] # 最頻値のindex
15    return m[0]
```

後半のタイブレーキングの処理は，頻度が最大のものが2個以上あれば，k の値を1ずつ減らして比較するようにしている。$K = 1$ まで減らすまでには必ず決着がつく。複数の x_* に対しては，下記のように一般化すればよい。

```
1  # 一般化
2  def knn(x,y,z,k):
3      w=[]
4      for i in range(z.shape[0]):
5          w.append(knn_1(x,y,z[i,],k))
6      return w
```

K の値が小さければ境界線が敏感に，K の値が大きければ境界線が鈍感になる。

◆ 例 37（Fisher のあやめ）

```
1  from sklearn.datasets import load_iris
```

```
1  iris=load_iris()
2  iris.target_names
3  x=iris.data
4  y=iris.target
5  n=x.shape[0]
6  train=np.random.choice(n,int(n/2),replace=False)
7  test=list(set(range(n))-set(train))
8  w=knn(x[train,],y[train],x[test,],k=3)
9  table_count(3,y[test],w)
```

```
array([[25.,  0.,  0.],
       [ 0., 26.,  4.],
       [ 0.,  1., 19.]])
```

2.5 ROC 曲線

事後確率最大という基準は，誤り率が最小になるという意味で，妥当であることが多い。しかしながら，誤り率最大を犠牲にしてでも，ある性能を向上させたい場合がある。

たとえば，クレジットカードの審査で，実際に問題のある申請者は3％未満であったとしよう。この場合，申請を全部承認すれば，誤り率3％を確保できる。しかし，それではカード会社としてはリスクがあるとして，実際には10％以上の申請を拒絶している。

がん検診で，実際にガンになっている人が3％未満しかいないのに，実際には検診を受けた人の20％以上に対して問題ありという診断がされているという。病気の人を健康とみなす方が，健康

表2.1　第1種の誤りと第2種の誤りの例

	第1種の誤り	第2種の誤り
品質管理	良品を不良品とみなす	不良品を良品とみなす
医療診断	健康な人を病気とみなす	病気な人を健康とみなす
犯人さがし	善人を悪人とみなす	悪人を善人とみなす
入学試験	優秀な学生を不合格にする	優秀ではない学生に入学を許可する

な人を病人とみなすより，リスクが大きいことに起因している。責任を追いたくないということであれば，もっと多くの人を問題ありと判定するかもしれない。

　つまり，健康な人を病気とみなす誤り（第1種の誤り）と，病気の人を健康とみなす誤り（第2種の誤り）のリスクのバランスをどうとるかによって（表2.1），判定の基準が異なってくる。すなわち，そのバランスのとり方のそれぞれについて最適性を考える必要がある。それらには，真陽性(True Positive)，偽陽性 (False Positive)，偽陰性 (False Negative)，真陰性 (True Negative) といった名称がつけられている。

	病気	病気でない
病気と診断	真陽性 (True Positive)	偽陽性 (False Positive)
病気でないと診断	偽陰性 (False Negative)	真陰性 (True Negative)

そして，第1種，第2種の誤り率を α, β とおいたときに，検出力および偽陽性率を以下のように定義する。

$$\text{検出力} = \frac{TP}{TP + FN} = 1 - \beta$$

$$\text{偽陽性率} = \frac{FP}{FP + TN} = \alpha$$

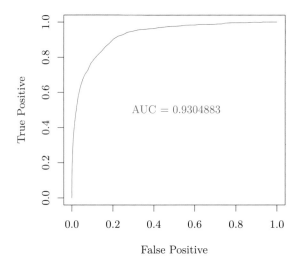

図2.4　ROC曲線は，許容する偽陽性に対する検査の性能をすべて表示している。

それぞれの偽陽性率 α で，検出力 $1-\beta$ を最大にする（ネイマン‐ピアソンの基準）ことを考える。その場合，両者のバランスのとり方で，検査の仕方は無数に考えられるが，偽陽性率を横軸，検出力を縦軸にとった曲線を，ROC (Receiver Operatorating Characteristic) 曲線という。そして，この曲線が左上にいけばいくほど，すなわち ROC 曲線の下の面積 (AUC, Area Under the Curve) が大きいほど（1に近いほど），よい検査をしていることになる。

◆ **例 38** ある病気にかかっている人のある測定値 x についての分布が $f_1(x)$，正常な人の分布が $f_0(x)$，θ を正の範囲で動かして，

$$\frac{f_1(x)}{f_0(x)} \geq \theta$$

であれば，症状にかかっている，そうでなければかかっていない，という判定を行うことにした。下記では，病気の人，正常な人の分布が $N(1,1)$, $N(-1,1)$ であるとしている。ROC 曲線は，図2.4のようになる。

```
N_0=10000; N_1=1000
mu_1=1; mu_0=-1   # 病気の人1, 正常な人0
var_1=1; var_0=1
x=np.random.normal(mu_0,var_0,N_0)
y=np.random.normal(mu_1,var_1,N_1)
theta_seq=np.exp(np.arange(-10,100,0.1))
U=[]; V=[]
for i in range(len(theta_seq)):
    u=np.sum((stats.norm.pdf(x,mu_1,var_1)/stats.norm.pdf(x,mu_0,var_0))>theta_seq[i])/N_0
    # 病気でない人を病気とみなす
    v=np.sum((stats.norm.pdf(y,mu_1,var_1)/stats.norm.pdf(y,mu_0,var_0))>theta_seq[i])/N_1
    # 病気の人を病気とみなす
    U.append(u); V.append(v)
```

```
AUC=0 # 面積を求める
for i in range(len(theta_seq)-1):
    AUC=AUC+np.abs(U[i+1]-U[i])*V[i]
```

```
plt.plot(U,V)
plt.xlabel("False Positive")
plt.ylabel("True Positive")
plt.title("ROC曲線")
plt.text(0.3,0.5,'AUC={}'.format(AUC),fontsize=15)
```

```
Text(0.3, 0.5, 'AUC=0.9301908000000001')
```

問題 19〜31

□ **19**　$x \in \mathbb{R}^p$ に対して, $Y = 1$ となる確率が $\dfrac{e^{\beta_0 + x\beta}}{1 + e^{\beta_0 + x\beta}}$, $Y = -1$ となる確率が $\dfrac{1}{1 + e^{\beta_0 + x\beta}}$ となるような $\beta_0 \in \mathbb{R}$, $\beta \in \mathbb{R}^p$ が存在することを仮定する。$Y = y \in \{-1, 1\}$ となる確率が $\dfrac{1}{1 + e^{-y(\beta_0 + x\beta)}}$ と書けることを示せ。

□ **20**　$p = 1$, $\beta > 0$ として, 関数 $f(x) = \dfrac{1}{1 + e^{-(\beta_0 + x\beta)}}$, $x \in \mathbb{R}$ が単調増加, $x < -\beta_0/\beta$ で下に凸, $x > -\beta_0/\beta$ で上に凸であることを示せ。また, β の値を大きくすると, どのような関数になるか。下記の処理を実行して確認せよ。

```
1  def f(x):
2      return np.exp(beta_0+beta*x)/(1+np.exp(beta_0+beta*x))
```

```
1   beta_0=0
2   beta_seq=np.array([0,0.2,0.5,1,2,10])
3   x_seq=np.arange(-10,10,0.1)
4   plt.xlabel("x")
5   plt.ylabel("P(Y=1|x)")
6   plt.title("ロジスティック曲線")
7   for i in range(beta_seq.shape[0]):
8       beta=beta_seq[i]
9       p=f(x_seq)
10      plt.plot(x_seq,p,label='{}'.format(beta))
11  plt.legend(loc='upper left')
```

□ **21**　観測値 $(x_1, y_1), \ldots, (x_N, y_N) \in \mathbb{R}^p \times \{-1, 1\}$ から, 尤度 $\displaystyle\prod_{i=1}^{N} \dfrac{1}{1 + e^{-y_i(\beta_0 + x_i\beta)}}$ を最大にする, もしくは, その対数のマイナスをとった値

$$l(\beta_0, \beta) = \sum_{i=1}^{N} \log(1 + v_i), \quad v_i = e^{-y_i(\beta_0 + x_i\beta)}$$

を最小にすることによって, $\beta_0 \in \mathbb{R}$, $\beta \in \mathbb{R}^p$ の推定値を得ることを考える (最尤推定)。微分 $\nabla l(\beta_0, \beta)$, 2 回微分 $\nabla^2 l(\beta_0, \beta)$ を求め, $l(\beta_0, \beta)$ が凸であることを示せ。

> **ヒント**　$\nabla l(\beta_0, \beta)$ は $\dfrac{\partial l}{\partial \beta_j}$ を第 j 成分にもつ列ベクトル, $\nabla^2 l(\beta_0, \beta)$ は $\dfrac{\partial^2 l}{\partial \beta_j \partial \beta_k}$ を第 (j, k) 成分にもつ大きさ $(p+1) \times (p+1)$ の行列。非負定値であることを示せば十分である。$\nabla^2 l(\beta_0, \beta) = X^T W X$ の形に導き, W が対角行列であれば, $W = U^T U$ と分解でき (U の対角成分は, W の該当する成分の平方根), $\nabla^2 l(\beta_0, \beta) = (UX)^T UX$ とできる。

□ **22** Newton-Raphson 法を用いて，Python で実装し，各方程式の解を求めよ。

(a) $f(x) = x^2 - 1$ について，$x = 2$ として $x = x - f(x)/f'(x)$ を 100 回繰り返す。

(b) $f(x, y) = x^2 + y^2 - 1$, $g(x, y) = x + y$ について，$(x, y) = (1, 2)$ として，以下を 100 回繰り返す。

$$\begin{bmatrix} x \\ y \end{bmatrix} \leftarrow \begin{bmatrix} x \\ y \end{bmatrix} - \begin{bmatrix} \dfrac{\partial f(x,y)}{\partial x} & \dfrac{\partial f(x,y)}{\partial y} \\ \dfrac{\partial g(x,y)}{\partial x} & \dfrac{\partial g(x,y)}{\partial y} \end{bmatrix}^{-1} \begin{bmatrix} f(x,y) \\ g(x,y) \end{bmatrix}$$

ヒント 以下のようにおいて，漸化式を 100 回まわす。

```python
def f(z):
    return z[0]**2+z[1]**2-1
def dfx(z):
    return 2*z[0]
def dfy(z):
    return 2*z[1]
def g(z):
    return z[0]+z[1]
def dgx(z):
    return 1
def dgy(z):
    return 1
z=np.array([1,2]) # 初期値
```

□ **23** Newton-Raphson 法を用いて，問題 21 の $\nabla l(\beta_0, \beta) = 0$, $(\beta_0, \beta) \in \mathbb{R} \times \mathbb{R}^p$ を解くことを考える。

$$(\beta_0, \beta) \leftarrow (\beta_0, \beta) - \{\nabla^2 l(\beta_0, \beta)\}^{-1} \nabla l(\beta_0, \beta)$$

ただし，$\nabla f(v) \in \mathbb{R}^{p+1}$ は第 i 成分が $\dfrac{\partial f}{\partial v_i}$ であるようなベクトル，$\nabla^2 f(v) \in \mathbb{R}^{(p+1) \times (p+1)}$ は (i, j) 成分が $\dfrac{\partial^2 f}{\partial v_i \partial v_j}$ であるような正方行列であるとした。また，以下では，記法の簡略化のため，$(\beta_0, \beta) \in \mathbb{R} \times \mathbb{R}^p$ を $\beta \in \mathbb{R}^{p+1}$ とあらわすものとする。更新規則が

$$\beta_{new} \leftarrow (X^T W X)^{-1} X^T W z \tag{2.5}$$

となることを示せ。ただし，$\nabla l(\beta_{old}) = -X^T u$ なる $u \in \mathbb{R}^{p+1}$ と $\nabla^2 l(\beta_{old}) = X^T W X$ なる $W \in \mathbb{R}^{(p+1) \times (p+1)}$ を用いて，$z \in \mathbb{R}$ は $z := X\beta_{old} + W^{-1} u$ と定義され，$X^T W X$ は正則であるものとする。

ヒント 更新規則は，$\beta_{new} \leftarrow \beta_{old} + (X^T W X)^{-1} X^T u$ とも書ける。

□ **24** 問題 23 を実現する処理を以下のように構成した。空欄 (1)(2)(3) をうめて，正しく処理が求まることを確認せよ。

```
1   N=1000; p=2
2   X=randn(N,p)
3   X=np.insert(X,0,1,axis=1)
4   beta=randn(p+1)
5   y=[]
6   prob=1/(1+np.exp(X@beta))
7   for i in range(N):
8       if (np.random.rand(1)>prob[i]):
9           y.append(1)
10      else :
11          y.append(-1)
12  # データの生成ここまで
13  beta # 確認
```

```
array([ 0.79985659, -1.31770628, -0.23553563])
```

```
1   # 最尤推定
2   beta=np.inf
3   gamma=randn(p+1) # betaの初期値
4   print (gamma)
5   while (np.sum((beta-gamma)**2)>0.001):
6       beta=gamma
7       s=X@beta
8       v=np.exp(-s*y)
9       u=# 空欄(1) #
10      w=# 空欄(2) #
11      W=np.diag(w)
12      z=# 空欄(3) #
13      gamma=np.linalg.inv(X.T@W@X)@X.T@W@z
14      print (gamma)
```

□ **25** 観測値が $y_i(\beta_0 + \beta^T x_i) \geq 0$, $(x_i, y_i) \in \mathbb{R}^p \times \mathbb{R}$, $i = 1, \ldots, N$ を満足していると，ロジスティック回帰の最尤推定のパラメータを見出すことはできない。なぜか。

□ **26** $p = 1$ として，$N/2$ 個のサンプルでロジスティック回帰の係数を推定して（推定値 $\hat{\beta}_0, \hat{\beta}_1$），$N/2$ 個の推定で用いなかったデータの x だけから，それらの y の値を予測してみた。空欄をうめて処理を実行せよ。

```
1   # データの生成
2   n=100
3   x=np.concatenate([randn(n)+1,randn(n)-1],0)
4   y=np.concatenate([np.ones(n),-np.ones(n)],0)
5   train=np.random.choice(2*n,int(n),replace=False) # 訓練データの添え字
6   test=list(set(range(2*n))-set(train))        # テストデータの添え字
```

```
7   X=np.insert(x[train].reshape(-1,1), 0, 1, axis=1)
8   Y=y[train]
9   # すべて1の列をxの左に置いて, 2列とした
```

```
1   # gammaの初期値によっては収束しないので, 複数回施行することがある
2   p=1
3   beta=[0,0]; gamma=randn(p+1)
4   print (gamma)
5   while (np.sum((beta-gamma)**2)>0.001):
6       beta=gamma
7       s=X@beta
8       v=np.exp(-s*Y)
9       u=(Y*v)/(1+v)
10      w=v/((1+v)**2)
11      W=np.diag(w)
12      z=s+u/w
13      gamma=np.linalg.inv(X.T@W@X)@X.T@W@z
14      print (gamma)
```

```
1   def table_count(m,u,v):
2       n=u.shape[0]
3       count=np.zeros([m,m])
4       for i in range(n):
5           # 空欄(1) #+=1
6       return (count)
```

```
1   ans=y[test] # 正解
2   pred=# 空欄(2) #
3   ans=(ans+1)/2      # -1,1から0,1になおす
4   pred=(pred+1)/2    # -1,1から0,1になおす
5   table_count(3,ans,pred)
```

> **ヒント**　予測は $\beta_0 + x\beta_1$ の正負をみればよい。そして, 0 のときは -1 にして, y の値と比較する。

□ **27** 線形判別で, π_k をクラス $Y=k$ の事前確率, $f_k(x)$ をクラス $Y=k$ のもとでの入力の p 変数の値 $x \in \mathbb{R}^p$ （平均 $\mu_k \in \mathbb{R}^p$, 共分散行列 $\Sigma_k \in \mathbb{R}^{p \times p}$ の正規分布）の確率密度関数として,

$$\frac{\pi_k f_k(x)}{\displaystyle\sum_{j=1}^{K} \pi_j f_j(x)} = \frac{\pi_l f_l(x)}{\displaystyle\sum_{j=1}^{K} \pi_j f_j(x)}$$

となる $x \in \mathbb{R}^p$ の集合 $S_{k,l}$ を考える。

(a) $\pi_k = \pi_l$ のとき，$S_{k,l}$ が二次曲面

$$-(x - \mu_k)^T \Sigma_k^{-1}(x - \mu_k) + (x - \mu_l)^T \Sigma_l^{-1}(x - \mu_l) = \log \frac{\det \Sigma_k}{\det \Sigma_l}$$

上の $x \in \mathbb{R}^p$ の集合になることを示せ。

(b) $\Sigma_k = \Sigma_l$ のとき（Σ と書くものとする），$S_{k,l}$ が平面 $a^T x + b = 0$ $(a \in \mathbb{R}^p, b \in \mathbb{R})$ 上の $x \in \mathbb{R}^p$ になることを示し，a, b を $\mu_k, \mu_l, \Sigma, \pi_k, \pi_l$ を用いてあらわせ。

(c) $\pi_k = \pi_l$ かつ $\Sigma_k = \Sigma_l$ のとき，(b) の平面が $x = (\mu_k + \mu_l)/2$ になることを示せ。

□ **28** 下記では，2種類のサンプルから，それぞれの分布を推定して，事後確率最大の判定ができるような境界線を引いてみた。両者の共分散行列が等しいことを仮定した場合に，境界線はどのように変わってくるか。プログラムを修正せよ。

```
1  # 真のパラメータ
2  mu_1=np.array([2,2]); sigma_1=2; sigma_2=2; rho_1=0
3  mu_2=np.array([-3,-3]); sigma_3=1; sigma_4=1; rho_2=-0.8
4  # 真のパラメータにもとづいてデータを発生
5  n=100
6  u=randn(n); v=randn(n)
7  x_1=sigma_1*u+mu_1[0]; y_1=(rho_1*u+np.sqrt(1-rho_1**2)*v)*sigma_2+mu_1[1]
8  u=randn(n); v=randn(n)
9  x_2=sigma_3*u+mu_2[0]; y_2=(rho_2*u+np.sqrt(1-rho_2**2)*v)*sigma_4+mu_2[1]
10 # データからパラメータを推定
11 mu_1=np.average((x_1,y_1),1); mu_2=np.average((x_2,y_2),1)
12 df=np.array([x_1,y_1]); mat=np.cov(df,rowvar=1); inv_1=np.linalg.inv(mat); de_1=np
   .linalg.det(mat)   #
13 df=np.array([x_2,y_2]); mat=np.cov(df,rowvar=1); inv_2=np.linalg.inv(mat); de_2=np
   .linalg.det(mat)   #
```

```
1  # 推定されたパラメータを分布の式に代入
2  def f(x,mu,inv,de):
3      return(-0.5*(x-mu).T@inv@(x-mu)-0.5*np.log(de))
4  def f_1(u,v):
5      return f(np.array([u,v]),mu_1,inv_1,de_1)
6  def f_2(u,v):
7      return f(np.array([u,v]),mu_2,inv_2,de_2)
```

```
1  # 等高線データを作成
2  # この値が0の箇所に境界線をひく
3  pi_1=0.5; pi_2=0.5
4  u=v=np.linspace(-6,6,50)
5  m=len(u)
6  w=np.zeros([m,m])
7  for i in range(m):
8      for j in range(m):
```

```
 9        w[i,j]=np.log(pi_1)+f_1(u[i],v[j])-np.log(pi_2)-f_2(u[i],v[j])
10   # 境界線とデータをプロット
11   plt.contour(u,v,w,levels=1,colors=['black'])
12   plt.scatter(x_1,y_1,c="red")
13   plt.scatter(x_2,y_2,c="blue")
```

ヒント #のついた2行を修正する。

□ **29** 3値以上の場合も，事後確率最大にするクラスを選択することができる。Fisherのあや
めのデータについて，4個の説明変数（がく片の長さ，がくの幅，花びらの長さ，花びら
の幅）から，3種類のあやめ（ヒオウギあやめ，紫あやめ，バージニアあやめ）のいず
れであるか識別したい。二次判別を用いて，訓練データからルールを学習して，テスト
データで評価してみた。$N = 150, p = 4$として，3種類のあやめが50個ずつ，サンプル
に含まれている。このプログラムでは，サンプルに同数のあやめのサンプルがあったの
で，事前確率を1/3で等確率としている。もし，ヒオウギあやめ，紫あやめ，バージニ
アあやめの事前確率が実際には，0.5, 0.25, 0.25であることがわかった場合，事後確率最
大の判定を行うために，プログラムをどのように変更したらよいか。

```
 1   from sklearn.datasets import load_iris
```

```
 1   iris=load_iris()
 2   iris.target_names
 3   x=iris.data
 4   y=iris.target
 5   n=len(x)
 6   train=np.random.choice(n,int(n/2),replace=False)
 7   test=list(set(range(n))-set(train))
 8   # パラメータを推定する
 9   X=x[train,:]
10   Y=y[train]
11   mu=[]
12   covv=[]
13   for j in range(3):
14       xx=X[Y==j,:]
15       mu.append(np.mean(xx,0))
16       covv.append(np.cov(xx,rowvar=0))
```

```
 1   # 推定されたパラメータを代入する分布の定義式
 2   def f(w,mu,inv,de):
 3       return -0.5*(w-mu).T@inv@(w-mu)-0.5*np.log(de)
 4   def g(v,j):
 5       return f(v,mu[j],np.linalg.inv(covv[j]),np.linalg.det(covv[j]))
```

```
1   z=[]
2   for i in test:
3       a=g(x[i,],0); b=g(x[i,],1); c=g(x[i,],2)
4       if a<b:
5           if b<c:
6               z.append(2)
7           else:
8               z.append(1)
9       else:
10          z.append(0)
11  u=y[test]
12  count=np.zeros([3,3])
13  for i in range(int(n/2)):
14      count[u[i],z[i]]+=1
15  count
```

□ **30** 訓練データ $(x_1, y_1), \ldots, (x_N, y_N) \in \mathbb{R}^p \times$ 有限集合から規則を生成するのではなく，新しいデータ $x_* \in \mathbb{R}$ に最も近い K 個の多数決によって，そのデータの $y_* \in$ 有限集合を予測したい。$X \in \mathbb{R}^{N \times p}$, $y \in \{1, \ldots, m\}^N$ として（各 $y_1, \ldots, y_N$ が m 通りの値をとるものとする），$x_* \in \mathbb{R}^p$ からみて最も距離の近い X の列名の集合が S であれば，$y_i \in \{1, \ldots, m\}$, $i \in S$ の頻度をしらべ，その最も大きい y を x_* に対応する y_* とみなす。下記の処理はテストデータが 1 個であることを仮定しているが，テストデータが複数ある場合に拡張せよ。そして，問題のデータに適用せよ。

```
1   def knn_1(x,y,z,k):
2       x=np.array(x); y=np.array(y)
3       dis=[]
4       for i in range(x.shape[0]):
5           dis.append(np.linalg.norm(z-x[i,],ord=2))
6       S=np.argsort(dis)[0:k]     # 距離が近いk個のindex
7       u=np.bincount(y[S])        # 度数を数える
8       m=[i for i, x in enumerate(u) if x==max(u)] # 最頻値のindex
9       # タイブレーキングの処理(最頻値が2個以上ある場合)
10      while (len(m)>1):
11          k=k-1
12          S=S[0:k]
13          u=np.bincount(y[S])
14          m=[i for i, x in enumerate(u) if x==max(u)] # 最頻値のindex
15      return m[0]
```

□ **31** ある病気にかかっている人のある測定値 x についての分布が $f_1(x)$，正常な人の分布が $f_0(x)$，θ を正の範囲で動かして，

$$\frac{f_1(x)}{f_0(x)} \geq \theta$$

であれば，症状にかかっている，そうでなければかかっていない，という判定を行うことにした。病気でない人が病気であると診断される条件つき確率を横軸，病気である人が病気であると診断される条件つき確率を縦軸としたグラフ（ROC 曲線）を描き，その AUC（ROC 曲線の下の面積）を求めたい。下記では，病気の人，正常な人の分布を $N(1,1)$, $N(-1,1)$ としている。空欄をうめて，ROC 曲線を描け。

```
1   N_0=10000; N_1=1000
2   mu_1=1; mu_0=-1   # 病気の人1, 正常な人0
3   var_1=1; var_0=1
4   x=np.random.normal(mu_0,var_0,N_0)
5   y=np.random.normal(mu_1,var_1,N_1)
6   theta_seq=np.exp(np.arange(-10,100,0.1))
7   U=[]; V=[]
8   for i in range(len(theta_seq)):
9       u=np.sum((stats.norm.pdf(x,mu_1,var_1)/stats.norm.pdf(x,mu_0,
10      var_0))>theta_seq[i])/N_0 # 病気でない人を病気とみなす
11      v=np.sum((stats.norm.pdf(y,mu_1,var_1)/stats.norm.pdf(y,mu_0,
12      var_0))>theta_seq[i])/N_1 # 病気の人を病気とみなす
13      U.append(u); V.append(v)
```

```
1   AUC=0 # 面積を求める
2   for i in range(len(theta_seq)-1):
3       AUC=AUC+np.abs(U[i+1]-U[i])*V[i]
```

```
1   plt.plot(U,V)
2   plt.xlabel("False Positive")
3   plt.ylabel("True Positive")
4   plt.title("ROC曲線")
5   plt.text(0.3,0.5,'AUC={}'.format(AUC),fontsize=15)
```

第3章 リサンプリング

　ある現象を説明する統計モデルは，一般に一つとは限らない。その場合，複雑なモデルほど，データがその統計モデルに適合しやすく，採用されやすくなる。しかし，その推定に用いたものとは別の新しいデータに対して，その推定結果がよい性能（予測性能）を示すかどうかわからない。たとえば，株価の予測で，昨日までの値動きを誤差変動が少なくなるまで分析できていても，明日以降の株価の動きについての示唆が得られなければ，その分析に意味があるとはいえない。真の統計モデルより複雑なモデルを選択することを，本書では，過学習とよぶことにする[1]。

　本章では，過学習による影響を受けずに学習の性能を評価する方法であるクロスバリデーションについてまず学ぶ。また，学習に用いられたデータは，ランダムに選ばれたもので，同じ分布にしたがっているデータでも，学習結果が大きく異なる場合がある。線形回帰のように信頼区間や推定値の分散を評価できる場合もあるが，そうでない場合も多い。本章では，続いて，学習結果のばらつきを評価する汎用的な方法であるブートストラップについて学ぶ。

3.1　クロスバリデーション

　前章でも試みたが，N 組のデータがあっても，それを全部推定に用いるのではなく，その推定の評価のためにその一部を除いておくという方法は，理にかなっているように思える。しかし，そうすると，推定のために用いるサンプルが少なくなって，推定精度が劣化するというジレンマに陥ることになる。

　そこで考案されたのが，(k-fold) クロスバリデーション (CV) とよばれる方法である。k を N を割り切る整数として，全体の $1/k$ のデータをテストのためにとっておき，それ以外の $1 - 1/k$ のデータで推定する。テストのためのデータは交代で入れ替えて，k 回の推定を行い，その算術平均

---

[1] 過学習という言葉は，データ科学や機械学習でよく用いられている。ただ，状況によって定義が異なる場合があるので，統一性が必要であると感じた。

表3.1 クロスバリデーションにおけるローテーション。各グループは N/k 個のサンプルからなる。ここでは，サンプルIDによって，$1 \sim \dfrac{N}{k}, \dfrac{N}{k}+1 \sim \dfrac{2N}{k}, \ldots, (k-2)\dfrac{N}{k}+1 \sim (k-1)\dfrac{N}{k}, (k-1)\dfrac{N}{k}+1 \sim N$ というように，k 個のグループに分かれている。

	グループ1	グループ2	$\cdots$	グループ $k-1$	グループ k
第1回	テスト	推定	$\cdots$	推定	推定
第2回	推定	テスト	$\cdots$	推定	推定
	$\vdots$	$\vdots$	$\ddots$	$\vdots$	$\vdots$
第 $k-1$ 回	推定	推定	$\cdots$	テスト	推定
第 k 回	推定	推定	$\cdots$	推定	テスト

で評価を行う（表3.1）。線形回帰の予測誤差を評価する処理は，たとえば以下のようになる（関数 `cv.linear`）。

```python
def cv_linear(X,y,K):
    n=len(y); m=int(n/K)
    S=0
    for j in range(K):
        test=list(range(j*m,(j+1)*m)) # テストデータの添え字
        train=list(set(range(n))-set(test))      # 訓練データの添え字
        beta=np.linalg.inv(X[train,].T@X[train,])@X[train,].T@y[train]
        e=y[test]-X[test,]@beta
        S=S+np.linalg.norm(e)**2
    return S/n
```

◆ 例39 10-fold クロスバリデーションで，線形回帰の変数選択について分析してみた。目的変数は，$p=5$ 個の説明変数 X_1, X_2, X_3, X_4, X_5 のうち，X_3, X_4, X_5（と切片）にのみ依存していると仮定している。

```python
n=100; p=5
X=randn(n,p)
X=np.insert(X,0,1,axis=1)
beta=randn(p+1)
beta[[1,2]]=0
y=X@beta+randn(n)
cv_linear(X[:,[0,3,4,5]],y,10)
```

1.1001140673920566

```python
cv_linear(X,y,10)
```

1.156169036077035

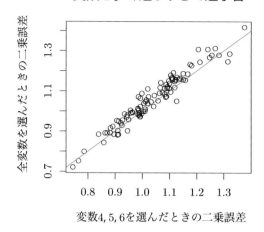

変数を多く選びすぎて過学習

図 3.1 横軸が変数選択を行った場合の予測誤差で，変数選択を行わなかった場合（縦軸）と比較して，前者のほうが，若干ではあるが予測誤差が少なくなっている。

それぞれ，X_3, X_4, X_5 に依存，X_1, X_2, X_3 に依存，すべてに依存していると仮定した場合の (10-fold) クロスバリデーションによる予測誤差をあらわしている。最初と最後の場合で大きな差はないので，何度も繰り返さないと差異が見えにくい（100回繰り返して差異を比較した，図3.1）。

```python
n=100; p=5
X=randn(n,p)
X=np.insert(X,0,1,axis=1)
beta=randn(p+1); beta[[1,2]]=0
U=[]; V=[]
for j in range(100):
    y=X@beta+randn(n)
    U.append(cv_linear(X[:,[0,3,4,5]],y,10))
    V.append(cv_linear(X,y,10))
x_seq=np.linspace(0.7,1.5,100)
y=x_seq
plt.plot(x_seq,y,c="red")
plt.scatter(U,V)
plt.xlabel("変数4,5,6を選んだときの二乗誤差")
plt.ylabel("全変数を選んだときの二乗誤差")
plt.title("変数を多く選びすぎて過学習")
```

Text(0.5, 1.0, '変数を多く選びすぎて過学習')

図3.1からわかるように，変数選択を行わずにすべての変数を用いた場合には，過学習をおこしている。

◆ **例 40** k-fold CV の k によってどれだけ予測誤差が異なるかは，データに依存する。$k = N$ が

k-foldのkと**CV**の値の関係

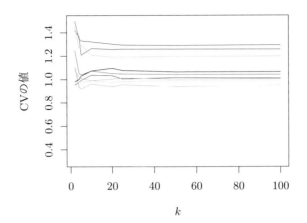

図 3.2　kとともに，CV の予測誤差がどのように変化するかを 10 回試行して，図示してみた。特定の k が少ないわけではないことが確認できる。

最適というように信じ込んでいる人もいる。また，$k = 10$ が多く用いられているが，理論的な根拠はない。N 個のデータを 10 回発生させて，それぞれ k の値によってどれだけ値が変化するかを図示してみた（図3.2）。k の値は 10 以上にしたほうがよいように思える。

```python
n=100; p=5
plt.ylim(0.3,1.5)
plt.xlabel("k")
plt.ylabel("CVの値")
for j in range(2,11,1):
    X=randn(n,p)
    X=np.insert(X,0,1,axis=1)
    beta=randn(p+1)
    y=X@beta+randn(n)
    U=[]; V=[]
    for k in range(2,n+1,1):
        if n%k==0:
            U.append(k); V.append(cv_linear(X,y,k))
    plt.plot(U,V)
```

　クロスバリデーション (CV) は，線形回帰における変数選択（例 39）だけではなく，データ科学の現実の側面で広く用いられる。第 2 章で導入したものだけでも，たとえば，

- ロジスティック回帰の変数選択で，CV による誤り率の評価値を比較して，最適な変数（係数が 0 でないもの）の組み合わせを求める。
- 線形判別と二次判別とで，CV による誤り率の評価値を比較して，良い方を選択する。
- K 近傍法（第 2 章）で，CV で各 K での誤り率を比較し，最適な K を求める。

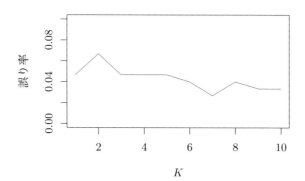

CVによる誤り率の評価

図 3.3　10-fold クロスバリデーションで，K 近傍法の K とともに，CV の予測の誤り率がどのように変化するかを図示してみた。

CV 以外にも過学習を防ぐ方法は無数にある（後述）が，それらと比較してより一般的に適用できる点が CV のメリットである。

◆ **例 41（Fisher のあやめ）**　10-fold クロスバリデーションを用い，Fisher のあやめのデータセットで，K 近傍法の K ごとに誤り率がどのように変化するか，評価してみた（実行に 10 分程度かかる，図 3.3）。ただし，第 2 章で構成した関数 knn を用いている。

```python
from sklearn.datasets import load_iris
```

```python
iris=load_iris()
iris.target_names
x=iris.data
y=iris.target
n=x.shape[0]
order=np.random.choice(n,n,replace=False) # 並び替える
x=x[index,]
y=y[index]
```

```python
U=[]
V=[]
top_seq=list(range(0,135,10))
for k in range(1,11,1):
    S=0
    for top in top_seq:
        test=list(range(top,top+15))
        train=list(set(range(150))-set(test))
        knn_ans=knn(x[train,],y[train],x[test,],k=k)
        ans=y[test]
        S=S+np.sum(knn_ans!=ans)
    S=S/n
```

```
13        U.append(k)
14        V.append(S)
15  plt.plot(U,V)
16  plt.xlabel("K")
17  plt.ylabel("誤り率")
18  plt.title("CVによる誤り率の評価")
```

Text(0.5, 1.0, 'CVによる誤り率の評価')

3.2　線形回帰の場合の公式

k-fold CVで，特に$k = N$の場合 (LOOCV, Leave-One-Out Cross Varidation)，多くのグループに細分化されるので，処理に時間がかかる。以下では，数学的に若干煩雑になるが，LOOCVに限らず，線形回帰の場合に高速なCVの実現方法を述べる。

以下では，相互に重ならない$\{1, \ldots, N\}$のk個の部分集合を考える。CVにおいて，それらの1部分集合がテストデータとしての役割をにない，それ以外の$k - 1$部分集合が訓練データになる。そのようにして得られたCVの評価値を，テストデータとなる部分集合を変えてk回行った場合の和は，以下の公式で計算できることが知られている[2]。

命題14（J. Shao, 1993）　$\{1, \ldots, N\}$を重なり合わない部分集合（それぞれSと書く）に分割した場合，そのクロスバリデーションの評価値の和は，

$$\sum_S \|(I - H_S)^{-1} e_S\|^2$$

となる。ただし，$H_S := X_S (X^T X)^{-1} X_S^T = H = X(X^T X)^{-1} X^T$の$S$に属する行と列からなる部分行列，$e_S$は誤差$e = y - X\hat{\beta}$の$S$に含まれている行からなるベクトルであるとし，$\|a\|^2$は$a \in \mathbb{R}^N$の成分の二乗和を表すものとした[3]。

以下では，今までの線形回帰の知識を使って，この命題がなぜ成立するかを示していく。まず，$X \in \mathbb{R}^{N \times (p+1)}$の$S$に含まれる行からなる行列を$X_S \in \mathbb{R}^{r \times p}$，それ以外の$X$の行からなる行列を$X_{-S} \in \mathbb{R}^{(N-r) \times p}$と書く（$r$は集合$S$の要素数）。同様に，$y \in \mathbb{R}^N$についても，$y_S$と$y_{-S}$に分割する。このとき，

$$X^T X = \sum_{j=1}^N x_j x_j^T = \sum_{j \in S} x_j x_j^T + \sum_{j \notin S} x_j x_j^T = X_S^T X_S + X_{-S}^T X_{-S} \tag{3.1}$$

および

---

[2] 同様の処理をとりあげている書物は多いが，そのほとんどがLOOCV ($k = N$) のみに有効な公式である。本書では，任意のk-fold CVについて適用できる公式を扱っている。

[3] Linear Model Selection by Cross-Validation Jun Shao, Journal of the American Statistical Association Vol. 88, No. 422 (Jun., 1993), pp. 486–494.

$$X^T y = \sum_{j=1}^{N} x_j^T y_j = \sum_{j \in S} x_j^T y_j + \sum_{j \notin S} x_j^T y_j = X_S^T y_S + X_{-S}^T y_{-S} \tag{3.2}$$

が成立する。

次に，下記の等号が成立することに注意する。

命題15（Sherman-Morroson-Woodbury） $m, n \geq 1$, 行列 $A \in \mathbb{R}^{n \times n}$, $U \in \mathbb{R}^{n \times m}$, $C \in \mathbb{R}^{m \times m}$, $V \in \mathbb{R}^{m \times n}$ について，

$$(A + UCV)^{-1} = A^{-1} - A^{-1}U(C^{-1} + VA^{-1}U)^{-1}VA^{-1} \tag{3.3}$$

証明は，章末の付録を参照されたい。

そして，$n = p+1$, $m = r$, $A = X^T X$, $C = I$, $U = X_S^T$, $V = -X_S$ を (3.3) に適用すると，

$$(X_{-S}^T X_{-S})^{-1} = (X^T X)^{-1} + (X^T X)^{-1} X_S^T (I - H_S)^{-1} X_S (X^T X)^{-1} \tag{3.4}$$

が成立することがわかる。ただし，以下の命題の証明は，章末の付録を参照されたい。

命題16 $X^T X$ が正則であるとき，各 $S \subset \{1, \ldots, N\}$ で，$X_{-S}^T X_{-S}$ が正則であれば，$I - H_S$ も正則である。

したがって，(3.1)(3.2)(3.4) より，S に属するデータを用いないで推定した係数の推定値 $\hat{\beta}_{-S} := (X_{-S}^T X_{-S})^{-1} X_{-S}^T y_{-S}$ は，以下のような値になる。

$$
\begin{aligned}
\hat{\beta}_{-S} &= (X_{-S}^T X_{-S})^{-1}(X^T y - X_S^T y_S) \\
&= \{(X^T X)^{-1} + (X^T X)^{-1} X_S^T (I - H_S)^{-1} X_S (X^T X)^{-1}\}(X^T y - X_S^T y_S) \\
&= \hat{\beta} - (X^T X)^{-1} X_S^T y_S - (X^T X)^{-1} X_S^T (I - H_S)^{-1}(X_S \hat{\beta} - H_S y_S) \\
&= \hat{\beta} - (X^T X)^{-1} X_S^T (I - H_S)^{-1}\{(I - H_S) y_S - X_S \hat{\beta} + H_S y_S\} \\
&= \hat{\beta} - (X^T X)^{-1} X_S^T (I - H_S)^{-1} e_S
\end{aligned}
$$

ただし，$\hat{\beta} = (X^T X)^{-1} X^T y$ はデータフレームのすべてのデータを用いて推定した β の推定値，$e_S = y_S - X_S \hat{\beta}$ は，その $\hat{\beta}$ を用いて S に属するデータで評価した場合の誤差に相当する。

S に属さないデータで推定された係数 $\hat{\beta}_{-S}$ に，S に属するデータを適用して，残差および残差平方和を評価する。

$$
\begin{aligned}
y_S - X_S \hat{\beta}_{-S} &= y_S - X_S \{\hat{\beta} - (X^T X)^{-1} X_S^T (I - H_S)^{-1} e_S\} \\
&= y_S - X_S \hat{\beta} + X_S (X^T X)^{-1} X_S^T (I - H_S)^{-1} e_S \\
&= e_S + H_S (I - H_S)^{-1} e_S = (I - H_S)^{-1} e_S
\end{aligned}
$$

と計算できる。したがって，N サンプルすべてを用いて推定された $\hat{\beta}$ の残差がそれぞれ e_S であるのに対し，S に属さないサンプルを用いて推定された $\hat{\beta}_{-S}$ の残差はそれぞれ $(I - H_S)^{-1} e_S$ というように，$(I - H_S)^{-1}$ 倍されることになる。これで命題14の証明が完了した。

予測誤差を求めるには，事前に $H = X(X^T X)^{-1} X^T$ および $e = (I - H)y$ を求めておく。そして，各 S に対して，対応する行，列を選んで H_S, e_S が計算できる。そして，$\|(I - H_S)^{-1} e_S\|^2$ の S についての和をとればよい。

したがって，下記のような高速な処理が構成できる。

```
1   def cv_fast(X,y,k):
2       n=len(y)
3       m=n/k
4       H=X@np.linalg.inv(X.T@X)@X.T
5       I=np.diag(np.repeat(1,n))
6       e=(I-H)@y
7       I=np.diag(np.repeat(1,m))
8       S=0
9       for j in range(k):
10          test=np.arange(j*m,(j+1)*m,1,dtype=int)
11          S=S+(np.linalg.inv(I-H[test,test])@e[test]).T@np.linalg.inv(I-H[test,test])@e[test]
12      return S/n
```

```
1   cv_fast(x,y,10)
```

0.04851318320309918

◆ 例 42　各 k で，関数 cv_fast と関数 cv_linear の値とで実行時間がどれだけ異なるか，測定してみた。

```
1   # データの生成
2   n=1000; p=5
3   beta=randn(p+1)
4   x=randn(n,p)
5   X=np.insert(x,0,1,axis=1)
6   y=X@beta+randn(n)
```

```
1   import time
```

```
1   U_l=[]; V_l=[]; U_f=[]; V_f=[]
2   for k in range(2,n+1,1):
3       if n%k==0:
4           t1=time.time() # 処理前の時刻
5           cv_linear(X,y,k)
6           t2=time.time() # 処理後の時刻
7           U_l.append(k); V_l.append(t2-t1)
8           t1=time.time()
9           cv_fast(X,y,k)
10          t2=time.time()
11          U_f.append(k); V_f.append(t2-t1)
12  plt.plot(U_l,V_l,c="red",label="cv_linear")
13  plt.plot(U_f,V_f,c="blue",label="cv_fast")
14  plt.legend()
15  plt.xlabel("k")
```

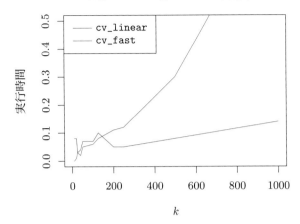

図 3.4 $n = 1000$ のときの比較。各 k で関数 cv_fast の処理時間が短いことがわかる。

```
16  plt.ylabel("実行時間")
17  plt.title("cv_fastとcv_linearの比較")
```

Text(0.5, 1.0, 'cv_fastとcv_linearの比較')

結果を図 3.4 に示す。$N = 1000$ では大きな差が出ている。$k = N$ の LOOCV が最も処理時間がかかるが，そこでの差異が大きい。ただ，$N = 100$ ではこの差異がさほど大きくはない。というのも，実行時間そのものが短いからである。また，関数 cv_fast のやり方は線形回帰だけに特化しているので，それ以外の問題では，一般的な CV を実行することになる。

3.3 ブートストラップ

1.6 節において，線形回帰で最小二乗法によって推定された係数 $\hat{\beta}$ や $x_* \in \mathbb{R}^p$ について，信頼区間が観測データから計算できることを学んだ。また，統計学の書籍で，データから推定したパラメータについて，データからその信頼区間が得られる例が記述されている。しかし，統計処理全体からみると，そのようなことができるのは，稀であるといっても過言ではない。そのための対応として，ブートストラップという方法とその意義について概観する（図 3.5）。

データフレームの各行 $df_1, \ldots, df_N$ から，推定量 f を用いて

$$\hat{\alpha} = f(df_1, \ldots, df_N)$$

が得られるとする。この N データから重複を許してランダムに選んだ N 個からなる新しいデータフレームを $df_{i_1}, \ldots, df_{i_N}, i_1, \ldots, i_N \in \{1, \ldots, N\}$ として，同じ推定量 f を適用して，

$$\hat{\alpha}_1 = f(df_{i_1}, \ldots, df_{i_N})$$

が求まる。これを r 回繰り返すと，$\hat{\alpha}_h, h = 1, \ldots, r$ の不偏分散が得られる。そして，

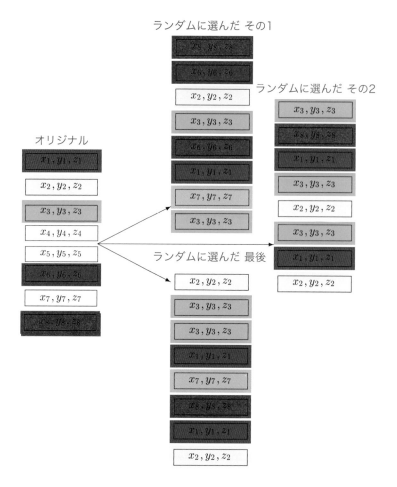

図3.5 ブートストラップ 同じサイズのデータフレームを複数ランダムに生成して，推定値のばらつきをみる。新しく生成されたデータフレームの各データは，オリジナルのデータフレームに含まれるいずれかでなくてはならない。

$$\frac{1}{r-1}\sum_{h=1}^{r}\{\hat{\alpha}_h - \hat{\alpha}\}^2$$

と書いて，$\hat{\alpha}$ の分散を推定している量とみなす。オリジナルのデータフレームが df で，評価すべき推定量が df から関数 f で書けたとすると，たとえば，以下のような処理を構成することができる。

```
1  def bt(df,f,r):
2      m=df.shape[0]
3      org=f(df,np.arange(0,m,1))
4      u=[]
5      for j in range(r):
6          index=np.random.choice(m,m,replace=True)
7          u.append(f(df,index))
8      return {'original':org,'bias':np.mean(u)-org,'stderr':np.std(u)}
```

関数 bt は，オリジナルのデータフレームを用いた場合の推定値 org，r 回繰り返したときの算術平

均と org との差異 bias, r 個のデータフレームについて f を適用した際の標準偏差 stderr を返す.

◆ **例 43** 変数 X, Y に関する N 個のデータ $(x_1, y_1), \ldots, (x_N, y_N)$ から,

$$\alpha := \frac{V(Y) - V(X)}{V(X) + V(Y) - 2\mathrm{Cov}(X, Y)}$$

を推定したい[4]. ただし, $V(\cdot), \mathrm{Cov}(\cdot, \cdot)$ で変数の分散, 共分散をあらわすものとする. そのために,

$$v_x^2 := \frac{1}{N-1} \left[\sum_{i=1}^{N} x_i^2 - N \left\{ \sum_{i=1}^{N} x_i \right\}^2 \right]$$

$$v_y^2 := \frac{1}{N-1} \left[\sum_{i=1}^{N} y_i^2 - N \left\{ \sum_{i=1}^{N} y_i \right\}^2 \right]$$

$$c_{xy} := \frac{1}{N-1} \left[\sum_{i=1}^{N} x_i y_i - N \left\{ \sum_{i=1}^{N} x_i \right\} \left\{ \sum_{i=1}^{N} y_i \right\} \right]$$

として, α を

$$\hat{\alpha} := \frac{v_y^2 - v_x^2}{v_x^2 + v_y^2 - 2c_{xy}}$$

で推定するものとする. $\hat{\alpha}$ がどれだけ信頼のあるものか (α にどれだけ近いか) を評価するために, ブートストラップでその分散を評価する.

```
1  Portfolio=np.loadtxt("Portfolio.csv",delimiter=",",skiprows=1)
2  def func_1(data,index):
3      X=data[index,0]; Y=data[index,1]
4      return (np.var(Y)-np.var(X))/(np.var(X)+np.var(Y)-2*np.cov(X,Y)[0,1])
5  bt(Portfolio,func_1,1000)
```

```
{'original': 0.15330230333295436,
 'bias': 0.0063149270038345695,
 'stderr': 0.17757037146622828}
```

本来, 推定誤差を評価する方法が確立しているものについてはブートストラップで評価する必要はないが, 学習のために, 両者を比較してブートストラップがどの程度正しく評価しているかをみてみよう.

◆ **例 44** crime.txt のファイル[5] にある切片と傾きを, ブートストラップで何度も推定して, 推定値のばらつきを評価し, それを sm.OLS で算出された理論値と比較してみた. 最初のブートストラップによる推定では, func_2 は $j = 1, 2, 3$ で第 1 変数を第 3, 第 4 変数に回帰したときの切片と 2 個の傾きの推定値を求めて, その標準偏差を評価している.

---

[4] ポートフォリオで, 2 銘柄 X, Y についてこの量を推定することがある.

[5] http://web.stanford.edu/~hastie/StatLearnSparsity-files/DATA/crime.txt

```
1  from sklearn import linear_model
```

```
1  df=np.loadtxt("crime.txt",delimiter="\t")
2  reg=linear_model.LinearRegression()
3  X=df[:,[2,3]]
4  y=df[:,0]
5  reg.fit(X,y)
6  reg.coef_
```

array([11.8583308 , -5.97341169])

```
1  for j in range(3):
2      def func_2(data,index):
3          X=data[index,2:4]; y=data[index,0]
4          reg.fit(X,y)
5          if j==0:
6              return reg.intercept_
7          else:
8              return reg.coef_[j-1]
9      print (bt(df,func_2,1000))
```

{'original': 621.4260363802889, 'bias': 39.45710543185794, 'stderr': 220.8724310716836}
{'original': 11.858330796711094, 'bias': -0.4693174397369564, 'stderr': 3.394059052591196}
{'original': -5.973411688164963, 'bias': -0.2157575210725442, 'stderr': 3.166476969985083}

```
1  import statsmodels.api as sm
```

```
1  n=X.shape[0]
2  X=np.insert(X,0,1,axis=1)
3  model=sm.OLS(y,X)
4  res=model.fit()
5  print(res.summary())
```

                         OLS Regression Results
==
Dep. Variable: y   R-squared: 0.325
Model: OLS   Adj. R-squared: 0.296
Method: Least Squares   F-statistic: 11.30
Date: Mon, 10 Feb 2020   Prob (F-statistic):   9.84e-05
Time: 00:36:04   Log-Likelihood: -344.79
No. Observations: 50   AIC: 695.6
Df Residuals: 47   BIC: 701.3
Df Model: 2
Covariance Type: nonrobust

```
==============================================================================
                 coef    std err          t      P>|t|      [0.025      0.975]
------------------------------------------------------------------------------
const         621.4260    222.685      2.791      0.008     173.441    1069.411
x1             11.8583      2.568      4.618      0.000       6.692      17.024
x2             -5.9734      3.561     -1.677      0.100     -13.138       1.191
==============================================================================
Omnibus:                    14.866   Durbin-Watson:                     1.581
Prob(Omnibus):               0.001   Jarque-Bera (JB):                 16.549
Skew:                        1.202   Prob(JB):                      0.000255
Kurtosis:                    4.470   Cond. No.                           453.
==============================================================================
```

関数 func_2 は，$i = 1, 2, 3$ でそれぞれ，切片と 3 番目，4 番目の変数の傾きを求めている．この場合では，切片と 2 変数の傾きの標準偏差が，lm 関数の出力として求まる理論値とほぼ一致している．線形回帰であっても，雑音が正規分布にしたがわなかったり，独立でない場合には，ブートストラップが有効になる．

付録　命題の証明

命題 15（Sherman-Morroson-Woodbury） $m, n \geq 1$, 行列 $A \in \mathbb{R}^{n \times n}$, $U \in \mathbb{R}^{n \times m}$, $C \in \mathbb{R}^{m \times m}$, $V \in \mathbb{R}^{m \times n}$ について，

$$(A + UCV)^{-1} = A^{-1} - A^{-1}U(C^{-1} + VA^{-1}U)^{-1}VA^{-1} \tag{3.5}$$

証明 導出は，以下による．

$$(A + UCV)(A^{-1} - A^{-1}U(C^{-1} + VA^{-1}U)^{-1}VA^{-1})$$
$$= I + UCVA^{-1} - U(C^{-1} + VA^{-1}U)^{-1}VA^{-1} - UCVA^{-1}U(C^{-1} + VA^{-1}U)^{-1}VA^{-1}$$
$$= I + UCVA^{-1} - UC \cdot (C^{-1}) \cdot (C^{-1} + VA^{-1}U)^{-1}VA^{-1}$$
$$\quad - UC \cdot VA^{-1}U \cdot (C^{-1} + VA^{-1}U)^{-1}VA^{-1}$$
$$= I + UCVA^{-1} - UC(C^{-1} + VA^{-1}U)(C^{-1} + VA^{-1}U)^{-1}VA^{-1} = I$$

命題 16 $X^T X$ が正則であるとき，各 $S \subset \{1, \ldots, N\}$ で，$X_{-S}^T X_{-S}$ が正則であれば，$I - H_S$ も正則である．

証明 $m, n \geq 1$, $U \in \mathbb{R}^{m \times n}$, $V \in \mathbb{R}^{n \times m}$ について，

$$\begin{bmatrix} I & 0 \\ V & I \end{bmatrix} \begin{bmatrix} I + UV & U \\ 0 & I \end{bmatrix} \begin{bmatrix} I & 0 \\ -V & I \end{bmatrix} = \begin{bmatrix} I + UV & U \\ V + VUV & VU + I \end{bmatrix} \begin{bmatrix} I & 0 \\ -V & I \end{bmatrix}$$
$$= \begin{bmatrix} I & U \\ 0 & I + VU \end{bmatrix}$$

これと，命題 2 より，

$$\det(I + UV) = \det(I + VU) \tag{3.6}$$

したがって，再度命題 2 より，

$$
\begin{aligned}
\det(X_{-S}^T X_{-S}) &= \det(X^T X - X_S^T X_S) \\
&= \det(X^T X)\det(I - (X^T X)^{-1} X_S^T X_S) \\
&= \det(X^T X)\det(I - X_S(X^T X)^{-1} X_S^T)
\end{aligned}
$$

ただし，最後の変形は (3.6) によった ($U = (X^T X)^{-1} X_S^T, V = -X_S$)。すなわち，命題 1 より，$X_{-S}^T X_{-S}$ および $X^T X$ が正則のとき，$I - H_S$ も正則であることが導かれた。

問題 32〜39

□ **32**　$m, n \geq 1$, 行列 $A \in \mathbb{R}^{n \times n}$, $U \in \mathbb{R}^{n \times m}$, $C \in \mathbb{R}^{m \times m}$, $V \in \mathbb{R}^{m \times n}$ について,

$$(A + UCV)^{-1} = A^{-1} - A^{-1}U(C^{-1} + VA^{-1}U)^{-1}VA^{-1} \tag{3.7}$$

を示せ (Sherman-Morroson-Woodbury)。

ヒント 下記を続けていく。

$$(A + UCV)(A^{-1} - A^{-1}U(C^{-1} + VA^{-1}U)^{-1}VA^{-1})$$
$$= I + UCVA^{-1} - U(C^{-1} + VA^{-1}U)^{-1}VA^{-1} - UCVA^{-1}U(C^{-1} + VA^{-1}U)^{-1}VA^{-1}$$
$$= I + UCVA^{-1} - UC \cdot (C^{-1}) \cdot (C^{-1} + VA^{-1}U)^{-1}VA^{-1}$$
$$\quad - UC \cdot VA^{-1}U \cdot (C^{-1} + VA^{-1}U)^{-1}VA^{-1}$$

□ **33**　$\{1, \ldots, N\}$ の部分集合を S とおき, $X \in \mathbb{R}^{N \times (p+1)}$ の $i \in S$ 行目からなる行列を $X_S \in \mathbb{R}^{(N-m) \times p}$, それ以外の X の行からなる行列を $X_{-S} \in \mathbb{R}^{r \times p}$ と書く (r は集合 S の要素数)。同様に, $y \in \mathbb{R}^N$ についても, y_S と y_{-S} に分割する。

(a)
$$(X_{-S}^T X_{-S})^{-1} = (X^T X)^{-1} + (X^T X)^{-1} X_S^T (I - H_S)^{-1} X_S (X^T X)^{-1}$$

が成立することを示せ。ただし, $H_S := X_S (X^T X)^{-1} X_S^T$ は, $H = X(X^T X)^{-1} X^T$ の S に属する行と列からなる部分行列であるとする。

ヒント $n = p + 1$, $m = r$, $A = X^T X$, $C = I$, $U = X_S^T$, $V = -X_S$ を (3.3) に適用する。

(b) $e_S := y_S - \hat{y}_S$ として, 以下を示せ。ただし, $\hat{y}_S = X_S \hat{\beta}_S$ とする。

$$\hat{\beta}_{-S} = \hat{\beta} - (X^T X)^{-1} X_S^T (I - H_S)^{-1} e_S$$

ヒント $X^T X = X_S^T X_S + X_{-S}^T X_{-S}$ および $X^T y = X_S^T y_S + X_{-S}^T y_{-S}$ より,

$$\hat{\beta}_{-S} = \{(X^T X)^{-1} + (X^T X)^{-1} X_S^T (I - H_S)^{-1} X_S (X^T X)^{-1}\}(X^T y - X_S^T y_S)$$
$$= \hat{\beta} - (X^T X)^{-1} X_S^T (I - H_S)^{-1}(X_S \hat{\beta} - H_S y_S)$$
$$= \hat{\beta} - (X^T X)^{-1} X_S^T (I - H_S)^{-1}\{(I - H_S)y_S - X_S \hat{\beta} + H_S y_S\}$$

□ **34**　$y_S - X_S \hat{\beta}_{-S} = (I - H_S)^{-1} e_S$ を示すことによって, CV の全グループの二乗誤差の和が $\sum_S \|(I - H_S)^{-1} e_S\|^2$ となることを示せ。ただし, $\|a\|^2$ で $a \in \mathbb{R}^N$ の成分の二乗和を表すものとする。

□ **35**　下記の空欄をうめて問題 34 の処理を実行し, 公式を用いる方法と通常のクロスバリデーションを用いる方法とで, 両者の二乗誤差の和が一致することを確認せよ。

```
1  n=1000; p=5
2  X=np.insert(randn(n,p),0,1,axis=1)
3  beta=randn(p+1).reshape(-1,1)
4  y=X@beta+0.2*randn(n).reshape(-1,1)
5  y=y[:,0]
```

```
1  # 通常のクロスバリデーションによる方法
2  def cv_linear(X,y,K):
3      n=len(y); m=int(n/K)
4      S=0
5      for j in range(K):
6          test=list(range(j*m,(j+1)*m)) # テストデータの添え字
7          train=list(set(range(n))-set(test))      # 訓練データの添え字
8          beta=np.linalg.inv(X[train,].T@X[train,])@X[train,].T@y[train]
9          e=y[test]-X[test,]@beta
10         S=S+np.linalg.norm(e)**2
11     return S/n
```

```
1  # 公式を用いた方法
2  def cv_fast(X,y,k):
3      n=len(y)
4      m=n/k
5      H=X@np.linalg.inv(X.T@X)@X.T
6      I=np.diag(np.repeat(1,n))
7      e=(I-H)@y
8      I=np.diag(np.repeat(1,m))
9      S=0
10     for j in range(k):
11         test=np.arange(j*m,(j+1)*m,1,dtype=int)
12         S=S+(np.linalg.inv(I-H[test,test])@e[test]).T@np.linalg.inv(I-H[test,test])@e[test]
13     return S/n
```

さらに，関数 cv_linear と関数 cv_fast の速度の比較を行いたい。数行の空欄をうめて，処理を完成させ，グラフを出力させよ。

```
1  import time
```

```
1  U_l=[]; V_l=[]
2  for k in range(2,n+1,1):
3      if n%k==0:
4          t1=time.time() # 処理前の時刻
5          cv_linear(X,y,k)
6          t2=time.time() # 処理後の時刻
7          U_l.append(k); V_l.append(t2-t1)
```

```
 8
 9   # 空欄 数行 #
10
11   plt.plot(U_1,V_1,c="red",label="cv_linear")
12   plt.legend()
13   plt.xlabel("k")
14   plt.ylabel("実行時間")
15   plt.title("cv_fastとcv_linearの比較")
```

```
Text(0.5, 1.0, 'cv_fastとcv_linearの比較')
```

□ **36** k-fold CV の k によってどれだけ予測誤差が異なるかは，データに依存する。空欄をうめて，k の値とともに CV の誤差がどのように変化するかをグラフで表示させよ。関数 cv_linear と関数 cv_fast のいずれを用いてもよい。

```
 1   n=100; p=5
 2   plt.ylim(0.3,1.5)
 3   plt.xlabel("k")
 4   plt.ylabel("CVの値")
 5   for j in range(2,11,1):
 6       X=randn(n,p)
 7       X=np.insert(X,0,1,axis=1)
 8       beta=randn(p+1)
 9       y=X@beta+randn(n)
10       U=[]; V=[]
11       for k in range(2,n+1,1):
12           if n%k==0:
13               # 空欄 #
14       plt.plot(U,V)
```

□ **37** 10-fold クロスバリデーションによって，あやめ (iris) のデータセットで，K 近傍法の K ごとに誤り率がどのように変化するかをみてみたい。空欄をうめて処理を実行させ，グラフを出力させよ。

```
 1   from sklearn.datasets import load_iris
```

```
 1   iris=load_iris()
 2   iris.target_names
 3   x=iris.data
 4   y=iris.target
 5   n=x.shape[0]
 6   order=np.random.choice(n,n,replace=False) # 並び替える
 7   x=x[index,]
 8   y=y[index]
```

```
1   U=[]
2   V=[]
3   top_seq=list(range(0,135,10))
4   for k in range(1,11,1):
5       S=0
6       for top in top_seq:
7           test=# 空欄(1) #
8           train=list(set(range(150))-set(test))
9           knn_ans=knn(x[train,],y[train],x[test,],k=k)
10          ans=# 空欄(2) #
11          S=S+np.sum(knn_ans!=ans)
12      S=S/n
13      U.append(k)
14      V.append(S)
15  plt.plot(U,V)
16  plt.xlabel("K")
17  plt.ylabel("誤り率")
18  plt.title("CVによる誤り率の評価")
```

Text(0.5, 1.0, 'CVによる誤り率の評価')

□ **38** 変数 X, Y に関する N 個のデータから，以下の量の標準偏差を推定したい。

$$\frac{v_y - v_x}{v_x + v_y - 2v_{xy}}, \quad \begin{cases} v_x & := \dfrac{1}{N-1}\left[\sum_{i=1}^{N} X_i^2 - N\left\{\sum_{i=1}^{N} X_i\right\}^2\right] \\[2ex] v_y & := \dfrac{1}{N-1}\left[\sum_{i=1}^{N} Y_i^2 - N\left\{\sum_{i=1}^{N} Y_i\right\}^2\right] \\[2ex] v_{xy} & := \dfrac{1}{N-1}\left[\sum_{i=1}^{N} X_i Y_i - N\left\{\sum_{i=1}^{N} X_i\right\}\left\{\sum_{i=1}^{N} Y_i\right\}\right] \end{cases}$$

そのために，重複を許して，N 行をランダムに選んでその値を計算し，それを r 回繰り返して，その値の標準偏差を推定した (Bootstrap)。空欄 (1)(2) をうめて処理を完成させ，標準偏差を推定していることを確認せよ。

```
1   def bt(df,f,r):
2       m=df.shape[0]
3       org=# 空欄(1) #
4       u=[]
5       for j in range(r):
6           index=np.random.choice(# 空欄(2) #)
7           u.append(f(df,index))
8       return {'original':org,'bias':np.mean(u)-org,'stderr':np.std(u)}
```

```
1   def func_1(data,index):
```

```
2    X=data[index,0]; Y=data[index,1]
3    return (np.var(Y)-np.var(X))/(np.var(X)+np.var(Y)-2*np.cov(X,Y)[0,1])
```

```
1  Portfolio=np.loadtxt("Portfolio.csv",delimiter=",",skiprows=1)
2  bt(Portfolio,func_1,1000)
```

□ **39** 線形回帰の係数を推定する場合，雑音が正規分布にしたがうことを仮定すると，標準偏差
の理論値が計算できる。その値とブートストラップで求めた値とを比較したい。空欄を
うめて，実行せよ。また，最初に出力される 3 種類のデータは，何をあらわしているか。

```
1  from sklearn import linear_model
```

```
1  df=np.loadtxt("crime.txt",delimiter="\t")
2  reg=linear_model.LinearRegression()
3  X=df[:,[2,3]]
4  y=df[:,0]
5  reg.fit(X,y)
6  reg.coef_
```

```
array([11.8583308 , -5.97341169])
```

```
1  for j in range(3):
2      def func_2(data,index):
3          X=data[index,2:4]; y=data[index,0]
4          reg.fit(X,y)
5          if j==0:
6              return reg.intercept_
7          else:
8              return reg.coef_[j-1]
9      print (bt(df,func_2,1000))
```

```
1  import statsmodels.api as sm
```

```
1  n=X.shape[0]
2  X=np.insert(X,0,1,axis=1)
3  model=sm.OLS(y,X)
4  res=model.fit()
5  print(res.summary())
```

第4章 情報量基準

これまでは，観測されたデータから，

- 統計モデルを一つに固定し，それに含まれるパラメータを推定する
- 統計モデルを推定する

のいずれかに関して検討してきた。本章では，後者について，線形回帰にしぼって検討する。

観測データから法則を見出すという営みは，データ科学や統計学に限った話ではなく，科学的発見の多くがそのようなプロセスを経て，誕生している。

たとえば，1596 年にケプラーが発表した地動説における楕円軌道の法則，面積速度一定の法則，調和の法則からなる著述は，当時支配的であった天動説から地動説への移行を決定的なものとした。天動説による説明が，哲学や思想にもとづいた無数の説によっていたのに対し，ケプラーの法則を用いると 3 個の法則だけで当時の疑問のほとんどを解決した。つまり，科学法則である以上，現象を説明できる（適合性）だけでなく，それ自身が簡潔である（簡潔性）ということが要求される。

本章では，適合性と簡潔性のバランスのとれた統計モデルの指標である情報量基準AIC と BIC について，その導出と応用方法について学ぶ。

4.1 情報量基準

情報量基準は，一般には，観測データから統計モデルの妥当性を評価する際の指標として定義される。赤池の情報量基準 (Akaike's Information Criterion, AIC) や BIC (Bayesian Information Criterion) などがよく知られている。情報量基準といえば，統計モデルがデータをどれだけ説明しているか（適合性）と，統計モデルがどれだけ簡潔であるか（簡潔性）の両方を同時に評価するものをさすことが多い。AIC と BIC では，両者のバランスのとり方の違い以外は共通している。

また，第 3 章で検討したクロスバリデーションでも同様のことができ，汎用性では情報量基準より優れているが，適合性と簡潔性のバランスを陽にコントロールするということはしていない。

線形回帰を仮定すると，N 組の観測データ $(x_1, y_1), \dots, (x_N, y_N) \in \mathbb{R}^p \times \mathbb{R}$ から p 個の変数のど

れを説明変数に選ぶかという問題として定式化される。すなわち，$\{1, \ldots, p\}$ の 2^p 個の（変数の添え字の）部分集合

$$\{\}, \{1\}, \ldots, \{p\}, \{1, 2\}, \ldots, \{1, \ldots, p\}$$

の一つ $S \subseteq \{1, \ldots, p\}$ を選ぶ問題として定式化される。その S を用いた場合の RSS の値 $RSS(S)$ が適合性を，変数の個数 $k(S) := |S|$ が簡潔性をあらわしている[1]。このとき

$$S \subseteq S' \implies \begin{cases} RSS(S) \geq RSS(S') \\ k(S) \leq k(S') \end{cases}$$

が成り立つ。もしくは，$RSS_k = \min_{k(S)=k} RSS(S)$ として，k と $\hat{\sigma}_k^2 = \dfrac{RSS_k}{N}$ の間のトレード・オフになる。AIC, BIC はそれぞれ

$$AIC = N \log \hat{\sigma}_k^2 + 2k \tag{4.1}$$

$$BIC = N \log \hat{\sigma}_k^2 + k \log N \tag{4.2}$$

によって，定義される。決定係数

$$1 - \frac{RSS_k}{TSS}$$

の値は k とともに単調に増加するので，最大となる k は p である。しかし，AIC や BIC では，ある $0 \leq k \leq p$ で最小になり，それ以降は増加する。調整済み決定係数

$$1 - \frac{RSS_k/(N-k-1)}{TSS/(N-1)}$$

も最適の k をもつが，AIC や BIC と比較して k が大きな値で最適になる。

◆ **例 45（Boston）**　CRAN パッケージ `MASS` の住宅物件に関するデータセット (Boston) には，下記の項目に関するデータが置かれている。以下では，14 番目の MEDV を目的変数とする説明変数を見出す問題を考える。

列	変数	変数の意味
1	CRIM	町ごとの一人あたりの犯罪率
2	ZN	宅地の比率が 25,000 平方フィートを超える敷地に区画されている
3	INDUS	町当たりの非小売業エーカーの割合
4	CHAS	チャーリーズ川ダミー変数（川の境界にある場合は 1，それ以外の場合は 0）
5	NOX	一酸化窒素濃度（1000 万分の 1）
6	RM	1 住戸あたりの平均部屋数
7	AGE	1940 年以前に建設された所有占有ユニットの年齢比率
8	DIS	五つのボストンの雇用センターまでの加重距離
9	RAD	ラジアルハイウェイへのアクセス可能性の指標
10	TAX	10,000 ドルあたりの税全額固定資産税率
11	PTRATIO	生徒教師の比率
12	B	町における黒人の割合
13	LSTAT	人口あたり地位が低い率
14	MEDV	1000 ドルでの所有者居住住宅の中央値

---

[1] $|S|$ で集合 S の要素数をあらわす。

下記のような処理を構成して，AIC を最小にする説明変数の組み合わせを見出すことができる。

```
1  from sklearn.linear_model import LinearRegression
2  import itertools  # 組み合わせを列挙する
```

```
1  res=LinearRegression()
```

```
1  def RSS_min(X,y,T):
2      S_min=np.inf
3      m=len(T)
4      for j in range(m):
5          q=T[j]
6          res.fit(X[:,q],y)
7          y_hat=res.predict(X[:,q])
8          S=np.linalg.norm(y_hat-y)**2
9          if S<S_min:
10             S_min=S
11             set_q=q
12     return(S_min,set_q)
```

そのS について，$N \log \hat{\sigma}_k^2 + 2k$ を計算し，最終的に $k = 0, 1, \ldots, p$ の中で最小にする k を見出している。

```
1  from sklearn.datasets import load_boston
```

```
1  boston=load_boston()
2  X=boston.data[:,[0,2,4,5,6,7,9,10,11,12]]
3  y=boston.target
```

以下では，itertools.combinations(range(p),k) で，$\{1, \ldots, p\}$ の大きさ k の部分集合を列にもつ行列（大きさ $k \times \begin{pmatrix} p \\ k \end{pmatrix}$）を求め，各 k で $\hat{\sigma}^2(S)$ の最小値 $\hat{\sigma}_k^2$ を求めている。

```
1  n,p=X.shape
2  AIC_min=np.inf
3  for k in range(1,p+1,1):
4      T=list(itertools.combinations(range(p),k))
5      # p個からk個を選ぶ組み合わせを各列にもつ
6      S_min,set_q=RSS_min(X,y,T)
7      AIC=n*np.log(S_min)+2*k   ##
8      if AIC<AIC_min:
9          AIC_min=AIC
10         set_min=set_q
11 print(AIC_min,set_min)
```

```
4770.415163216072 (0, 2, 3, 5, 7, 8, 9)
```

##の行の n*log(S_min)+2*k を n*log(S_min)+k*log(n) におきかえれば BIC になる。また，調整済み決定係数を最大にするには，下記のように変更する。

```
1  y_bar=np.mean(y)
2  TSS=np.linalg.norm(y-y_bar)**2
3  D_max=-np.inf
4  for k in range(1,p+1,1):
5      T=list(itertools.combinations(range(p),k))
6      S_min,set_q=RSS_min(X,y,T)
7      D=1-(S_min/(n-p-1))/(TSS*(n-1))
8      if D>D_max:
9          D_max=D
10         set_max=set_q
11 print(D_max,set_q)
```

```
0.9999988717090253 (0, 1, 2, 3, 4, 5, 6, 7, 8, 9)
```

各 k で RSS を最小にする S を求め，その RSS_k と k から調整済み決定係数を計算する。最後に，$k = 0, 1, \ldots, p$ での調整済み決定係数の最大値を求める。

　他方，BIC (4.2) も AIC (4.1) と同様，よく用いられている。両者では，適合性 $\log \hat{\sigma}_k^2$ と簡潔性 k のバランスのとり方が違う。入学試験で，英語が 200 点満点で数学が 100 点満点の学校と，英語が 100 点満点で数学が 200 点満点の学校で合格者が異なるのと同様，AIC と BIC で選択される統計モデルが異なる。BIC のほうが簡潔性 k に対するペナルティが大きいので，選択される k が小さめになる。

　もっと本質的なことを述べると，BIC はサンプル数 N が大きいと正しいモデルに収束する（一致性）が，AIC はそうではない。AIC は，予測誤差を最小にするように導出されている（4.4 節）。選択される統計モデルが正しくなくても，有限のサンプル数 N でテストデータでの二乗誤差が小さいということはありうる。AIC にはその意味でのメリットがある。状況や目的に応じて情報量基準を使いわけるというのが本来で，それらの間の一般的な優劣を議論しても意味がない。

◆ **例 46**　AIC, BIC の値が変数の個数 k とともにどのように変化するかを図示してみた（図 4.1）。実行は，下記のプログラムによった。

```
1  def IC(X,y,k):
2      n,p=X.shape
3      T=list(itertools.combinations(range(p),k))
4      S,set_q=RSS_min(X,y,T)
5      AIC=n*np.log(S)+2*k
6      BIC=n*np.log(S)+k*np.log(n)
7      return {'AIC':AIC,'BIC':BIC}
```

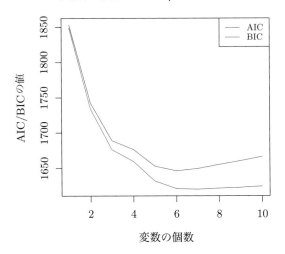

図 **4.1** AIC と BIC では値そのものは BIC のほうが大きいが，BIC のほうが簡潔なモデル（変数の少ないモデル）を選ぶ。

```
1  AIC_seq=[]; BIC_seq=[]
2  for k in range(1,p+1,1):
3      AIC_seq.append(IC(X,y,k)['AIC'])
4      BIC_seq.append(IC(X,y,k)['BIC'])
5  x_seq=np.arange(1,p+1,1)
6  plt.plot(x_seq,AIC_seq,c="red",label="AIC")
7  plt.plot(x_seq,BIC_seq,c="blue",label="BIC")
8  plt.xlabel("変数の個数")
9  plt.ylabel("AIC/BICの値")
10 plt.title("変数の個数とAICとBICの値の変化")
11 plt.legend()
```

4.2 有効推定量と Fisher 情報量行列

次に，情報量基準 AIC を導出するための準備として，最小二乗法による線形回帰の推定方法が，不偏推定量の中で，分散を最小にする，いわゆる有効推定量になっていることを導く。そのために，Fisher 情報量行列を定義して，Cramer-Rao の不等式を導く。

観測データ $x_1, \ldots, x_N \in \mathbb{R}^p$（行ベクトル），$y_1, \ldots, y_N \in \mathbb{R}$ が，定数 $\beta_0 \in \mathbb{R}$, $\beta \in \mathbb{R}^p$（両者をまとめて，$\beta \in \mathbb{R}^{p+1}$ と書く場合もある）および確率変数 $e_1, \ldots, e_n \sim N(0, \sigma^2)$ を用いた実現値 $y_i = x_i\beta + \beta_0 + e_i$, $i = 1, \ldots, N$ として発生したとする。すなわち，確率密度関数が以下のように書けるものとする。

$$f(y|x, \beta) := \frac{1}{\sqrt{(2\pi)^{p/2}}} \exp\left\{-\frac{1}{2\sigma^2}\|y - x\beta\|^2\right\}$$

$$X = \begin{bmatrix} x_1 \\ \vdots \\ x_N \end{bmatrix} \in \mathbb{R}^{N \times (p+1)}, \ y = \begin{bmatrix} y_1 \\ \vdots \\ y_N \end{bmatrix} \in \mathbb{R}^N, \ \beta = \begin{bmatrix} \beta_0 \\ \beta_1 \\ \vdots \\ \beta_p \end{bmatrix} \in \mathbb{R}^{p+1}$$

最小二乗法では, $X^T X$ が正則であるとき, β を $\hat{\beta} = (X^T X)^{-1} X^T y$ で推定した（命題 11）.

　ここでは, 尤度

$$L := \prod_{i=1}^N f(y_i | x_i, \beta)$$

を最大にする $\beta \in \mathbb{R}^{p+1}$ がこれと一致することを示す. 対数尤度は,

$$l := \log L = -\frac{N}{2} \log(2\pi\sigma^2) - \frac{1}{2\sigma^2} \|y - X\beta\|^2$$

と書ける. $\sigma^2 > 0$ を固定した場合, この値を最大にすることと, $\|y - X\beta\|^2$ を最小にすることは同じになる. また, l を σ^2 で偏微分すると

$$\frac{\partial l^2}{\partial \sigma^2} = -\frac{N}{2\sigma^2} - \frac{\|y - X\beta\|^2}{2(\sigma^2)^2} = 0$$

となるので, $\hat{\beta} = (X^T X)^{-1} X^T y$ を用いて,

$$\hat{\sigma}^2 := \frac{1}{N} \|y - X\hat{\beta}\|^2 = \frac{RSS}{N}$$

が σ^2 の最尤推定になる. 第 1 章で, $\hat{\beta} \sim N(\beta, \sigma^2 (X^T X)^{-1})$, すなわち $\hat{\beta}$ は不偏推定量であって, その共分散行列が $\sigma^2 (X^T X)^{-1}$ であった. 一般に, 不偏推定量の中で, その分散を最小にする推定量を有効推定量という. 以下では, $\hat{\beta}$ が有効推定量であることを示す.

　一般に l を β の各成分で微分した値からなるベクトル ∇l の共分散行列を N で割った J を, Fisher 情報量行列とよぶ. また, $f^N(y|x, \beta) := \prod_{i=1}^N f(y_i | x_i, \beta)$ について,

$$\nabla l = \frac{\nabla f^N(y|x, \beta)}{f^N(y|x, \beta)}$$

が成立する. β による微分と y による積分の順序を入れ替えてもよい場合には[2], $\int f^N(y|x, \beta) dy = 1$ の両辺を β で偏微分すると, $\int \nabla f^N(y|x, \beta) dy = 0$ が成立する. また,

$$E \nabla l = \int \frac{\nabla f^N(y|x, \beta)}{f^N(y|x, \beta)} f^N(y|x, \beta) dy = \int \nabla f^N(y|x, \beta) dy = 0 \tag{4.3}$$

および

$$0 = \nabla[E \nabla l] = \nabla \int (\nabla l) f^N(y|x, \beta) dy$$

---

[2] 線形回帰の場合だけでなく, 実用的な範囲ではこの仮定をおいて問題が生じない.

$$= \int (\nabla^2 l) f^N(y|x, \beta) dy + \int (\nabla l) \{\nabla f^N(y|x, \beta)\} dy$$
$$= E[\nabla^2 l] + E[(\nabla l)^2] \tag{4.4}$$

が成立する。(4.4) は,

$$J = \frac{1}{N} V[\nabla l] = \frac{1}{N} E[(\nabla l)^2] = -\frac{1}{N} E[\nabla^2 l] \tag{4.5}$$

を意味する。

◆ 例 47 線形回帰の場合, 以下のように計算して, (4.5) の等号を確かめることができる。

$$\nabla l = -\frac{1}{\sigma^2} \sum_{i=1}^{N} x_i^T (y_i - x_i \beta)$$

$$\nabla^2 l = \frac{1}{\sigma^2} \sum_{i=1}^{N} x_i^T x_i = \frac{1}{\sigma^2} X^T X$$

$$E[\nabla l] = -\frac{1}{\sigma^2} \sum_{i=1}^{N} x_i^T E(y_i - x_i \beta) = 0$$

$$E[(\nabla l)^2] = \frac{1}{(\sigma^2)^2} E\left[\sum_{i=1}^{N} x_i^T (y_i - x_i \beta) \left\{ \sum_{j=1}^{N} x_j^T (y_j - x_i \beta) \right\}^T \right]$$

$$= \frac{1}{(\sigma^2)^2} \sum_{i=1}^{N} x_i^T E(y_i - x_i \beta)(y_i - x_i \beta)^T x_i = \frac{1}{(\sigma^2)^2} \sum_{i=1}^{N} x_i^T \sigma^2 I x_i$$

$$= \frac{1}{\sigma^2} \sum_{i=1}^{N} x_i^T x_i = \frac{1}{\sigma^2} X^T X$$

$$V[\nabla l] = \frac{1}{(\sigma^2)^2} \sum_{i=1}^{N} x_i^T E(y_i - x_i \beta)(y_i - x_i \beta)^T x_i = \frac{1}{(\sigma^2)^2} \sum_{i=1}^{N} x_i^T \sigma^2 I x_i = \frac{1}{\sigma^2} X^T X$$

一般に, 以下が成立する。

命題 17 （Cramer-Rao の不等式） 任意の不偏推定量 $\tilde{\beta}$ に関する共分散行列 $V(\tilde{\beta}) \in \mathbb{R}^{(p+1) \times (p+1)}$ は, Fisher 情報量行列の N 倍の逆行列を上回ることがない:

$$V(\tilde{\beta}) \geq (NJ)^{-1}$$

ただし, 行列どうしの不等式 ≥ 0 は, その差が非負定値であることを意味する。

これまで扱ってきた線形回帰では, この等式が満足されている。

命題 17 を証明するには, まず,

$$\int \tilde{\beta}_i f^N(y|x, \beta) dy = \beta_i$$

の両辺を β_j で偏微分すると,

$$\int \tilde{\beta}_i \frac{\partial}{\partial \beta_j} f^N(y|x, \beta) dy = \begin{cases} 1, & i = j \\ 0, & i \neq j \end{cases}$$

これを共分散行列の形で書くと,

$$\int \tilde{\beta} \left\{ \frac{\nabla f^N(y|x,\beta)}{f^N(y|x,\beta)} \right\}^T f^N(y|x,\beta)dy = E[\tilde{\beta}(\nabla l)^T] = I$$

となる。ただし, I は $(p+1) \times (p+1)$ の単位行列である。また, $E[\nabla l] = 0$ (4.3) より, これは,

$$E[(\tilde{\beta} - \beta)(\nabla l)^T] = I \tag{4.6}$$

を意味する。そこで, $\tilde{\beta} - \beta$ と ∇l をつなぎ合わせた大きさ $2(p+1)$ の確率変数のベクトルの共分散行列は,

$$\begin{bmatrix} V(\tilde{\beta}) & I \\ I & NJ \end{bmatrix}$$

となる。ここで, $V(\tilde{\beta}), J$ ともに共分散行列であるので, これらは非負定値である。したがって,

$$\begin{bmatrix} V(\tilde{\beta}) - (NJ)^{-1} & 0 \\ 0 & NJ \end{bmatrix} = \begin{bmatrix} I & -(NJ)^{-1} \\ 0 & I \end{bmatrix} \begin{bmatrix} V(\tilde{\beta}) & I \\ I & NJ \end{bmatrix} \begin{bmatrix} I & 0 \\ -(NJ)^{-1} & I \end{bmatrix}$$

右辺が非負定値であるから, 左辺も非負定値である。そして, 任意の $x \in \mathbb{R}^n$ について, $x^T A x \geq 0$ であれば, 任意の $B \in \mathbb{R}^{n \times m}$ と $y \in \mathbb{R}^m$ について, $y^T B^T A B y \geq 0$ が成立する。これは, $V(\tilde{\beta}) - (NJ)^{-1}$ が非負定値であることを意味する。実際, 任意の $x, y \in \mathbb{R}^{p+1}$ について, $x^T \{V(\tilde{\beta}) - (NJ)^{-1}\}x + y^T Jy \geq 0$ であれば, $y = 0$ においてもその不等号が成立しなければならない。すなわち, 命題 17 が成立する。

4.3　Kullback-Leibler 情報量

$\mathbb{R}$ 上の確率密度関数 f, g について,

$$D(f\|g) := \int_{-\infty}^{\infty} f(x) \log \frac{f(x)}{g(x)} dx$$

をその Kullback-Leibler 情報量という。また, 絶対連続といって, 任意の $S \subseteq \mathbb{R}$ について[3]

$$\int_S f(x)dx = 0 \implies \int_S g(x)dx = 0$$

が成立すれば, 定義される。一般に, $D(f\|g), D(g\|f)$ は一致しないので, Kullback-Leibler 情報量は距離とはいえないが, 一般に非負の値をとり, 両者が一致するときは 0 の値をとる。実際 $\log x \leq x - 1, x > 0$ (図 4.2) より,

$$\int_{-\infty}^{\infty} f(x) \log \frac{f(x)}{g(x)} dx = -\int_{-\infty}^{\infty} f(x) \log \frac{g(x)}{f(x)} dx \geq -\int_{-\infty}^{\infty} f(x) \left(\frac{g(x)}{f(x)} - 1 \right) dx$$

$$= -\int_{-\infty}^{\infty} (g(x) - f(x))dx = 1 - 1 = 0$$

---

[3] 厳密には,「$\mathbb{R}$ の任意の Borel 集合について」という意味になる。

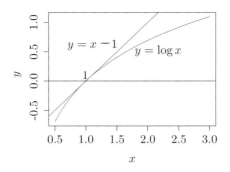

図 **4.2** $y = \log x$ と $y = x - 1$ は，$x = 1$ で接する以外は，$y = x - 1$ のほうが大きい。

が成立する。

以下では，線形回帰の真の係数の値を β として，それを γ と推定した場合の Kullback-Leibler 情報量の値を計算する。まず，以下の命題に注意する。

命題 18 説明変数の値 $x_1, \dots, x_N$ に対して，目的変数の値 $z_1, \dots, z_N$ が得られた場合，パラメータ $\gamma \in \mathbb{R}^{p+1}$ についての尤度 $-\sum_{i=1}^{N} \log f(z_i | x_i, \gamma)$ は，任意の $\beta \in \mathbb{R}^{p+1}$ について，

$$\frac{N}{2} \log 2\pi\sigma^2 + \frac{1}{2\sigma^2} \|z - X\beta\|^2 - \frac{1}{\sigma^2} (\gamma - \beta)^T X^T (z - X\beta) + \frac{1}{2\sigma^2} (\gamma - \beta) X^T X (\gamma - \beta) \quad (4.7)$$

と書くことができる。

証明は，章末の証明を参照のこと。

そして，$z_1, \dots, z_N$ が $f(z_i | x_1, \beta), \dots, f(z_N | x_N, \beta)$ にしたがって発生したと仮定するとき（真のパラメータが β），$Z_1 = z_1, \dots, Z_N = z_N$ に関する (4.7) の平均は，$z - X\beta$ の平均が 0，$\|z - X\beta\|^2$ の平均が $N\sigma^2$ なので，

$$-E_Z \sum_{i=1}^{N} \log f(Z_i | x_i, \gamma) = \frac{N}{2} \log(2\pi\sigma^2 e) + \frac{1}{2\sigma^2} \|X(\gamma - \beta)\|^2 \quad (4.8)$$

となる。(4.8) の値は，

$$-\sum_{i=1}^{N} \int_{-\infty}^{\infty} f(z | x_i, \beta) \log f(z | x_i, \gamma) dz$$

として書け，$\sum_{i=1}^{N} \int_{-\infty}^{\infty} f(z | x_i, \beta) \log f(z | x_i, \beta) dz$ は γ によらない定数なので，Kullback-Leibler 情報量の和

$$E_Z \sum_{i=1}^{N} \log \frac{f(z | x_i, \beta)}{f(z | x_i, \gamma)} = \sum_{i=1}^{N} \int_{-\infty}^{\infty} f(z | x_i, \beta) \log \frac{f(z | x_i, \beta)}{f(z | x_i, \gamma)} dz = \frac{1}{2\sigma^2} \|X(\gamma - \beta)\|^2 \quad (4.9)$$

を最小にするように，パラメータ γ を選べばよい。

4.4 赤池の情報量基準 (AIC) の導出

真のパラメータ β は未知であって，推定のためのデータからそれを推定する必要がある．以下では，不偏推定量の中で (4.9) を平均的に最小にする推定パラメータ γ を選ぶことを次の目標とする．

一般に，確率変数 $U, V \in \mathbb{R}^N$ について，

$$\{E[U^T V]\}^2 \leq E[\|U\|^2] E[\|V\|^2] \qquad (\text{Schwarz の不等式})$$

が成立する．実際，実数 t に関する 2 次方程式

$$E(tU + V)^2 = t^2 E[\|U\|^2] + 2t E[U^T V] + E[\|V\|^2] = 0$$

において，解が存在しても高々 1 個しかないので，判別式は非正となる．そこで，$U = X(X^T X)^{-1} \nabla l$, $V = X(\tilde{\beta} - \beta)$ とおくと，

$$\{E[(\tilde{\beta} - \beta)^T \nabla l]\}^2 \leq E\|X(X^T X)^{-1} \nabla l\|^2 E\|X(\tilde{\beta} - \beta)\|^2 \tag{4.10}$$

となる．また，以下では，行列 $A = (a_{i,j}), B = (b_{i,j})$ の積 AB, BA が定義されれば，両者のトレースは $\sum_i \sum_j a_{i,j} b_{j,i}$ で一致することを用いる．

(4.6) の左辺のトレースは

$$\text{trace}\{E[(\tilde{\beta} - \beta)(\nabla l)^T]\} = \text{trace}\{E[(\nabla l)^T(\tilde{\beta} - \beta)]\} = E[(\tilde{\beta} - \beta)^T(\nabla l)]$$

となり，また (4.6) の右辺のトレースは $p + 1$ となる．したがって，

$$E[(\tilde{\beta} - \beta)^T(\nabla l)] = p + 1 \tag{4.11}$$

さらに，

$$
\begin{aligned}
E\|X(X^T X)^{-1} \nabla l\|^2 &= E\,\text{trace}\left[(\nabla l)^T (X^T X)^{-1} X^T X (X^T X)^{-1} \nabla l\right] \\
&= \text{trace}\{(X^T X)^{-1} E(\nabla l)(\nabla l)^T\} \\
&= \text{trace}\{(X^T X)^{-1} \sigma^{-2} X^T X\} = \text{trace}\{\sigma^{-2} I\} = (p + 1)/\sigma^2 \tag{4.12}
\end{aligned}
$$

が成立する．したがって，(4.10)(4.11)(4.12) より，

$$E\{\|X(\tilde{\beta} - \beta)\|^2\} \geq (p + 1)\sigma^2$$

が成立する．また，最小二乗法 $\hat{\beta} = (X^T X)^{-1} X^T y$ を用いた場合には，

$$
\begin{aligned}
E\|X(\hat{\beta} - \beta)\|^2 &= E[\text{trace}(\hat{\beta} - \beta)^T X^T X(\hat{\beta} - \beta)] \\
&= \text{trace}(V[\hat{\beta}] X^T X) = \text{trace}(\sigma^2 I) = (p + 1)\sigma^2
\end{aligned}
$$

となり，その等号が成立する．

AIC では，(4.8) の第 2 項を，その最小値でおきかえた値

$$\frac{N}{2} \log 2\pi\sigma^2 + \frac{1}{2}(p + 1)$$

を最小にすることを目的とする。特に，変数選択の問題では，p 個すべてを用いるのではなく，$0 \le k \le p$ 個の変数を選択する。すなわち，

$$N \log \sigma_k^2 + k \tag{4.13}$$

を最小にする k を選ぶ。

ここで，$\sigma_k^2 := \min_{k(S)=k} \sigma^2(S)$ の値が未知である点に注意したい。変数の部分集合 $S \subseteq \{1, \dots, p\}$ に対して，$\sigma^2(S)$ を $\hat{\sigma}^2(S)$ で代用する方法が考えられる。しかし，$\log \hat{\sigma}^2(S)$ の値は，$\log \sigma^2(S)$ と比較して，平均的に小さくなる。実際，以下の命題が成り立つ。

命題 19　$k(S)$ を集合 S の要素数（対応するパラメータ数）として，

$$E[\log \hat{\sigma}^2(S)] = \log \sigma^2(S) - \frac{k(S)+2}{N} + O\left(\frac{1}{N^2}\right)$$

が成立する[4]。

証明は，章末の付録を参照のこと。

すなわち，$O(1/N^2)$ の項を除いて

$$E\left[\log \hat{\sigma}_k^2 + \frac{k+2}{N}\right] = \log \sigma_k^2$$

が成立するので，(4.13) の $\log \sigma_k^2$ を $\log \hat{\sigma}_k^2 + \dfrac{k+2}{N}$ でおきかえ，

$$N \log \hat{\sigma}_k^2 + 2k \tag{4.14}$$

を最小にする k を選ぶ（k によらない項は，最小化の際に無視してよい）のが，AIC である。

付録　命題の証明

命題 18　説明変数の値 $x_1, \dots, x_N$ に対して，目的変数の値 $z_1, \dots, z_N$ が得られた場合，パラメータ $\gamma \in \mathbb{R}^{p+1}$ についての尤度 $-\displaystyle\sum_{i=1}^{N} \log f(z_i | x_i, \gamma)$ は，任意の $\beta \in \mathbb{R}^{p+1}$ について，

$$\frac{N}{2} \log 2\pi\sigma^2 + \frac{1}{2\sigma^2}\|z - X\beta\|^2 - \frac{1}{\sigma^2}(\gamma - \beta)^T X^T (z - X\beta) + \frac{1}{2\sigma^2}(\gamma - \beta) X^T X (\gamma - \beta) \tag{4.15}$$

と書くことができる。

証明　実際，$u \in \mathbb{R}$ と $x \in \mathbb{R}^{p+1}$（行ベクトル），$\beta, \gamma \in \mathbb{R}^{p+1}$ に対して

$$\log f(u|x, \gamma) = -\frac{1}{2}\log 2\pi\sigma^2 - \frac{1}{2\sigma^2}(u - x\gamma)^2$$

$$(u - x\gamma)^2 = \{(u - x\beta) - x(\gamma - \beta)\}^2$$

$$= (u - x\beta)^2 - 2(\gamma - \beta)^T x^T (u - x\beta) + (\gamma - \beta)^T x^T x(\gamma - \beta)$$

---
[4] $O(f(N))$ で $g(N)/f(N)$ が有界であるような関数 $g(N)$ を表すものとする。

$$\log f(u|x,\gamma) = -\frac{1}{2}\log 2\pi\sigma^2 - \frac{1}{2\sigma^2}(u-x\beta)^2$$
$$+\frac{1}{\sigma^2}(\gamma-\beta)^T x^T(u-x\beta) - \frac{1}{2\sigma^2}(\gamma-\beta)^T x^T x(\gamma-\beta)$$

が成立し，$(x,u) = (x_1, z_1), \ldots, (x_N, z_N)$ で和をとると，

$$-\sum_{i=1}^{N}\log f(z_i|x_i,\gamma) = \frac{N}{2}\log 2\pi\sigma^2 + \frac{1}{2\sigma^2}\|z-X\beta\|^2$$
$$-\frac{1}{\sigma^2}(\gamma-\beta)^T X^T(z-X\beta) + \frac{1}{2\sigma^2}(\gamma-\beta)X^T X(\gamma-\beta)$$

と書ける。ただし，$z = [z_1, \ldots, z_N]^T$ とおき，$\|z-X\beta\|^2 = \sum_{i=1}^{N}(z_i - x_i\beta)^2$, $X^T X = \sum_{i=1}^{N} x_i^T x_i$,

$X^T(z-X\beta) = \sum_{i=1}^{N} x_i^T(z_i - x_i\beta)$ を用いた。

命題 19　$k(S)$ を集合 S の要素数（対応するパラメータ数）として，

$$E[\log \hat{\sigma}^2(S)] = \log \sigma^2(S) - \frac{k(S)+2}{N} + O\left(\frac{1}{N^2}\right)$$

が成立する。

証明　$m \geq 1$, $U \sim \chi_m^2$, $V_1, \ldots, V_m \sim N(0,1)$ が独立であるとして，$i = 1, \ldots, m$ について，

$$Ee^{tV_i^2} = \int_{-\infty}^{\infty} e^{tv_i^2}\frac{1}{\sqrt{2\pi}}e^{-v_i^2/2}dv_i = \int_{-\infty}^{\infty}\frac{1}{\sqrt{2\pi}}\exp\left\{-\frac{(1-2t)v_i^2}{2}\right\}dv_i = (1-2t)^{-1/2}$$
$$Ee^{tU} = \int_{-\infty}^{\infty} e^{t(v_1^2+\cdots+v_m^2)}\frac{1}{\sqrt{2\pi}}\int_{-\infty}^{\infty} e^{-(v_1^2+\cdots+v_m^2)/2}\,dv_1\cdots dv_m = (1-2t)^{-m/2}$$

また，$Ee^{tU} = 1 + tE[U] + \frac{t^2}{2}E[U^2] + \cdots$ より，各 $n = 1, 2, \ldots$ で，

$$EU^n = \frac{d^n Ee^{tU}}{dt^n}\bigg|_{t=0} = m(m+2)\cdots(m+2n-2) \tag{4.16}$$

さらに，テーラーの定理より

$$E\left[\log\frac{U}{m}\right] = E\left(\frac{U}{m}-1\right) - \frac{1}{2}E\left(\frac{U}{m}-1\right)^2 + \cdots \tag{4.17}$$

が成立する。また，(4.16) で $n = 1, 2$ とおくと，$EU = m$, $EU^2 = m(m+2)$ より (4.17) の第 1 項は 0，第 2 項は

$$-\frac{1}{2m^2}(EU^2 - 2mEU + m^2) = -\frac{1}{2m^2}\{m(m+2) - 2m^2 + m^2\} = -\frac{1}{m}$$

となることがわかる。次に，(4.17) の第 $n \geq 3$ の各項が $O(1/m^2)$ であることを示す。二項定理と (4.16) より，

$$E(U-m)^n = \sum_{j=0}^{n}\binom{n}{j}EU^j(-m)^{n-j}$$

$$= \sum_{j=0}^{n} (-1)^j \begin{pmatrix} n \\ j \end{pmatrix} m^{n-j} m(m+2) \cdots (m+2j-2) \tag{4.18}$$

が成立する。まず，

$$m^{n-j} m(m+2) \cdots (m+2j-2)$$

を m に関する多項式とみると，最高次の項の係数は 1，$n-1$ 次の係数は $2\{1+2+\cdots+(j-1)\} = j(j-1)$ となることに注意する。したがって，(4.18) の n 次の項の係数および $n-1$ 次の項の係数は，二項定理より，それぞれ

$$\sum_{j=0}^{n} \begin{pmatrix} n \\ j \end{pmatrix} (-1)^{n-j} = \sum_{j=0}^{n} \begin{pmatrix} n \\ j \end{pmatrix} (-1)^{n-j} 1^j = (-1+1)^n = 0$$

$$\sum_{j=0}^{n} \begin{pmatrix} n \\ j \end{pmatrix} (-1)^{n-j} j(j-1) = \sum_{j=2}^{n} \frac{n!}{(n-j)!(j-2)!} (-1)^{n-j-2}$$

$$= n(n-1) \sum_{i=0}^{n-2} \begin{pmatrix} n-2 \\ i \end{pmatrix} (-1)^{n-2-i} 1^i = 0$$

となる。すなわち，$n \geq 3$ で

$$E \left(\frac{U}{m} - 1 \right)^n = O \left(\frac{1}{m^2} \right)$$

を示すことができた。また，$\dfrac{RSS(S)}{\sigma^2(S)} = \dfrac{N\hat{\sigma}^2(S)}{\sigma^2(S)} \sim \chi^2_{N-k(S)-1}$ および (4.17) より，$m = N - k(S) - 1$ を適用すると，

$$\log \frac{N}{N-k(S)-1} = \frac{k(S)+1}{N-k(S)-1} + O \left(\left(\frac{1}{N-k(S)-1} \right)^2 \right) = \frac{k(S)+1}{N} + O \left(\frac{1}{N^2} \right)$$

および

$$E \left[\log \left(\frac{\hat{\sigma}^2(S)}{N-k(S)-1} \middle/ \frac{\sigma^2(S)}{N} \right) \right] = -\frac{1}{N-k(S)-1} + O \left(\frac{1}{N^2} \right) = -\frac{1}{N} + O \left(\frac{1}{N^2} \right)$$

より

$$E \left[\log \frac{\hat{\sigma}^2(S)}{\sigma^2} \right] = -\frac{1}{N} - \frac{k(S)+1}{N} + O \left(\frac{1}{N^2} \right) = -\frac{k(S)+2}{N} + O \left(\frac{1}{N^2} \right)$$

が得られる。

問題 40〜48

この節では，以下のようにおくものとする。

$$X = \begin{bmatrix} x_1 \\ \vdots \\ x_N \end{bmatrix} \in \mathbb{R}^{N \times (p+1)}, \ y = \begin{bmatrix} y_1 \\ \vdots \\ y_N \end{bmatrix} \in \mathbb{R}^N, \ z = \begin{bmatrix} z_1 \\ \vdots \\ z_N \end{bmatrix} \in \mathbb{R}^N, \ \beta = \begin{bmatrix} \beta_0 \\ \beta_1 \\ \vdots \\ \beta_p \end{bmatrix} \in \mathbb{R}^{p+1}$$

すなわち $x_1, \ldots, x_N$ は行ベクトルであるものとする。また，$X^T X$ の逆行列が存在するものとする。さらに，

$$f(y|x, \beta) := \frac{1}{\sqrt{2\pi\sigma^2}} \exp\left\{ -\frac{\|y - x\beta\|^2}{2\sigma^2} \right\}$$

についての平均の操作を，$E[\cdot]$ と書くものとする。

☐ **40**　$X \in \mathbb{R}^{N \times (p+1)}$, $y \in \mathbb{R}^N$ について，以下のそれぞれを示せ。

(a) $\sigma^2 > 0$ を既知として，$l := \sum_{i=1}^{N} \log f(y_i|x_i, \beta)$ を最小にする $\beta \in \mathbb{R}^{p+1}$ は，最小二乗解と一致する。

  ボックス ヒント

$$l = -\frac{N}{2} \log(2\pi\sigma^2) - \frac{1}{2\sigma^2} \|y - X\beta\|^2$$

(b) $\beta \in \mathbb{R}^{p+1}$, $\sigma^2 > 0$ ともに未知であるとして，σ^2 の最尤推定量は以下で与えられる。

$$\hat{\sigma}^2 = \frac{1}{N} \|y - X\hat{\beta}\|^2$$

  ボックス ヒント　l を σ^2 で偏微分すると以下のようになる。

$$\frac{\partial l^2}{\partial \sigma^2} = \frac{N}{2\sigma^2} - \frac{\|y - X\beta\|^2}{2(\sigma^2)^2} = 0$$

(c) $\mathbb{R}$ 上の確率密度関数 f, g について，その Kullback-Leibler 情報量が非負値，すなわち

$$D(f\|g) := \int_{-\infty}^{\infty} f(x) \log \frac{f(x)}{g(x)} dx \geq 0$$

が成立することを示せ。

☐ **41**　$f^N(y|x, \beta) := \prod_{i=1}^{N} f(y_i|x_i, \beta)$ とおくとき，(a)–(d) を示すことによって，

$$J = \frac{1}{N} E(\nabla l)^2 = -\frac{1}{N} E\nabla^2 l$$

を示せ。

(a) $\nabla l = \dfrac{\nabla f^N(y|x, \beta)}{f^N(y|x, \beta)}$

(b) $\displaystyle\int \nabla f^N(y|x, \beta) dy = 0$

(c) $E\nabla l = 0$

(d) $\nabla[E\nabla l] = E[\nabla^2 l] + E[(\nabla l)^2]$

□ **42** $\tilde{\beta} \in \mathbb{R}^{p+1}$ を β の任意の不偏推定量として，(a)–(c) を示すことによって，Cramer-Rao の不等式

$$V(\tilde{\beta}) \geq (NJ)^{-1}$$

を示せ。

(a) $E[(\tilde{\beta} - \beta)(\nabla l)^T] = I$

(b) $\tilde{\beta} - \beta$ と ∇l をつなぎ合わせた大きさ $2(p+1)$ の確率変数ベクトルの共分散行列は，

$$\begin{bmatrix} V(\tilde{\beta}) & I \\ I & NJ \end{bmatrix}$$

(c)

$$\begin{bmatrix} V(\tilde{\beta}) - (NJ)^{-1} & 0 \\ 0 & NJ \end{bmatrix} = \begin{bmatrix} I & -(NJ)^{-1} \\ 0 & I \end{bmatrix} \begin{bmatrix} V(\tilde{\beta}) & I \\ I & NJ \end{bmatrix} \begin{bmatrix} I & 0 \\ -(NJ)^{-1} & I \end{bmatrix}$$

の両辺はともに非負定値。

□ **43** 以下を順次示すことによって，$E\|X(\tilde{\beta} - \beta)\|^2 \geq \sigma^2(p+1)$ を示せ。

(a) $E[(\tilde{\beta} - \beta)^T \nabla l] = p + 1$

(b) $E\|X(X^T X)^{-1}\nabla l\|^2 = (p+1)/\sigma^2$

(c) $\{E(\tilde{\beta} - \beta)^T \nabla l\}^2 \leq E\|X(X^T X)^{-1}\nabla l\|^2 E\|X(\tilde{\beta} - \beta)\|^2$

　　　ヒント　確率変数 $U, V \in \mathbb{R}^m$ $(m \geq 1)$ について，$\{E[U^T V]\}^2 \leq E[\|U\|^2]E[\|V\|^2]$ (Schwarz の不等式)

□ **44** 以下を順次示せ。

(a) $x_1, \ldots, x_N$ の説明変数の値に対して，$z_1, \ldots, z_N$ の値が得られた場合，パラメータ $\gamma \in \mathbb{R}^{p+1}$ についての尤度 $-\sum_{i=1}^{N} \log f(z_i|x_i, \gamma)$ は，任意の $\beta \in \mathbb{R}^{p+1}$ について，

$$\frac{N}{2}\log 2\pi\sigma^2 + \frac{1}{2\sigma^2}\|z - X\beta\|^2 - \frac{1}{\sigma^2}(\gamma - \beta)^T X^T(z - X\beta) + \frac{1}{2\sigma^2}(\gamma - \beta)X^T X(\gamma - \beta)$$

(b) (a) の値について $z_1, \ldots, z_N$ で平均をとると，

$$\frac{N}{2}\log(2\pi\sigma^2 e) + \frac{1}{2\sigma^2}\|X(\gamma - \beta)\|^2$$

(c) β の値を推定する際に，その推定値 γ を β の不偏推定量の範囲で選ぶとき，(b) の平均的な最小値は，

$$\frac{N}{2}\log(2\pi\sigma^2 e) + \frac{1}{2}(p+1)$$

であって，その最小値は最小二乗推定で実現できる。

(d) p 変数すべてを説明変数に用いるのではなく，$0 \leq k \leq p$ 変数に対して

$$\frac{N}{2}\log(2\pi\sigma^2 e) + \frac{1}{2}(k+1)$$

を最小にする k を求める際に，これは，$N\log\sigma_k^2 + k$ を最小にすることと等価。ただし，σ_k^2 は k 変数を選択する際の分散の最小値とする。

□ **45** (a)–(f) を順次示すことによって，

$$E\log\frac{\hat{\sigma}^2(S)}{\sigma^2} = -\frac{1}{N} - \frac{k(S)+1}{N} + O\left(\frac{1}{N^2}\right) = -\frac{k(S)+2}{N} + O\left(\frac{1}{N^2}\right)$$

を示せ。ただし，$U \sim \chi_m^2$ のモーメントが

$$EU^n = m(m+2)\cdots(m+2n-2)$$

と求められることは用いてよい。

(a) $E\log\dfrac{U}{m} = E\left(\dfrac{U}{m}-1\right) - \dfrac{1}{2}E\left(\dfrac{U}{m}-1\right)^2 + \cdots$

(b) $E\left(\dfrac{U}{m}-1\right) = 0,\ E\left(\dfrac{U}{m}-1\right)^2 = -\dfrac{1}{m}$

(c) $\displaystyle\sum_{j=0}^{n}(-1)^{n-j}\binom{n}{j} = 0$

(d) $E(U-m)^n = \displaystyle\sum_{j=0}^{n}(-1)^j\binom{n}{j}m^{n-j}m(m+2)\cdots(m+2j-2)$ を m の多項式としてみたときの n 次の項の和は 0。

　　ヒント　(c) を用いる。

(e) $n-1$ 次の項の和は 0。

　　ヒント　各 j の $n-1$ 次の係数が $2\{1+2+\cdots+(j-1)\} = j(j-1)$ となることと $\displaystyle\sum_{j=0}^{n}\binom{n}{j}(-1)^j j(j-1) = 0$ を導く。

(f) $E\log\left(\dfrac{\hat{\sigma}^2(S)}{N-k(S)-1}\bigg/\dfrac{\sigma^2(S)}{N}\right) = -\dfrac{1}{N} + O\left(\dfrac{1}{N^2}\right)$

□ **46** 下記は，AIC の値を求める処理を記述したものである。空欄をうめて，処理を実行せよ。

```
from sklearn.linear_model import LinearRegression
import itertools  # 組み合わせを列挙する
```

```
res=LinearRegression()
```

```
def RSS_min(X,y,T):
    S_min=np.inf
```

```
 3      m=len(T)
 4      for j in range(m):
 5          q=T[j]
 6          res.fit(X[:,q],y)
 7          y_hat=res.predict(X[:,q])
 8          S=np.linalg.norm(y_hat-y)**2
 9          if S<S_min:
10              S_min=S
11              set_q=q
12      return(S_min,set_q)
```

```
 1  from sklearn.datasets import load_boston
```

```
 1  boston=load_boston()
 2  X=boston.data[:,[0,2,4,5,6,7,9,10,11,12]]
 3  y=boston.target
```

```
 1  n,p=X.shape
 2  AIC_min=np.inf
 3  for k in range(1,p+1,1):
 4      T=list(itertools.combinations(range(p),k))
 5      # p個からk個を選ぶ組み合わせを各列にもつ
 6      S_min,set_q=RSS_min(X,y,T)
 7      AIC=# 空欄(1) #
 8      if AIC<AIC_min:
 9          AIC_min=# 空欄(2) #
10          set_min=# 空欄(3) #
11  print(AIC_min,set_min)
```

□ **47** AICではなく，以下の値を最小化する別の変数選択を考える (BIC, Bayesian Information Criterion)。

$$N \log \hat{\sigma}^2 + k \log N$$

AIC の処理の該当する行をおきかえ，関数名を AIC ではなく BIC とせよ。そして，同じデータについて，BIC を実行せよ。さらに

$$AR^2 := 1 - \frac{RSS/(N-k-1)}{TSS/(N-1)} \qquad \text{(調整済み決定係数)}$$

を最大にする変数選択について，処理を構成し，関数名を AR2 とせよ。そして，同じデータについて，AR2 を実行せよ。

□ **48** AIC，BIC を最小にする k が何であるかを視覚化させたい。空欄をうめて，処理を実行せよ。

```
1  def IC(X,y,k):
2      n,p=X.shape
3      T=list(itertools.combinations(range(p),k))
4      S,set_q=RSS_min(X,y,T)
5      AIC=# 空欄(1) #
6      BIC=# 空欄(2) #
7      return {'AIC':AIC,'BIC':BIC}
```

```
1  AIC_seq=[]; BIC_seq=[]
2  for k in range(1,p+1,1):
3      AIC_seq.append(# 空欄(3) #)
4      BIC_seq.append(# 空欄(4) #)
5  x_seq=np.arange(1,p+1,1)
6  plt.plot(x_seq,AIC_seq,c="red",label="AIC")
7  plt.plot(x_seq,BIC_seq,c="blue",label="BIC")
8  plt.xlabel("変数の個数")
9  plt.ylabel("AIC/BICの値")
10 plt.title("変数の個数とAICとBICの値の変化")
11 plt.legend()
```

第5章 　正則化

　通常の統計学では，サンプル数 N のほうが変数の個数 p より大きい状況を仮定する。そうでないと，線形回帰で最小二乗法の解が求まらなかったり，情報量基準を用いて，最適な複数の変数を探そうにも，2^p 個のすべての組み合わせを比較するので，計算量的に困難である。p が N より大きいスパースな状況では，Lasso もしくは Ridge という方法が用いられることが多い。線形回帰の場合，純粋な二乗誤差ではなく，それに係数の値が大きくならなくするための項（正則化項）を加えた目的関数を最小にする。その正則化項が係数の L1 ノルムの定数 λ 倍である場合を Lasso，L2 ノルムの定数倍である場合を Ridge とよぶ。Lasso の場合，その定数 λ を大きくしていくと，0 になる係数が出てきて，最終的にすべての係数が 0 になる。その意味で，モデル選択の役割をになっているといえる。本章では，Lasso の処理を構成し，また Ridge と比較しながら，その原理を理解する。最後に，定数 λ の選び方について学ぶ。

5.1 　Ridge

　第 1 章の線形回帰では，$X \in \mathbb{R}^{N \times (p+1)}$, $y \in \mathbb{R}^N$ について，行列 $X^T X$ が正則であることを仮定して，二乗誤差 $\|y - X\beta\|^2$ を最小にする β が $\hat{\beta} = (X^T X)^{-1} X^T y$ であることを導いた。本章の以下では，一般性を失うことなく，切片を 0 として，傾きのみを正則化の対象とし，$X \in \mathbb{R}^{N \times p}$ とする。

　まず，行列 $X^T X$ が正則でない可能性は低いが，行列式の値が小さいと，信頼区間が大きくなるなど不都合な点が生じる。そこで，$\lambda \geq 0$ をある定数として，二乗誤差に β のノルムの λ 倍した値を加えた

$$L := \frac{1}{N} \|y - X\beta\|^2 + \lambda \|\beta\|_2^2 \tag{5.1}$$

を最小化する方法 (Ridge) がよく用いられている。L を β で微分すると，

$$0 = -\frac{2}{N} X^T (y - X\beta) + 2\lambda\beta$$

となって，$X^T X + N\lambda I$ が正則であれば，

$$\hat{\beta} = (X^T X + N\lambda I)^{-1} X^T y$$

が得られる。

ここで，$\lambda > 0$ である限り，$X^T X + N\lambda I$ は正則になることが保証される。実際，$X^T X$ は非負定値であるから，固有値 $\mu_1, \ldots, \mu_p$ はすべて非負である（命題 10）。したがって，$X^T X + N\lambda I$ の固有値は，命題 5 より，

$$\det(X^T X + N\lambda I - tI) = 0 \Longrightarrow t = \mu_1 + N\lambda, \ldots, \mu_p + N\lambda > 0$$

のように求まり，すべて正であることがわかる。

また，命題 6 より，すべての固有値が正であることは，その積である $\det(X^T X + N\lambda I)$ が正，すなわち $X^T X + N\lambda I$ が正則であることを意味する（命題 1）。このことは，p, N の大小に関わらず成立する。もし $N < p$ であれば，$X^T X \in \mathbb{R}^{p \times p}$ は階数が N 以下であって（命題 3），正則ではない（命題 1）。したがって，その場合には

$$\lambda > 0 \Longleftrightarrow X^T X + N\lambda I \text{ が正則}$$

となる。

Ridge については，たとえば下記のような処理を構成することができる。

```python
def ridge(x,y,lam=0): #lamはlambdaの略
    X=copy.copy(x)
    n,p=X.shape
    X_bar=np.zeros(p)
    s=np.zeros(p)
    for j in range(p):
        X_bar[j]=np.mean(X[:,j])
    for j in range(p):
        s[j]=np.std(X[:,j])
        X[:,j]=(X[:,j]-X_bar[j])/s[j]
    y_bar=np.mean(y)
    y=y-y_bar
    beta=np.linalg.inv(X.T@X+n*lam*np.eye(p))@X.T@y
    for j in range(p):
        beta[j]=beta[j]/s[j]
    beta_0=y_bar-X_bar.T@beta
    return {'beta':beta,'beta_0':beta_0}
```

◆ **例 48** 米国犯罪データ `https://web.stanford.edu/~hastie/StatLearnSparsity/data.html` をテキストファイル `crime.txt` に格納して，人口 100 万人あたりの犯罪率を目的変数として，下記の各説明変数の係数の大きさを抑制するために，Ridge を行った。

列	説明/目的	変数の意味
1	目的	人口100万人あたりの犯罪率
2		（今回は用いない）
3	説明	警察への年間資金
4	説明	25歳以上で高校を卒業した人の割合
5	説明	16–19歳で高校に通っていない人の割合
6	説明	18–24歳で大学生の割合
7	説明	25歳以上で4年制大学を卒業した人の割合

下記のような処理から，関数 ridge を呼んで実行した．

```
1  df=np.loadtxt("crime.txt",delimiter="\t")
2  X=df[:,[i for i in range(2,7)]]
3  p=X.shape[1]
4  y=df[:,0]
5  lambda_seq=np.arange(0,50,0.5)
6  plt.xlim(0,50)
7  plt.ylim(-7.5,15)
8  plt.xlabel("lambda")
9  plt.ylabel("beta")
10 labels=["警察への年間資金","25歳以上で高校を卒業した人の割合","16-19歳で高校に通っていない人
        の割合","18-24歳で大学生の割合","25歳以上で4年制大学を卒業した人の割合"]
11 for j in range(p):
12     coef_seq=[]
13     for l in lambda_seq:
14         coef_seq.append(ridge(X,y,l)['beta'][j])
15     plt.plot(lambda_seq,coef_seq,label="{}".format(labels[j]))
16 plt.legend(loc="upper right")
```

図5.1に，λ の値とともに，各係数がどのように変化するかを図示した．

5.2 劣微分

まず，微分できない関数を含む場合の最適化を考える．$f(x) = x^3 - 2x + 1$ のような1変数の多項式の関数について極大極小になる x を求めるには，微分して $f'(x) = 0$ とおいた方程式の解を求めればよい．しかし，$f(x) = x^2 + x + 2|x|$ のように絶対値が含まれている場合には，どうすればよいであろうか（図5.2）．そのために，微分の概念を拡張する．

準備として，f が凸であることを仮定する．一般に，任意の $0 < \alpha < 1$ と $x, y \in \mathbb{R}$ について $f(\alpha x + (1 - \alpha)y) \leq \alpha f(x) + (1 - \alpha)f(y)$ が成立するとき，f は（下に）凸であるという[1]．たとえば，$f(x) = |x|$ は凸である，というのも

$$|\alpha x + (1 - \alpha)y| \leq \alpha |x| + (1 - \alpha)|y|$$

---

[1] 本書では，凸といえば下に凸な関数を意味する．

各λについての各係数の値

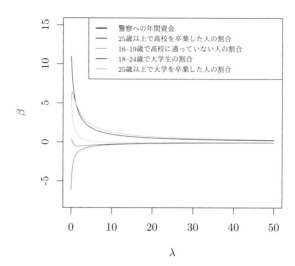

図 5.1　例 49 の実行例。Ridge による各 λ に対しての β の係数の変化。λ の値を大きくすると，各係数は減少して 0 に漸近する。

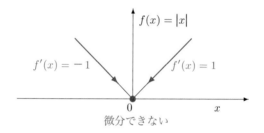

図 5.2　$f(x) = |x|$ は原点で微分できない。両方向からの微分係数が一致しない。

が成立するからである。実際，両辺とも非負であるので，右辺の二乗から左辺の二乗を引くと，$2\alpha(1-\alpha)(|xy| - xy) \geq 0$ となる。

そして，凸関数 $f : \mathbb{R} \to \mathbb{R}$ と $x_0 \in \mathbb{R}$ が，任意の $x \in \mathbb{R}$ について

$$f(x) \geq f(x_0) + z(x - x_0) \tag{5.2}$$

であるような $z \in \mathbb{R}$ の集合を，f の x_0 の劣微分という。

もし，f が x_0 で微分可能であれば，z は $f'(x_0)$ の 1 要素のみからなる集合である[2]。そのことを以下に示す。

まず，凸関数 f が x_0 で微分可能のとき，$f(x) \geq f(x_0) + f'(x_0)(x - x_0)$ が成立する。実際，

$$f(\alpha x + (1-\alpha)x_0) \leq \alpha f(x) + (1-\alpha)f(x_0)$$
$$\iff \quad \alpha\{f(x) - f(x_0)\} \geq f(x_0 + \alpha(x - x_0)) - f(x_0)$$

---

[2] そのような場合，$\{f'(x_0)\}$ というように集合の形ではなく，$f'(x_0)$ というように要素の形で書くものとする。

$$\Longleftrightarrow \quad f(x) - f(x_0) \geq \frac{f(x_0 + \alpha(x - x_0)) - f(x_0)}{\alpha(x - x_0)}(x - x_0)$$

のように変形する。$x < x_0$, $x > x_0$ のいずれであっても，その接線の傾き

$$\lim_{\alpha \to 0} \frac{f(x_0 + \alpha(x - x_0)) - f(x_0)}{\alpha(x - x_0)}$$

が同じ $f'(x_0)$ に近づく。他方，凸関数 f が $x = x_0$ で微分可能のとき，(5.2) を満足する z は $f'(x_0)$ 以外には存在しないことも示せる。実際，$x > x_0$ で (5.2) が成立するためには $\frac{f(x) - f(x_0)}{x - x_0} \geq z$ が，$x < x_0$ で (5.2) が成立するためには $\frac{f(x) - f(x_0)}{x - x_0} \leq z$ が成立する必要がある。したがって，z は x_0 における左微分以上で右微分以下でなければならない。f は x_0 で微分可能であるので，微分係数はそれらと一致する必要がある。

本書で扱うのは，特に $f(x) = |x|$ で $x_0 = 0$ の場合である。すなわち，(5.2) が，任意の $x \in \mathbb{R}$ において $|x| \geq zx$ となる z の集合である。そのような z は，-1 以上 1 以下という区間にある。

$$任意の x \in \mathbb{R} で |x| \geq zx \Longleftrightarrow |z| \leq 1$$

を示してみよう。任意の x で $|x| \geq zx$ であれば，$x > 0$ で成立するためには $z \leq 1$，$x < 0$ で成立するためには $z \geq -1$ が必要となる。逆に，$-1 \leq z \leq 1$ であれば，$zx \leq |z||x| \leq |x|$ が任意の $x \in \mathbb{R}$ で成立する。

◆ **例 49** $x < 0$, $x = 0$, $x > 0$ で場合分けして，$f(x) = x^2 - 3x + |x|$, $f(x) = x^2 + x + 2|x|$ が極小となる x を求める。$x \neq 0$ では，通常の微分ができる。$f(x) = |x|$ の $x = 0$ での劣微分が $[-1, 1]$ である点に注意する。最初の $f(x)$ は，

$$f(x) = x^2 - 3x + |x| = \begin{cases} x^2 - 3x + x, & x \geq 0 \\ x^2 - 3x - x, & x < 0 \end{cases} = \begin{cases} x^2 - 2x, & x \geq 0 \\ x^2 - 4x, & x < 0 \end{cases}$$

$$f'(x) = \begin{cases} 2x - 2, & x > 0 \\ 2x - 3 + [-1, 1] = -3 + [-1, 1] = [-4, -2] \not\ni 0, & x = 0 \\ 2x - 4 < 0, & x < 0 \end{cases}$$

したがって，$x = 1$ で極小となる（図5.3左）。他方，もう一方の $f(x)$ は，

$$f(x) = x^2 + x + 2|x| = \begin{cases} x^2 + x + 2x, & x \geq 0 \\ x^2 + x - 2x, & x < 0 \end{cases} = \begin{cases} x^2 + 3x, & x \geq 0 \\ x^2 - x, & x < 0 \end{cases}$$

$$f'(x) = \begin{cases} 2x + 3 > 0, & x > 0 \\ 2x + 1 + 2[-1, 1] = 1 + 2[-1, 1] = [-1, 3] \ni 0, & x = 0 \\ 2x - 1 < 0, & x < 0 \end{cases}$$

したがって，$x = 0$ で極小となる（図5.3右）。作図は，以下のコードによった。

```
x_seq=np.arange(-2,2,0.05)
y=x_seq**2-3*x_seq+np.abs(x_seq)
plt.plot(x_seq,y)
plt.scatter(1,-1,c="red")
plt.title("y=x^2-3x+|x|")
```

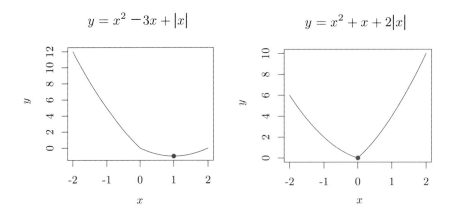

図 5.3　ともに $x=0$ では微分ができない。$f(x)=x^2-3x+|x|$（左）では $x=1$ で極小，$f(x)=x^2+x+2|x|$（右）では $x=0$ で極小。微分できなくても極小になっている。

```
Text(0.5, 1.0, 'y=x^2-3x+|x|')
```

```
1  y=x_seq**2+x_seq+2*np.abs(x_seq)
2  plt.plot(x_seq,y)
3  plt.scatter(0,0,c="red")
4  plt.title("y=x^2+x+2|x|")
```

```
Text(0.5, 1.0, 'y=x^2+x+2|x|')
```

関数 $f(x)=|x|$ の $x=0$ での劣微分が区間 $[-1,1]$ であるというのが，本節の結論である。

5.3　Lasso

Ridge では，(5.1) の最小化を図った。Lasso は，Ridge とは似て非なるものである。係数 β の大きさを抑制するという意味では同じであるが，特定の係数だけを非ゼロにする，いわゆる変数選択としての役割をもっている。

そのメカニズムをみていこう。まず，(5.3) の第 2 項（L2 ノルム）$\|\beta\|_2=\sqrt{\beta_1^2+\cdots+\beta_p^2}$ を，L1 ノルム $\|\beta\|_1=|\beta_1|+\cdots+|\beta_p|$ におきかえる。$\lambda \geq 0$ として，

$$L := \frac{1}{2N}\|y-X\beta\|^2+\lambda\|\beta\|_1 \tag{5.3}$$

第 1 項を 2 で割っているのは，本質的ではない。λ を 2 倍にすれば等価な定式化が得られる。

簡単のため，最初に

$$\frac{1}{n}\sum_{i=1}^{n}x_{i,j}x_{i,k}=\begin{cases}1,&j=k\\0,&j\neq k\end{cases} \tag{5.4}$$

を仮定し，$s_j:=\frac{1}{N}\sum_{i=1}^{N}x_{i,j}y_i$ とおくものとする。こうすると計算が容易になる。

L の β_j に関する劣微分を求めると，$|\beta_j|$ の $\beta_j = 0$ での劣微分が $[-1, 1]$ であるので，

$$0 \in -\frac{1}{N}\sum_{i=1}^{n} x_{i,j}\left(y_i - \sum_{k=1}^{p} x_{i,k}\beta_k\right) + \lambda \begin{cases} 1, & \beta_j > 0 \\ -1, & \beta_j < 0 \\ [-1,1], & \beta_j = 0 \end{cases} \tag{5.5}$$

が得られる。これは，さらに

$$0 \in \begin{cases} -s_j + \beta_j + \lambda, & \beta_j > 0 \\ -s_j + \beta_j - \lambda, & \beta_j < 0 \\ -s_j + \beta_j + \lambda[-1,1], & \beta_j = 0 \end{cases}$$

となるので，

$$\beta_j = \begin{cases} s_j - \lambda, & s_j > \lambda \\ s_j + \lambda, & s_j < -\lambda \\ 0, & -\lambda \le s_j \le \lambda \end{cases}$$

と書ける。この右辺は，関数

$$\mathcal{S}_\lambda(x) = \begin{cases} x - \lambda, & x > \lambda \\ x + \lambda, & x < -\lambda \\ 0, & -\lambda \le x \le \lambda \end{cases}$$

を用いて，さらに $\beta_j = \mathcal{S}_\lambda(s_j)$ と書ける。$\lambda = 5$ の場合の $\mathcal{S}_\lambda(\cdot)$ の概形を図5.4に示す。ここで，描画のため，下記のようなコードを用いている。

```python
def soft_th(lam,x):
        return np.sign(x)*np.maximum(np.abs(x)-lam,0)
```

```python
x_seq=np.arange(-10,10,0.1)
plt.plot(x_seq,soft_th(5,x_seq))
plt.plot([-5,-5],[4,-4],c="black",linestyle="dashed",linewidth=0.8)
plt.plot([5,5],[4,-4],c="black",linestyle="dashed",linewidth=0.8)
plt.title("soft_th(lam,x)")
plt.text(-1.5,1,'λ=5',fontsize=15)
```

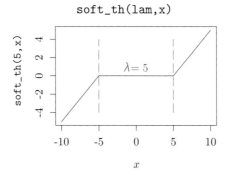

図 **5.4** $\mathcal{S}_\lambda(x)$ の概形。$\lambda = 5$ とした。

```
Text(-1.5, 1, 'λ=5')
```

　次に, (5.4) の仮定がない場合には, どのような処理を組めばよいだろうか. その場合, (5.5) の関係式は成立しない. そこで, $\beta_k(k \neq j)$ を固定して, β_j を更新するようにする. これを $j = 1, \ldots, p$ まで何度も繰り返して収束をまつ. そして各途中段階で β_j を更新する場合に, y_i をその残差 $r_{i,j} := y_i - \sum_{k \neq j} x_{i,k}\beta_k$ でおきかえる. また,

$$0 \in -\frac{1}{N}\sum_{i=1}^{n} x_{i,j}(r_{i,j} - x_{i,j}\beta_j) + \lambda \begin{cases} 1, & \beta_j > 0 \\ -1, & \beta_j < 0 \\ [-1,1], & \beta_j = 0 \end{cases}$$

において $\frac{1}{N}\sum_{i=1}^{N} r_{i,j}x_{i,j}$ を s_j とおいて, $\beta_j = S_\lambda(s_j)$ の更新を行う ($\sum_{i=1}^{n} x_{ij}^2 = 1$, $j = 1, \ldots, p$ を仮定する場合). たとえば, 以下のような処理を構成できる.

```python
def lasso(x,y,lam=0): #lamはlambdaの略
    X=copy.copy(x)
    n,p=X.shape
    X_bar=np.zeros(p)
    s=np.zeros(p)
    for j in range(p):
        X_bar[j]=np.mean(X[:,j])
    for j in range(p):
        s[j]=np.std(X[:,j])
        X[:,j]=(X[:,j]-X_bar[j])/s[j]
    y_bar=np.mean(y)
    y=y-y_bar
    eps=1
    beta=np.zeros(p); beta_old=np.zeros(p)
    while eps>0.001:
        for j in range(p):
            index=list(set(range(p))-{j})
            r=y-X[:,index]@beta[index]
            beta[j]=soft_th(lam,r.T@X[:,j]/n)
        eps=np.max(np.abs(beta-beta_old))
        beta_old=beta
    for j in range(p):
        beta[j]=beta[j]/s[j]
    beta_0=y_bar-X_bar.T@beta
    return {'beta':beta,'beta_0':beta_0}
```

◆ **例 50**　例 48 と同様のデータに Lasso を適用してみた.

```python
df=np.loadtxt("crime.txt",delimiter="\t")
X=df[:,[i for i in range(2,7,1)]]
p=X.shape[1]
y=df[:,0]
```

```
5  lasso(X,y,20)
```

```
{'beta': array([ 9.65900353, -2.52973842,  3.23224466,  0.          ,  0.          ]),
 'beta_0': 452.208077876934}
```

```
1   lambda_seq=np.arange(0,200,0.5)
2   plt.xlim(0,200)
3   plt.ylim(-10,20)
4   plt.xlabel("lambda")
5   plt.ylabel("beta")
6   labels=["警察への年間資金","25歳以上で高校を卒業した人の割合","16-19歳で高校に通っていない人
        の割合","18-24歳で大学生の割合","25歳以上で4年制大学を卒業した人の割合"]
7   for j in range(p):
8       coef_seq=[]
9       for l in lambda_seq:
10          coef_seq.append(lasso(X,y,l)['beta'][j])
11      plt.plot(lambda_seq,coef_seq,label="{}".format(labels[j]))
12  plt.legend(loc="upper right")
13  plt.title("各λについての各係数の値")
```

```
Text(0.5, 1.0, '各λについての各係数の値')
```

```
1   lasso(X,y,3.3)
```

```
{'beta': array([10.8009963 , -5.35880785,  4.59591339,  0.13291555,  3.83742115]),
 'beta_0': 497.4278799943754}
```

図 5.5 からわかるように，λ の増加とともに係数の絶対値は減少するが，各係数がある λ から先は 0 になっていることがわかる。つまり，係数が 0 でない変数の集合が λ ごとに異なっている。λ が大きいほど，選択される変数集合が小さくなっている。

5.4 Ridge と Lasso を比較して

図 5.1 と図 5.5 を比較してみると，Ridge と Lasso は λ が大きくなるにつれ各係数の絶対値が減少して，0 に近づく点では同じである。しかし，Lasso では，λ の値がある一定以上になると，各係数の値がちょうど 0 になり，その 0 になるタイミングが変数ごとに異なる。したがって，Lasso は変数選択に用いることができる。

数学的な解析も十分に行ったが，直感的な意味を幾何学的に把握してみたい。図 5.6 のような絵は，Lasso と Ridge を説明するのによく用いられている。

$p = 2$ とし，$X \in \mathbb{R}^{N \times p}$ が，$x_{i,1}, x_{i,2}, i = 1, \dots, N$ の 2 列からなっているとしよう。最小二乗

各λについての各係数の値

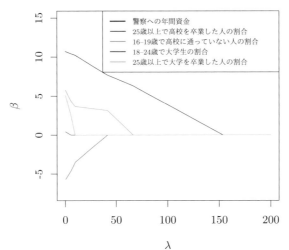

図5.5 例50の実行例。Lassoの場合でもλの増加とともに係数が減少するが，あるλの値から先は係数が0になる。係数が0になるタイミングは変数ごとにまちまちであることがわかる。

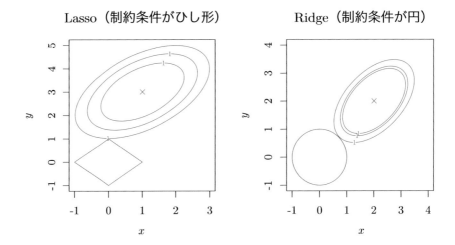

図5.6 楕円は中心が$(\hat{\beta}_1, \hat{\beta}_2)$で(5.6)の値が等しい等高線，ひし形はL1正則化の制約式$|\beta_1| + |\beta_2| \leq C'$。円はL2正則化の制約式$\beta_1^2 + \beta_2^2 \leq C$。

法では，$S := \sum_{i=1}^{N}(y_i - \beta_1 x_{i,1} - \beta_2 x_{i,2})^2$を最小にする$\beta_1, \beta_2$を求めていた。それらを$\hat{\beta}_1, \hat{\beta}_2$とおこう。ここで，$\hat{y}_i = \hat{\beta}_i x_{i,1} + \hat{\beta}_2 x_{i,2}$として

$$\sum_{i=1}^{N} x_{i,1}(y_i - \hat{y}_i) = \sum_{i=1}^{N} x_{i,2}(y_i - \hat{y}_i) = 0$$

および，任意のβ_1, β_2について，

$$y_i - \beta_1 x_{i,1} - \beta_2 x_{i,2} = y_i - \hat{y}_i - (\beta_1 - \hat{\beta}_1)x_{i,1} - (\beta_2 - \hat{\beta}_2)x_{i,2}$$

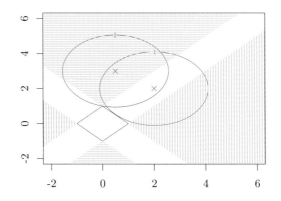

図 **5.7** 緑は，$\beta_1 = 0, \beta_2 = 0$ のいずれかが解となる楕円の中心が $(\hat{\beta}_1, \hat{\beta}_2)$ の範囲

であることを用いると，RSS である $\displaystyle\sum_{i=1}^{N} (y_i - \beta_1 x_{i,1} - \beta_2 x_{i,2})^2$ が

$$(\beta_1 - \hat{\beta}_1)^2 \sum_{i=1}^{N} x_{i,1}^2 + 2(\beta_1 - \hat{\beta}_1)(\beta_2 - \hat{\beta}_2) \sum_{i=1}^{N} x_{i,1} x_{i,2} + (\beta_2 - \hat{\beta}_2)^2 \sum_{i=1}^{N} x_{i,2}^2 + \sum_{i=1}^{N} (y_i - \hat{y}_i)^2 \quad (5.6)$$

のように書ける。もちろん，$(\beta_1, \beta_2) = (\hat{\beta}_1, \hat{\beta}_2)$ とすれば，最小値 $(= RSS)$ が得られる。

しかし，Ridge, Lasso が，それぞれで，(5.1)(5.3) が，$p = 2$ のとき，定数 $C, C' \geq 0$ を用いて，$\beta_1^2 + \beta_2^2 \leq C$, $|\beta_1| + |\beta_2| \leq C'$ という制約のもとで，(5.6) を最小にする (β_1, β_2) の値を求める問題になっていることがわかる。ただし，$x_{i,1}, x_{i,2}, y_i, \hat{y}_i,\ i = 1, \ldots, N$ および $\hat{\beta}_1, \hat{\beta}_2$ は定数とみている。

図 5.6 左の楕円は，中心が $(\hat{\beta}_1, \hat{\beta}_2)$ で (5.6) の値が等しい等高線を示している。この楕円の等高線を広げていき，はじめて正方形と接する (β_1, β_2) に到達したとき，その (β_1, β_2) が Lasso の解である。正方形が小さい（λ が大きい）と，正方形の 4 頂点のいずれかと接することが多くなる。すなわち，β_1, β_2 のいずれかが 0 になる。しかし，図 5.6 右のように，正方形を円におきかえた (Ridge) 場合，$\beta_1 = 0, \beta_2 = 0$ が生じる確率は低い。

簡単のため，楕円が円になる場合を考えてみよう。この場合，図 5.7 の緑の位置に最小二乗法の解 $(\hat{\beta}_1, \hat{\beta}_2)$ がくれば，$\beta_1 = 0$ または $\beta_2 = 0$ が解となる。そして，正方形が小さくなる（λ が大きくなる）と，$(\hat{\beta}_1, \hat{\beta}_2)$ が同じでも，緑の範囲が大きくなる。

5.5 λ の値の設定

Lasso の処理では，CRAN パッケージ glmnet がよく用いられる。これまで，原理を理解するためにスクラッチから処理を構成していたが，実際のデータ分析では glmnet に含まれている関数を適用すればよい。

λ の値の設定は，第 3 章で検討したクロスバリデーション (CV) を適用することが多い。

たとえば 10-fold CV であれば，各 λ で，9 グループで β を推定し，1 グループでテストを行って，評価する。それを 10 回繰り返して，平均の評価値を得る。その評価値の最も高い λ を用いる。

関数 cv.glmnet に説明変数と目的変数の観測データを与えると，種々の λ の値での評価を行い，評価が最もよかった λ の値を出力する。

◆ **例 51** 例48，例50で用いたデータに関数 cv.glmnet を適用して，最適な λ の値を得て，それを用いて通常の Lasso を行って，係数 β を得た。各 λ でのテストデータの最小二乗値とその信頼区間も出力できるようになっている（図5.8）。図の一番上にある数値は，その λ で何個の変数が非ゼロであるかを表している。

```
1  from sklearn.linear_model import Lasso
2  from sklearn.linear_model import LassoCV
```

```
1  Las=Lasso(alpha=20)
2  Las.fit(X,y)
3  Las.coef_
```

```
array([11.09067594, -5.2800757 ,  4.65494282,  0.55015932,  2.84324295])
```

```
1  # alphasに指定した値をグリッドサーチする，cvはKの数
2  Lcv=LassoCV(alphas=np.arange(0.1,30,0.1),cv=10)
3  Lcv.fit(X,y)
4  Lcv.alpha_
5  Lcv.coef_
```

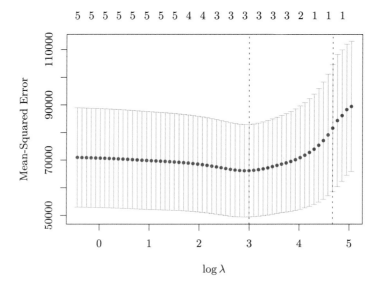

図 5.8 関数 cv.glmnet を用いて，各 λ での評価値（テストデータによる二乗誤差）を得た（赤い点）。また，その上下に伸びるのは真の値の信頼区間である。$\log \lambda_{min} = 3$ $(\lambda_{min} = 20)$ 前後が最適になっている。図の上にある $5, \ldots, 5, 4, 4, 3, \ldots, 3, 2, 1, 1, 1$ の数値は係数が非ゼロの変数の個数。

array([11.14516156, -4.87861992, 4.24780979, 0.63662582, 1.52576885])

問題 49〜56

□ **49**　$N, p \geq 1$ として，$X \in \mathbb{R}^{N \times p}$, $y \in \mathbb{R}^N$, $\lambda \geq 0$ について，

$$\frac{1}{N}\|y - X\beta\|^2 + \lambda\|\beta\|_2^2$$

を最小にする $\beta \in \mathbb{R}^p$ を求めたい。ただし，$\beta = (\beta_1, \ldots, \beta_p)$ について，$\|\beta\|_2 :=$ $\sqrt{\sum_{j=1}^p \beta_j^2}$ であるものとする。$N < p$ であるとき，そのような解が存在することと，$\lambda > 0$ であることとが同値であることを示せ。

> **ヒント**　必要十分の関係になるので，両方向の証明が必要。

□ **50**　(a) 関数 $f : \mathbb{R} \to \mathbb{R}$ が凸で，$x = x_0$ で微分可能であるとき，任意の $x \in \mathbb{R}$ で $f(x) \geq f(x_0) + z(x - x_0)$ となるような z（劣微分）が存在し，$x = x_0$ における微分係数 $f'(x_0)$ と一致することを示せ。

(b) $-1 \leq z \leq 1$ であることと，すべての $x \in \mathbb{R}$ に対して $zx \leq |x|$ であることが同値であることを示せ。

(c) 関数 $f(x) = |x|$ と各 $x_0 \in \mathbb{R}$ に対して，(a) で定義される z の集合を求めよ。

> **ヒント**　$x_0 > 0$, $x_0 < 0$, $x_0 = 0$ の場合に分けよ。

(d) $f(x) = x^2 - 3x + |x|$, $f(x) = x^2 + x + 2|x|$ の各点での劣微分を計算して，それぞれの極大値，極小値を求めよ。

□ **51**

$$S_\lambda(x) := \begin{cases} x - \lambda, & x > \lambda \\ 0, & |x| \leq \lambda \\ x + \lambda, & x < -\lambda \end{cases}$$

で定義される $S_\lambda(x)$, $\lambda > 0$, $x \in \mathbb{R}$ を求める関数 soft_th(lam,x) を書き，

```
1  x_seq=np.arange(-10,10,0.1)
2  plt.plot(x_seq,soft_th(5,x_seq))
3  plt.plot([-5,-5],[4,-4],c="black",linestyle="dashed",linewidth=0.8)
4  plt.plot([5,5],[4,-4],c="black",linestyle="dashed",linewidth=0.8)
5  plt.title("soft_th(lam,x)")
6  plt.text(-1.5,1,'λ=5',fontsize=15)
```

を実行せよ。

> **ヒント**　max ではなく，pmax を用いる。

□ **52**　$(x_i, y_i) \in \mathbb{R} \times \mathbb{R}$, $i = 1, \ldots, N$, $\lambda > 0$ から，

$$L = \frac{1}{2N} \sum_{i=1}^{N} (y_i - x_i\beta)^2 + \lambda|\beta|$$

を最小にする $\beta \in \mathbb{R}$ を求めたい。ただし，$x_1, \ldots, x_N$ は，$\sum_{i=1}^{N} x_i^2 = 1$ となるように正規化されているものとする。その解を $z := \frac{1}{N} \sum_{i=1}^{N} x_i y_i$ および関数 $\mathcal{S}_\lambda(\cdot)$ を用いてあらわせ。

□ **53** $p > 1$, $\lambda > 0$ に対して，係数 $\beta_0 \in \mathbb{R}$, $\beta \in \mathbb{R}^p$ を以下のように得るものとする。初期段階で $\beta \in \mathbb{R}^p$ は，ランダムに決める。次に，β_j を $r_{i,j} := y_i - \sum_{k \neq j} x_{i,j}\beta_j$ として，

$\mathcal{S}_\lambda \left(\sum_{i=1}^{N} \frac{x_{i,j} r_{i,j}}{N} \right)$ に更新する。これを $j = 1, \ldots, p$ に対して行い，さらに収束するまでそのサイクルを繰り返す。下記の関数 lasso は，p 変数のサンプル分散を 1 におきかえ，(β_0, β) を得るものである。空欄をうめて，処理を実行せよ。

```python
def lasso(x,y,lam=0): #lamはlambdaの略
    X=copy.copy(x)
    n,p=X.shape
    X_bar=np.zeros(p)
    s=np.zeros(p)
    for j in range(p):
        X_bar[j]=np.mean(X[:,j])
    for j in range(p):
        s[j]=np.std(X[:,j])
        X[:,j]=(X[:,j]-X_bar[j])/s[j]
    y_bar=np.mean(y)
    y=y-y_bar
    eps=1
    beta=np.zeros(p); beta_old=np.zeros(p)
    while eps>0.001:
        for j in range(p):
            index=list(set(range(p))-{j})
            r=# 空欄(1) #
            beta[j]=# 空欄(2) #
        eps=np.max(np.abs(beta-beta_old))
        beta_old=beta
    for j in range(p):
        beta[j]=beta[j]/s[j]
    beta_0=# 空欄(3) #
    return {'beta':beta,'beta_0':beta_0}
```

```python
df=np.loadtxt("crime.txt",delimiter="\t")
X=df[:,[i for i in range(2,7,1)]]
p=X.shape[1]
y=df[:,0]
```

```
1  lambda_seq=np.arange(0,200,0.5)
2  plt.xlim(0,200)
3  plt.ylim(-7.5,15)
4  plt.xlabel("lambda")
5  plt.ylabel("beta")
6  labels=["警察への年間資金","25歳以上で高校を卒業した人の割合","16-19歳で高校に通っ
       ていない人の割合", "18-24歳で大学生の割合","25歳以上で4年制大学を卒業した人の割
       合"]
7  for j in range(p):
8      coef_seq=[]
9      for l in lambda_seq:
10         coef_seq.append(# 空欄(4) #)
11     plt.plot(lambda_seq,coef_seq,label="{}".format(labels[j]))
12  plt.legend(loc="upper right")
13  plt.title("各λについての各係数の値")
```

□ **54**　問題 53 (Lasso) を問題 49 のような定式化 (Ridge) にして，処理を変更し，実行せよ。

> ヒント　関数 lasso の while ループとその前後を以下でおきかえ，関数名も ridge とする。

```
1  beta=np.linalg.inv(X.T@X+n*lam*np.eye(p))@X.T@y
```

グラフを描く部分，特に空欄 (4) は，lasso ではなく ridge とする。

□ **55**　関数 Lasso および LassoCV の意味をしらべ，最適な λ とそのときの β を求めよ。5 個の
変数のうちのどの変数が選択されるか。

```
1  from sklearn.linear_model import Lasso
```

```
1  Las=Lasso(alpha=20)
2  Las.fit(X,y)
3  Las.coef_
```

```
array([132.15580773, -24.96440514,  19.26809441,   0.          ,
        0.          ])
```

```
1  # alphasに指定した値をグリッドサーチする, cvはKの数
2  Lcv=LassoCV(alphas=np.arange(0.1,30,0.1),cv=10)
3  Lcv.fit(X,y)
4  Lcv.alpha_
5  Lcv.coef_
```

> ヒント　Lcv.coef_ で係数の値が表示される。非ゼロの値をもてば，その変数が選択されたこ

とになる。

□ **56** $x_{i,1}, x_{i,2}, y_i \in \mathbb{R},\ i = 1, \ldots, N$ が与えられたときに，$S := \sum_{i=1}^{N}(y_i - \beta_1 x_{i,1} - \beta_2 x_{i,2})^2$ を最小にする β_1, β_2 を $\hat{\beta}_1, \hat{\beta}_2$ とおき，$\hat{\beta}_1 x_{i,1} + \hat{\beta}_2 x_{i,2}$ を $\hat{y}_i$ とおく $(i = 1, \ldots, N)$。

(a) 下記の3式が成立することを示せ。

(1) $\displaystyle \sum_{i=1}^{N} x_{i,1}(y_i - \hat{y}_i) = \sum_{i=1}^{N} x_{i,2}(y_i - \hat{y}_i) = 0$

(2) 任意の β_1, β_2 について，

$$y_i - \beta_1 x_{i,1} - \beta_2 x_{i,2} = y_i - \hat{y}_i - (\beta_1 - \hat{\beta}_1)x_{i,1} - (\beta_2 - \hat{\beta}_2)x_{i,2}$$

(3) 任意の β_1, β_2 について，$\displaystyle \sum_{i=1}^{N}(y_i - \beta_1 x_{i,1} - \beta_2 x_{i,2})^2$ が以下のように書ける。

$$(\beta_1 - \hat{\beta}_1)^2 \sum_{i=1}^{N} x_{i,1}^2 + 2(\beta_1 - \hat{\beta}_1)(\beta_2 - \hat{\beta}_2) \sum_{i=1}^{N} x_{i,1}x_{i,2}$$
$$+ (\beta_2 - \hat{\beta}_2)^2 \sum_{i=1}^{N} x_{i,2}^2 + \sum_{i=1}^{N}(y_i - \hat{y}_i)^2$$

(b) $\displaystyle \sum_{i=1}^{N} x_{i,1}^2 = \sum_{i=1}^{N} x_{i,2}^2 = 1,\ \sum_{i=1}^{N} x_{i,1}x_{i,2} = 0$ の場合を考える。通常の最小二乗法では，$\beta_1 = \hat{\beta}_1,\ \beta_2 = \hat{\beta}_2$ のように選ぶ。しかし，$|\beta_1| + |\beta_2|$ が一定値以下であるという制約のもとでは，中心が $(\hat{\beta}_1, \hat{\beta}_2)$ で半径ができるだけ小さい円上の点で，その正方形の内部にある点を (β_1, β_2) とせざるを得ない。$(1,0), (0,1), (-1,0), (0,-1)$ を結ぶ正方形およびその外側の点 $(\hat{\beta}_1, \hat{\beta}_2)$ を固定し，$(\hat{\beta}_1, \hat{\beta}_2)$ を中心とする円の半径を大きくして，円と正方形が接するとき，接点の座標のいずれか一方の値が0になるような $(\hat{\beta}_1, \hat{\beta}_2)$ の範囲を図示せよ。

(c) (b) で，一方が正方形ではなく，半径1の円の場合（円と円が接する場合）にはどのようになるか。

第6章 非線形回帰

回帰といえば，これまでは線形回帰のみを扱ってきたが，本章では，説明変数と目的変数の関係が直線的ではない，非線形の場合を検討する。線形回帰の場合，p 変数であれば，$p+1$ 個の係数を求めたが，これはそれだけの個数の基底があって，その線形結合で目的変数にあてはまることに他ならない。本章では，基底が一般の場合の回帰や，区間ごとに別の多項式をおく，いわゆるスプライン回帰を扱う。線形回帰で学んだことを活用して，その一般化を目指す。また，局所回帰といって，より近い説明変数の値により大きなウェイトをおく回帰や，一般化加法モデルというそれらを統合的に扱う方法について学ぶ。

6.1 多項式回帰

観測データ $(x_1, y_1), \ldots, (x_N, y_N) \in \mathbb{R} \times \mathbb{R}$ から，その関係を多項式にあてはめることを検討する。ここで，多項式は $f(x) = 1 + 2x - 4x^3$ のように，適当な $p \geq 1$ を用意して，$\beta_0 + \beta_1 x + \cdots + \beta_p x^p$ における $\beta_0, \beta_1, \ldots, \beta_p$ を指定することによって決まる関数 $f : \mathbb{R} \to \mathbb{R}$ をさすものとする。最小二乗法と同様に，

$$\sum_{i=1}^{N} (y_i - \beta_0 - \beta_1 x_i - \cdots - \beta_p x_i^p)^2$$

を最小にするような $\beta_0, \ldots, \beta_p$ を求めるものとする。通常の最小二乗法とまったく同様の考え方で，$x_{i,j}$ と x_i^j を同一視することで，

$$X = \begin{bmatrix} 1 & x_1 & \cdots & x_1^p \\ \vdots & \vdots & \ddots & \vdots \\ 1 & x_N & \cdots & x_N^p \end{bmatrix}$$

を用いて，$X^T X$ が正則であるとき，$\hat{\beta} = (X^T X)^{-1} X^T y$ が解となることを確認できる。線形回帰の場合（$\hat{f}(x) = \hat{\beta}_0 + \hat{\beta}_1 x_1 + \cdots + \hat{\beta}_p x_p$）と同様に，得られた $\hat{\beta}_0, \ldots, \hat{\beta}_p$ から，

$$\hat{f}(x) = \hat{\beta}_0 + \hat{\beta}_1 x + \cdots + \hat{\beta}_p x^p$$

が構成できる。

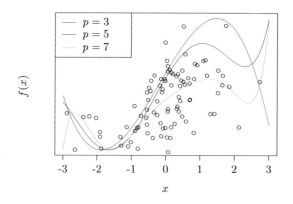

図6.1 正弦曲線に標準正規乱数を加えた観測点を，多項式の次数を $p = 3, 5, 7$ と変えて追従させた。

◆ **例 52** sin関数に標準正規乱数を加えた観測データを $N = 100$ 個発生させて，次数が $p = 3, 5, 7$ の多項式回帰で，その観測点を追従させてみた。その結果を図6.1に示す。また，多項式の生成は，下記のコードによった。

```
n=100; x=randn(n); y=np.sin(x)+randn(n)
m=3; p_set=[3,5,7]
col_set=["red","blue","green"]
```

```
def g(beta,u):
    S=0
    for j in range(p+1):  # betaの長さはp+1
        S=S+beta[j]*u**j
    return S
```

```
n=100; x=randn(n); y=np.sin(x)+randn(n)
m=3
p_set=[3,5,7]
col_set=["red","blue","green"]
randn(3)*randn(3)**np.array([1,2,3])
```

```
array([ 0.07981705, -0.06213429, -0.01101873])
```

```
plt.scatter(x,y,s=20,c="black")
plt.ylim(-2.5,2.5)
x_seq=np.arange(-3,3,0.1)
for i in range(m):
    p=p_set[i]
    X=np.ones([n,1])
    for j in range(1,p+1):
        xx=np.array(x**j).reshape((n,1))
        X=np.hstack((X,xx))
```

```
10    beta=np.linalg.inv(X.T@X)@X.T@y
11    def f(u):
12        return g(beta,u)
13    plt.plot(x_seq,f(x_seq),c=col_set[i],label="p={}".format(p))
14 plt.legend(loc="lower right")
```

ここで，$x_1, \ldots, x_N$ の中で異なる値が $p+1$ 個以上ある場合，$X^T X$ が正則になることを示すことができる。実際，$X^T X$ と X は階数が等しい（1.2 節）ので，$X \in \mathbb{R}^{N \times (p+1)}$ の $p+1$ 個を行にもつ行列について，その行列式が 0 にはならないことを示せば十分である。しかし，そのことは，例 7（Vandermonde の行列式）で $a_1, \ldots, a_n$ がすべて異なれば，その $n \times n$ 行列の行列式が 0 にはならないことから正しいことがわかる。

多項式回帰は，もっと一般的な状況で適用することができる。$f_0 = 1$, $f_1, \ldots, f_p : \mathbb{R} \to \mathbb{R}$ であれば，

$$X = \begin{bmatrix} 1 & f_1(x_1) & \cdots & f_p(x_1) \\ \vdots & \vdots & \ddots & \vdots \\ 1 & f_1(x_N) & \cdots & f_p(x_N) \end{bmatrix}$$

の各列が一次独立である限り，$\hat{\beta} = (X^T X)^{-1} X^T y$ を計算することができる。そして，得られた $\hat{\beta}_0, \ldots, \hat{\beta}_p$ から，

$$\hat{f}(x) = \hat{\beta}_0 f_0(x) + \hat{\beta}_1 f_1(x) + \cdots + \hat{\beta}_p f_p(x)$$

が構成できる（$f_0(x) = 1$ とおくことが多い）。

◆ 例 53　$x \sim N(0, \pi^2)$ と

$$y = \begin{cases} 1 + \epsilon, & 2m-1 \le |x| < 2m \\ -1 + \epsilon, & 2m-2 \le |x| < 2m-1 \end{cases}, \quad m = 1, 2, \ldots \tag{6.1}$$

を発生させた（図 6.2）。ただし，$\epsilon \sim N(0, 0.2^2)$ とした。このように，偶関数に近い観測データを意図的に発生させたら，偶関数である $f_1(x) = 1$, $f_2(x) = \cos x$, $f_3(x) = \cos 2x$, $f_4(x) = \cos 3x$ を基底に選ぶほうが，$f_1(x) = 1$, $f_2(x) = \sin x$, $f_3(x) = \sin 2x$, $f_4(x) = \sin 3x$ を基底に選ぶより，うまく追従していた（図 6.3）。この処理の実現は下記のコードによった。

```
1 # 偶関数に近いデータの生成
2 n=100
3 x=randn(n)*np.pi
```

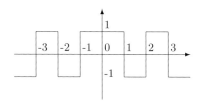

図 6.2 (6.1) で雑音を除去した関数のグラフ。偶関数で周期的である。

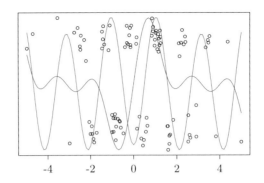

図6.3 xを切り下げて，それが偶数か奇数かで，yが-1近辺か1近辺かという乱数を発生させた。(6.1) は，雑音ϵを除去すると，周期的で偶関数になる（図6.2）。$\cos nx$と$\sin nx$を基底に選んだら，$\cos nx$への回帰のほうがうまく追従できることがわかった。

```
4  y=np.round(x)%2*2-1+randn(n)*0.2
5  # 軸などを書く
6  plt.scatter(x,y,s=20,c="black")
7  plt.tick_params(labelleft=False)
8  x_seq=np.arange(-8,8,0.2)
```

```
1  def f(x,g):
2      return beta[0]+beta[1]*g(x)+beta[2]*g(2*x)+beta[3]*g(3*x)
```

```
1  # 1, cosx ,cos2x, cos3xを基底に選ぶ
2  X=np.ones([n,1])
3  for j in range(1,4):
4      xx=np.array(np.cos(j*x)).reshape((n,1))
5      X=np.hstack((X,xx))
6  beta=np.linalg.inv(X.T@X)@X.T@y
7  plt.plot(x_seq,f(x_seq,np.cos),c="red")
```

```
1  # 1, sinx ,sin2x, sin3xを基底に選ぶ
2  X=np.ones([n,1])
3  for j in range(1,4):
4      xx=np.array(np.sin(j*x)).reshape((n,1))
5      X=np.hstack((X,xx))
6  beta=np.linalg.inv(X.T@X)@X.T@y
7  plt.plot(x_seq,f(x_seq,np.sin),c="blue")
```

6.2 スプライン回帰

本節以下では，多項式といえば，$x^3 + x^2 - 7, -8x^3 - 2x + 1$のように1変数からなり，次数が

高々 3 以下の多項式をさすものとする。

f, g を次数が $p = 3$ 以下の多項式，ある点 $x_* \in \mathbb{R}$ で第 2 次微分までが等しい，すなわち $f^{(j)}(x_*) = g^{(j)}(x_*)$, $j = 0, 1, 2$, $x_* \in \mathbb{R}$ が成立するとき，

$$\begin{cases} f(x) = \displaystyle\sum_{j=0}^{3} \beta_j (x - x_*)^j \\ g(x) = \displaystyle\sum_{j=0}^{3} \gamma_j (x - x_*)^j \end{cases} \implies \beta_j = \gamma_j, \; j = 0, 1, 2$$

が成立する。実際，$f(x_*) = g(x_*)$ より $\beta_0 = \gamma_0$ が，$f'(x_*) = g'(x_*)$ より $\beta_1 = \gamma_1$ が，$f''(x_*) = g''(x_*)$ より $2\beta_2 = 2\gamma_2$ が成立する。そして，このとき

$$f(x) - g(x) = (\beta_3 - \gamma_3)(x - x_*)^3$$

とできる。

以下では，$K \geq 1$ として，数直線 $\mathbb{R}$ を $-\infty = \alpha_0 < \alpha_1 < \cdots < \alpha_K < \alpha_{K+1} = \infty$ で区切り，区間 $\alpha_i \leq x \leq \alpha_{i+1}$ において，$f(x)$ を 3 次の多項式 $f_i(x)$ であらわし，それらが K 個の区切り点でそれぞれ 2 次微分まで連続，すなわち

$$f_{i-1}^{(j)}(\alpha_i) = f_i^{(j)}(\alpha_i), \; j = 0, 1, 2, \; i = 1, \ldots, K \tag{6.2}$$

であるとする（スプライン関数，図 6.4）。この場合にも同様に，各 $i = 1, \ldots, K$ で $f_i(x) = f_{i-1}(x) + \gamma_i(x - \alpha_i)^3$ を満足する γ_i が存在する。

(6.2) には，$K + 1$ 個の 3 次多項式（係数がそれぞれ 4 個ある）に関する $4(K+1)$ 変数の $3K$ 個の制約条件（1 次式）が含まれていて，残り $K + 4$ の自由度がある。まず，$\alpha_0 \leq x \leq \alpha_1$ での関数

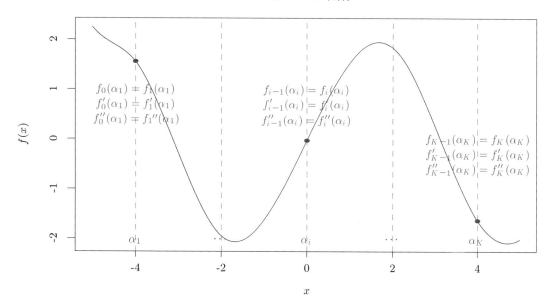

図 6.4 スプライン関数では，各区切り点において，その値，1 回微分，2 回微分が左右で一致している必要がある。

$f_0(x) = \beta_0 + \beta_1 x + \beta_2 x^2 + \beta_3 x^3$ の $\beta_0, \beta_1, \beta_2, \beta_3$ を自由に決める。次に，$i = 1, 2, \ldots, K$ として，f_i は f_{i-1} と $(x - \alpha_i)^3$ の定数倍だけの差異しかなく，その定数を β_{i+3} と書くと，すべての多項式が定まる。すなわち，

$$
f(x) = \begin{cases}
\beta_1 + \beta_2 x + \beta_3 x^2 + \beta_4 x^3, & \alpha_0 \leq x \leq \alpha_1 \\
\beta_1 + \beta_2 x + \beta_3 x^2 + \beta_4 x^3 + \beta_5 (x - \alpha_1)^3, & \alpha_1 \leq x \leq \alpha_2 \\
\beta_1 + \beta_2 x + \beta_3 x^2 + \beta_4 x^3 + \beta_5 (x - \alpha_1)^3 + \beta_6 (x - \alpha_2)^3, & \alpha_2 \leq x \leq \alpha_3 \\
\vdots & \vdots \\
\beta_1 + \beta_2 x + \beta_3 x^2 + \beta_4 x^3 \\
\quad + \beta_6 (x - \alpha_2)^3 + \cdots + \beta_{K+4}(x - \alpha_K)^3, & \alpha_K \leq x \leq \alpha_{K+1}
\end{cases}
$$

$$
= \beta_0 + \beta_1 x + \beta_2 x^2 + \beta_3 x^3 + \sum_{i=1}^{K} \beta_{i+3}(x - \alpha_i)_+^3
$$

ただし，$(x - \alpha_i)_+$ は，$x > \alpha_i$ で $x - \alpha_i$，$x \leq \alpha_i$ で 0 の値をとる関数である。

　係数 $\beta_1, \ldots, \beta_{K+4}$ を求める方法は，これまでの場合と同様である。観測データ $(x_1, y_1), \ldots, (x_N, y_N)$ が与えられたとする（$x_1, \ldots, x_N$ と区切り点 $\alpha_1, \ldots, \alpha_K$ ははじめ混乱しやすいので注意する）。

$$
X = \begin{bmatrix}
1 & x_1 & x_1^2 & x_1^3 & (x_1 - \alpha_1)_+^3 & (x_1 - \alpha_2)_+^3 & \cdots & (x_1 - \alpha_K)_+^3 \\
1 & x_2 & x_2^2 & x_2^3 & (x_2 - \alpha_1)_+^3 & (x_2 - \alpha_2)_+^3 & \cdots & (x_2 - \alpha_K)_+^3 \\
\vdots & \vdots & \vdots & \vdots & \vdots & \vdots & \vdots & \vdots \\
1 & x_N & x_N^2 & x_1^3 & (x_N - \alpha_1)_+^3 & (x_N - \alpha_2)_+^3 & \cdots & (x_N - \alpha_K)_+^3
\end{bmatrix}
$$

について，

$$
\sum_{i=1}^{N} \{ y_i - \beta_1 - x_i \beta_2 - x_i^2 \beta_3 - x_i^3 \beta_4 - (x_i - \alpha_1)_+^3 \beta_5 - (x_i - \alpha_2)_+^3 \beta_6 - \cdots - (x_i - \alpha_K)_+^3 \beta_{K+4} \}^2
$$

が最小になるように $\beta = [\beta_1, \ldots, \beta_{K+4}]^T$ を決める。階数が $K + 4$，すなわち，X の $K + 4$ 列が一次独立であれば，$X^T X$ が正則となり，その解 $\hat{\beta} = (X^T X)^{-1} X^T y$ が求まる。

◆ **例 54**　使用するデータを発生させたあと，区切り点が $K = 5, 7, 9$ 個の場合のスプライン回帰を実行してみた。その結果を図6.5に示す。

```
1   n=100
2   x=randn(n)*2*np.pi
3   y=np.sin(x)+0.2*randn(n)
4   col_set=["red","green","blue"]
5   K_set=[5,7,9]
6   plt.scatter(x,y,c="black",s=10)
7   plt.xlim(-5,5)
8   for k in range(3):
9       K=K_set[k]
10      knots=np.linspace(-2*np.pi,2*np.pi,K)
11      X=np.zeros((n,K+4))
12      for i in range(n):
13          X[i,0]=1
```

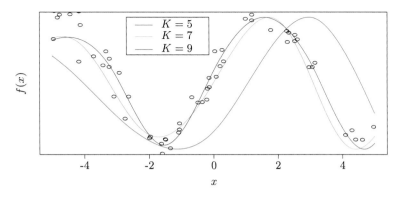

図 6.5 　区切り点の個数を $K = 5, 7, 9$ でスプライン回帰を適用した（例 54）。

```
14        X[i,1]=x[i]
15        X[i,2]=x[i]**2
16        X[i,3]=x[i]**3
17        for j in range(K):
18            X[i,j+4]=np.maximum((x[i]-knots[j])**3,0)
19    beta=np.linalg.inv(X.T@X)@X.T@y
20    def f(x):
21        S=beta[0]+beta[1]*x+beta[2]*x**2+beta[3]*x**3
22        for j in range(K):
23            S=S+beta[j+4]*np.maximum((x-knots[j])**3,0)
24        return S
25    u_seq=np.arange(-5,5,0.02)
26    v_seq=[]
27    for u in u_seq:
28        v_seq.append(f(u))
29    plt.plot(u_seq,v_seq,c=col_set[k],label="K={}".format(K))
30 plt.legend()
```

6.3　自然なスプライン関数への回帰

　自然なスプライン関数は $\alpha_1 \leq x \leq \alpha_K$ の $K-1$ 区間で3次曲線，両端 $x \leq \alpha_1$, $\alpha_K \leq x$ の2区間で直線に回帰するスプライン関数の変種である。関数

$$f(x) = \begin{cases} \beta_1 + \beta_2 x, & \alpha_0 \leq x \leq \alpha_1 \\ \beta_1 + \beta_2 x + \beta_3 (x - \alpha_1)^3, & \alpha_1 \leq x \leq \alpha_2 \\ \quad \vdots & \quad \vdots \\ \beta_1 + \beta_2 x + \beta_3 (x - \alpha_1)^3 + \cdots + \beta_K (x - \alpha_{K-2})^3, & \alpha_{K-2} \leq x \leq \alpha_{K-1} \\ \beta_1 + \beta_2 x + \beta_3 (x - \alpha_1)^3 + \cdots + \beta_K (x - \alpha_{K-2})^3 \\ \qquad + \beta_{K+1} (x - \alpha_{K-1})^3, & \alpha_{K-1} \leq x \leq \alpha_K \end{cases}$$

の $x = \alpha_K$ における2回微分が0であることから，$6\sum\limits_{j=3}^{K+1} \beta_j(\alpha_K - \alpha_{j-2}) = 0$ となり，

$$\beta_{K+1} = -\sum_{j=3}^{K} \frac{\alpha_K - \alpha_{j-2}}{\alpha_K - \alpha_{K-1}}\beta_j \tag{6.3}$$

が得られる。このとき，$x = \alpha_K$ における値と微分値が求まるので，$x \geq \alpha_K$ での直線も一意に求まる（図6.6）。すなわち，関数 f は，$\beta_1, \ldots, \beta_K$ を指定することによって定まる。

命題20　関数 $f(x)$ は，K 個の多項式 $h_1(x) = 1$, $h_2(x) = x$, $h_{j+2}(x) = d_j(x) - d_{K-1}(x)$, $j = 1, \ldots, K-2$ を基底にもち，各 $\beta_1, \ldots, \beta_K$ に対し，

$$\gamma_1 := \beta_1, \; \gamma_2 := \beta_2, \; \gamma_3 := (\alpha_K - \alpha_1)\beta_3, \; \ldots, \; \gamma_K := (\alpha_K - \alpha_{K-2})\beta_K$$

というように対応づけると，$f(x) = \sum\limits_{j=1}^{K} \gamma_j h_j(x)$ とできる。ただし，

$$d_j(x) = \frac{(x - \alpha_j)_+^3 - (x - \alpha_K)_+^3}{\alpha_K - \alpha_j}, \; j = 1, \ldots, K-1$$

とおいた。

　証明は，章末の付録を参照されたい。

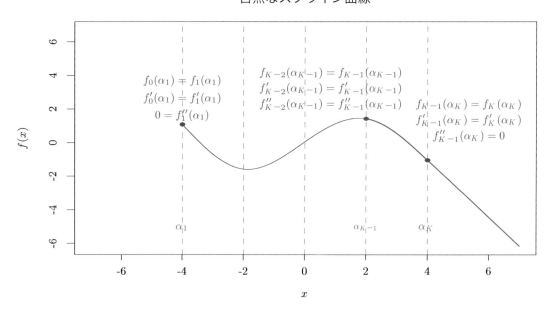

自然なスプライン曲線

図6.6　自然なスプラインでは，$x \leq \alpha_1$ で直線の切片と傾きを選び（自由度2），$\alpha_i \leq x \leq \alpha_{i+1}$，$i = 1, 2, \ldots, K-2$ で3次曲線の3次の係数を選ぶ（自由度1）。しかし，$\alpha_{K-1} \leq x \leq \alpha_K$ では，α_K での微分係数 $f''(\alpha)$ が0になる必要があるので値が決まる。$\alpha_K \leq x$ でも，$f(\alpha_K), f'(\alpha_K)$ から切片と傾きが決まる。

関数 d, h はたとえば以下のように構成することができる。

```
def d(j,x,knots):
    K=len(knots)
    return (np.maximum((x-knots[j])**3,0)-np.maximum((x-knots[K-1])**3,0))/(knots[K-1]-knots
    [j])
```

```
def h(j,x,knots):
    K=len(knots)
    if j==0:
        return 1
    elif j==1:
        return x
    else :
        return (d(j-2,x,knots)-d(K-2,x,knots)) # arrayの数え方が0スタートであることに注意
```

観測データ $(x_1, y_1), \ldots, (x_N, y_N)$ が与えられた場合,

$$
X = \begin{bmatrix}
h_1(x_1) = 1 & h_2(x_1) & \cdots & h_K(x_1) \\
h_1(x_2) = 1 & h_2(x_2) & \cdots & h_K(x_2) \\
\vdots & \vdots & \ddots & \vdots \\
h_1(x_N) = 1 & h_2(x_N) & \cdots & h_K(x_N)
\end{bmatrix} \tag{6.4}
$$

について, $X\beta$ の β を $\|y - X\gamma\|^2$ が最小になるように決めたい。階数が K, すなわち, X の K 列が一次独立であれば, $X^T X$ が正則となり, その解 $\hat{\gamma} = (X^T X)^{-1} X^T y$ が求まる。

◆ **例 55** $K = 4$ であれば, $h_1(x) = 1$, $h_2(x) = x$,

$$
h_3(x) = d_1(x) - d_3(x) = \begin{cases}
0, & x \le \alpha_1 \\
\dfrac{(x - \alpha_1)^3}{\alpha_4 - \alpha_1}, & x_1 \le x \le \alpha_3 \\
\dfrac{(x - \alpha_1)^3}{\alpha_4 - \alpha_1} - \dfrac{(x - \alpha_3)^3}{\alpha_4 - \alpha_3}, & \alpha_3 \le x \le \alpha_4 \\
(\alpha_3 - \alpha_1)(3x - \alpha_1 - \alpha_3 - \alpha_4), & \alpha_4 \le x
\end{cases}
$$

$$
h_4(x) = d_2(x) - d_4(x) = \begin{cases}
0, & x \le \alpha_2 \\
\dfrac{(x - \alpha_2)^3}{\alpha_4 - \alpha_2}, & x_2 \le x \le \alpha_3 \\
\dfrac{(x - \alpha_2)^3}{\alpha_4 - \alpha_2} - \dfrac{(x - \alpha_3)^3}{\alpha_4 - \alpha_3}, & x_3 \le x \le \alpha_4 \\
(\alpha_3 - \alpha_2)(3x - \alpha_2 - \alpha_3 - \alpha_4), & \alpha_4 \le x
\end{cases}
$$

とできる。したがって, $x \le \alpha_1$ および $x \ge \alpha_4$ では, 直線となる:

$$
f(x) = \gamma_1 + \gamma_2 x, \ x \le \alpha_1
$$
$$
f(x) = \gamma_1 + \gamma_2 x + \gamma_3 (\alpha_3 - \alpha_1)(3x - \alpha_1 - \alpha_3 - \alpha_4)
$$
$$
+ \gamma_4 (\alpha_3 - \alpha_2)(3x - \alpha_2 - \alpha_3 - \alpha_4), \ x \ge \alpha_4
$$

◆ **例 56**　通常のスプラインと自然なスプラインで得られる関数を比較してみた（図6.7）。定義より，両端の区間で自然なスプラインは直線になるといえるが，それより一つ内側の区間でも，両者での差異が見られる。この処理の実現は下記のコードによった。

```
1  n=100
2  x=randn(n)*2*np.pi
3  y=np.sin(x)+0.2*randn(n)
4  K=11
5  knots=np.linspace(-5,5,K)
6  X=np.zeros((n,K+4))
7  for i in range(n):
8      X[i,0]=1
9      X[i,1]=x[i]
10     X[i,2]=x[i]**2
11     X[i,3]=x[i]**3
12     for j in range(K):
13         X[i,j+4]=np.maximum((x[i]-knots[j])**3,0)
```

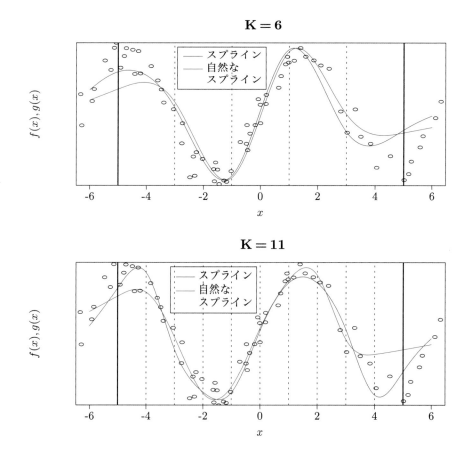

図 6.7　スプライン（青）と自然なスプライン（赤）の比較。区切り点の個数が $K=6$（左）と $K=11$（右）について（例56）。両端の区間では自然なスプラインは直線になっているが，その一つ内側の区間でも，通常のスプラインとの乖離がみられる。

```
14  beta=np.linalg.inv(X.T@X)@X.T@y
```

```
1  def f(x):
2      S=beta[0]+beta[1]*x+beta[2]*x**2+beta[3]*x**3
3      for j in range(K):
4          S=S+beta[j+4]*np.maximum((x-knots[j])**3,0)
5      return S
```

```
1  X=np.zeros((n,K))
2  X[:,0]=1
3  for j in range(1,K):
4      for i in range(n):
5          X[i,j]=h(j,x[i],knots)
6  gamma=np.linalg.inv(X.T@X)@X.T@y
```

```
1  def g(x):
2      S=gamma[0]
3      for j in range(1,K):
4          S=S+gamma[j]*h(j,x,knots)
5      return S
```

```
1   u_seq=np.arange(-6,6,0.02)
2   v_seq=[]; w_seq=[]
3   for u in u_seq:
4       v_seq.append(f(u))
5       w_seq.append(g(u))
6   plt.scatter(x,y,c="black",s=10)
7   plt.xlim(-6,6)
8   plt.xlabel("x")
9   plt.ylabel("f(x),g(x)")
10  plt.tick_params(labelleft=False)
11  plt.plot(u_seq,v_seq,c="blue",label="スプライン")
12  plt.plot(u_seq,w_seq,c="red",label="自然なスプライン")
13  plt.vlines(x=[-5,5],ymin=-1.5,ymax=1.5,linewidth=1)
14  plt.vlines(x=knots,ymin=-1.5,ymax=1.5,linewidth=0.5,linestyle="dashed")
15  plt.legend()
```

6.4 平滑化スプライン

観測データ $(x_1, y_1), \ldots, (x_N, y_N)$ から，

$$L(f) := \sum_{i=1}^{N} (y_i - f(x_i))^2 + \lambda \int_{-\infty}^{\infty} \{f''(x)\}^2 dx \tag{6.5}$$

を最小にする $f: \mathbb{R} \to \mathbb{R}$ を求めたい（平滑化スプライン）。ただし，$\lambda \geq 0$ は事前に決めておいた定数であるとし，$x_1 < \cdots < x_N$ であると仮定する。第 2 項は，関数 f が複雑であることに対するペナルティで，直感的に $\{f''(x)\}^2$ は x において関数 f がどれだけ滑らかでないかをあらわしている。直線であれば，この値は 0 になる。そして，λ が小さいと，曲線は蛇行するが観測データに適合しやすくなり，逆に λ が大きいと，曲線は観測データを追従しなくなり，曲線はスムーズになる。

　まず，$x_1, \ldots, x_N$ を区切り点とする自然なスプラインによって，そのような最適な f が実現されることを示す。

命題 21 （Green and Silverman, 1994）　$x_1, \ldots, x_N$ を区切り点とする自然なスプラインの中に，$L(f)$ を最小にする関数 f が存在する。

　証明は，章末の付録を参照されたい。

　次に，そのような自然なスプライン $f(x) = \sum_{i=1}^{N} \gamma_i h_i(x)$ の係数 $\gamma_1, \ldots, \gamma_N$ を求めてみよう。

$$g_{i,j} := \int_{-\infty}^{\infty} h_i''(x) h_j''(x) dx \tag{6.6}$$

を (i, j) 成分にもつ行列を G と書くと，$L(g)$ の第 2 項は，

$$\lambda \int_{-\infty}^{\infty} \{g''(x)\}^2 dx = \lambda \int_{-\infty}^{\infty} \sum_{i=1}^{N} \gamma_i h_i''(x) \sum_{j=1}^{N} \gamma_j h_j''(x) dx$$

$$= \lambda \sum_{i=1}^{N} \sum_{j=1}^{N} \gamma_i \gamma_j \int_{-\infty}^{\infty} h_i''(x) h_j''(x) dx = \lambda \gamma^T G \gamma$$

となる。ただし，$\gamma = [\gamma_1, \ldots, \gamma_N]^T$ とおいた。したがって，$L(g)$ を γ で微分すると，リッジ回帰（第 5 章）の場合と同様に，

$$-X^T(y - X\gamma) + \lambda G \gamma = 0$$

となり，解は以下で与えられる。

$$\hat{\gamma} = (X^T X + \lambda G)^{-1} X^T y$$

　下記の命題は計算が複雑であるため，その証明は章末の付録においておく。

命題 22　(6.6) で定義される $g_{i,j}$ は，$x_i \leq x_j$ として，以下で与えられる。

$g_{i,j}$
$$= \frac{(x_{N-1} - x_{j-2})^2 (12x_{N-1} + 6x_{j-2} - 18x_{i-2}) + 12(x_{N-1} - x_{i-2})(x_{N-1} - x_{j-2})(x_N - x_{N-1})}{(x_N - x_{i-2})(x_N - x_{j-2})}$$

ただし，$i \leq 2$ または $j \leq 2$ のとき，$g_{i,j} = 0$ となる。

　たとえば，下記のような処理を構成すれば，区切り点 $x_1 < \cdots < x_N$ から行列 G を構成できる。

```
1  def G(x):
2      n=len(x)
```

```
3    g=np.zeros((n,n))
4    for i in range(2,n-1):
5        for j in range(i,n):
6            g[i,j]=12*(x[n-1]-x[n-2])*(x[n-2]-x[j-2])*(x[n-1]-x[i-2])/(x[n-1]-x[i-2])/(x[n
    -1]-x[j-2])+(12*x[n-2]+6*x[j-2]-18*x[i-2])*(x[n-2]-x[j-2])**2/(x[n-1]-x[i-2])/(x[n-1]-x[j
    -2])
7            g[j,i]=g[i,j]
8    return g
```

◆ **例 57**　行列 G を計算して，λ の値ごとに $\hat{\gamma}$ を計算して，その平滑化スプラインのグラフを描いた。λ の値が大きいほど曲線がスムーズになっていることがわかる（図6.8）。この処理は，下記コードによって実現した。

```
1    # データ生成
2    n=100; a=-5; b=5
3    x=(b-a)*np.random.rand(n)+a    # (-5,5)の一様分布
4    y=x-0.02*np.sin(x)-0.1*randn(n)
5    index=np.argsort(x); x=x[index]; y=y[index]
6    # Xの計算
7    X=np.zeros((n,n))
8    X[:,0]=1
9    for j in range(1,n):
10       for i in range(n):
11           X[i,j]=h(j,x[i],x)
12   GG=G(x)
```

平滑化スプライン ($n = 100$)

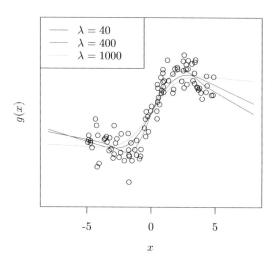

図 6.8　平滑化スプラインでは，区切り点やその個数を与えるのではなく，滑らかさを示す λ の値を指定する。$\lambda = 40, 400, 1000$ を比べてみると，λ の値を大きくするにつれて，観測データに追従しなくなっているが，その分滑らかになっている。

```
13  lambda_set=[40,400,1000]
14  col_set=["red","blue","green"]
15  plt.scatter(x,y,c="black",s=10)
16  plt.title("平滑化スプライン(n=100)")
17  plt.xlabel("x")
18  plt.ylabel("g(x)")
19  plt.tick_params(labelleft=False)
20  # lambda=40, 400, 1000での平滑化スプライン
21  for i in range(3):
22      lam=lambda_set[i]
23      gamma=np.linalg.inv(X.T@X+lam*GG)@X.T@y
24      def g(u):
25          S=gamma[0]
26          for j in range(1,n):
27              S=S+gamma[j]*h(j,u,x)
28          return S
29      u_seq=np.arange(-8,8,0.02)
30      v_seq=[]
31      for u in u_seq:
32          v_seq.append(g(u))
33      plt.plot(u_seq,v_seq,c=col_set[i],label="$\lambda$={}".format(lambda_set[i]))
34  plt.legend()
```

　リッジ回帰の場合には，$(p+1) \times (p+1)$ の大きさの逆行列を求めたが，今回の場合，$N \times N$ の逆行列を計算する必要があるので，N が大きい場合には，この方法を純粋に適用することは難しく，何らかの近似が必要である。

　他方，N の値が大きくない場合，λ の値は，通常クロスバリデーションで決められることが多い。命題 14 は，X を (6.4) で $K = N$ とおいた場合にも適用される。また，命題 15 において A として，$X^T X + \lambda G$ とおいた場合にも適用される。したがって，命題 14 のクロスバリデーションの予測誤差は，以下の値をとる。

$$CV[\lambda] := \sum_S \|(I - H_S[\lambda])^{-1} e_S\|^2$$

ただし，$H_S[\lambda] := X_S (X^T X + \lambda G)^{-1} X_S^T$ とおいた。たとえば，以下のような処理を構成する。

```
1   def cv_ss_fast(X,y,lam,G,k):
2       n=len(y)
3       m=int(n/k)
4       H=X@np.linalg.inv(X.T@X+lam*G)@X.T
5       df=np.sum(np.diag(H))
6       I=np.eye(n)
7       e=(I-H)@y
8       I=np.eye(m)
9       S=0
10      for j in range(k):
11          test=np.arange(j*m,(j+1)*m)
```

```
12        S=S+(np.linalg.inv(I-H[test,test])@e[test]).T@(np.linalg.inv(I-H[test,test])@e[test
   ])
13    return  {'score':S/n,'df':df}
```

（$\lambda = 0$ とおくと，第3章で構成した cv_fast と同じ処理を行う。）

　λ の値が γ の推定にどのような影響を与えるかは，異なるデータどうしで比較することが困難である。そこで，λ ではなく，$H[\lambda] := X^T(X^TX + \lambda G)^{-1}X$ のトレースの値（有効自由度）によって，適合性と簡潔性のバランスの度合いを表示することが多い。

◆ **例 58**　データ数 $N = 100$ で[1]，λ を1から50まで変えて，横軸に有効自由度（$H[\lambda]$ のトレース），縦軸にクロスバリデーションの予測誤差 $CV[\lambda]$ をとって，グラフを描いてみた（図6.9）。処理の実行は，下記コードによった。ただし，関数 d, h は自然なスプラインで定義されたものを用いた。

```
1  # データ生成
2  n=100; a=-5; b=5
3  x=(b-a)*np.random.rand(n)+a   # (-5,5)の一様分布
4  y=x-0.02*np.sin(x)-0.1*randn(n)
5  index=np.argsort(x); x=x[index]; y=y[index]
6  # Xの計算
7  X=np.zeros((n,n))
8  X[:,0]=1
9  for j in range(1,n):
10     for i in range(n):
11         X[i,j]=h(j,x[i],x)
12 GG=G(x)
13 # 各lambdaでの有効自由度と予測誤差の計算とプロット
```

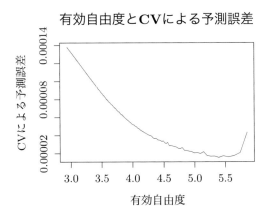

図6.9　λ を大きくすると有効自由度が小さくなる。有効自由度を大きくしても，CV の予測誤差は逆に増加する場合がある。

---

[1] $N > 100$ の状況では逆行列が計算できず，エラーが頻発した。

```
14  v=[]; w=[]
15  for lam in range(1,51,1):
16      res=cv_ss_fast(X,y,lam,GG,n)
17      v.append(res['df'])
18      w.append(res['score'])
19  plt.plot(v,w)
20  plt.xlabel("有効自由度")
21  plt.ylabel("CVによる予測誤差")
22  plt.title("有効自由度とCVによる予測誤差")
```

6.5 局所回帰

本節では，Nadaraya-Watson 推定量と局所線形回帰を紹介する。

$\mathcal{X}$ を集合として，以下の条件を満足する $k : \mathcal{X} \times \mathcal{X} \to \mathbb{R}$ を（狭義の）カーネルとよぶ。

1. 任意の $n \geq 1$ と $x_1, \ldots, x_n$ に対して，$K_{i,j} = k(x_i, x_j)$ を要素とする $K \in \mathcal{X}^{n \times n}$ が非負定値である（正定値性）

2. 任意の $x, y \in \mathcal{X}$ について，$k(x, y) = k(y, x)$（対称性）

たとえば，$\mathcal{X}$ をベクトル空間とすれば，その内積はカーネルになる。実際，内積 $\langle \cdot, \cdot \rangle$ の性質：x, y, z をベクトル空間の要素，c を実数として $\langle x, y + z \rangle = \langle x, y \rangle + \langle x, z \rangle$, $\langle cx, y \rangle = c \langle x, y \rangle$, $\langle x, x \rangle \geq 0$ より，任意の $a_1, \ldots, a_n \in \mathcal{X}$ と $c_1, \ldots, c_n \in \mathbb{R}$ について

$$0 \leq k \left(\sum_{i=1}^{n} c_i a_i, \sum_{j=1}^{n} c_j a_j \right) = \sum_i \sum_j c_i c_j k(a_i, a_j)$$

$$= [c_1, \ldots, c_n] \begin{bmatrix} k(a_1, a_1) & \cdots & k(a_1, a_n) \\ \vdots & \ddots & \vdots \\ k(a_n, a_1) & \cdots & k(a_n, a_n) \end{bmatrix} \begin{bmatrix} c_1 \\ \vdots \\ c_n \end{bmatrix}$$

が成立する。カーネルは，集合 $\mathcal{X}$ の要素間の類似度をあらわす（$x, y \in \mathcal{X}$ が類似していれば $k(x, y)$ は大きい）ものとして用いられる。

正定値性を満足していない $k : \mathcal{X} \times \mathcal{X} \to \mathbb{R}$ を本書では，広義のカーネルとよぶ。正定値性を満足していなくても，類似性を満足する手段として用いられるものがある。

◆ 例 59（Epanechnikov カーネル）

$$K_\lambda(x, y) = D \left(\frac{|x - y|}{\lambda} \right)$$

$$D(t) = \begin{cases} \dfrac{3}{4}(1 - t^2), & |t| \leq 1 \\ 0, & \text{その他} \end{cases}$$

によって定義される $k : \mathcal{X} \times \mathcal{X} \to \mathbb{R}$ は，正定値性を満足していない。実際，$\lambda = 2$, $n = 3$, $x_1 = -1$, $x_2 = 0$, $x_3 = 1$ のとき，$K_\lambda(x_i, y_i)$ を成分にもつ行列は，以下のように書ける。

$$\begin{bmatrix} K_\lambda(x_1, y_1) & K_\lambda(x_1, y_2) & K_\lambda(x_1, y_3) \\ K_\lambda(x_2, y_1) & K_\lambda(x_2, y_2) & K_\lambda(x_2, y_3) \\ K_\lambda(x_3, y_1) & K_\lambda(x_3, y_2) & K_\lambda(x_3, y_3) \end{bmatrix} = \begin{bmatrix} 3/4 & 9/16 & 0 \\ 9/16 & 3/4 & 9/16 \\ 0 & 9/16 & 3/4 \end{bmatrix}$$

そして，その行列式は，$3^3/2^6 - 3^5/2^{10} - 3^5/2^{10} = -3^3/2^9$ と計算できる。また，一般に行列式は固有値の積に等しく（命題6），3個の固有値の1個が負であることがわかる。

Nadaraya-Watson 推定量は，$\mathcal{X}$ をある集合，$k : \mathcal{X} \times \mathcal{X} \to \mathbb{R}$ をカーネル関数として，観測データ $(x_1, y_1), \ldots, (x_N, y_N) \in \mathcal{X} \times \mathcal{X}$ から，以下のように構成された関数である。

$$\hat{f}(x) = \frac{\sum_{i=1}^N K(x, x_i) y_i}{\sum_{j=1}^N K(x, x_j)}$$

そして，観測データとは別の $x_* \in \mathcal{X}$ が与えられた際に，$y_1, \ldots, y_N$ に

$$\frac{K(x_*, x_1)}{\sum_{j=1}^N K(x_*, x_j)}, \ldots, \frac{K(x_*, x_N)}{\sum_{j=1}^N K(x_*, x_j)}$$

の重みづけをした値を $\hat{f}(x_*)$ の値として返す。$k(u, v)$ は $u, v \in \mathcal{X}$ が類似していれば大きいことを仮定しているので，x_* と類似度の高い x_i に対しての y_i の重みが大きくなる。

◆ **例 60** Nadaraya-Watson 推定量に，Epanechnikov カーネルを適用する。Nadaraya-Watson 推定量は正則性を満足しないカーネルでも問題なく処理を実行する。新しい入力 $x_* \in \mathcal{X}$ に対して，$x_i - \lambda \le x_* \le x_i + \lambda$ なる $i = 1, \ldots, N$ の y_i の間で重みづけがなされる。λ が小さくなると，x_* の近傍にある (x_i, y_i) のみを用いて予測を行うことになる。下記のコードを実行した結果を図 6.10 に示す。

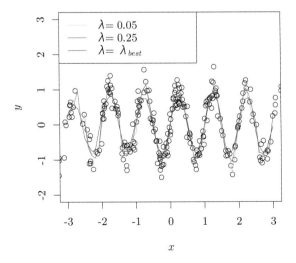

Nadaraya-Watson推定量

図 **6.10** Nadaraya-Watson 推定量に Epanechnikov カーネルを適用し，$\lambda = 0.05, 0.25$ で曲線を描いた。最後に最適な λ の値を計算して，同じグラフに表示してみた（例 60）。

```
1  n=250
2  x=2*randn(n)
3  y=np.sin(2*np.pi*x)+randn(n)/4
```

```
1  def D(t):
2      return np.maximum(0.75*(1-t**2),0)
```

```
1  def K(x,y,lam):
2      return D(np.abs(x-y)/lam)
```

```
1  def f(z,lam):
2      S=0; T=0
3      for i in range(n):
4          S=S+K(x[i],z,lam)*y[i]
5          T=T+K(x[i],z,lam)
6      if T==0:
7          return(0)
8      else:
9          return S/T
```

```
1  plt.scatter(x,y,c="black",s=10)
2  plt.xlim(-3,3)
3  plt.ylim(-2,3)
4  xx=np.arange(-3,3,0.1)
5  yy=[]
6  for zz in xx:
7      yy.append(f(zz,0.05))
8  plt.plot(xx,yy,c="green",label="$\lambda$=0.05")
9  yy=[]
10 for zz in xx:
11     yy.append(f(zz,0.25))
12 plt.plot(xx,yy,c="blue",label="$\lambda$=0.25")
13 # ここまででlam=0.05, 0.25の曲線が図示される
14 m=int(n/10)
15 lambda_seq=np.arange(0.05,1,0.01)
16 SS_min=np.inf
17 for lam in lambda_seq:
18     SS=0
19     for k in range(10):
20         test=list(range(k*m,(k+1)*m))
21         train=list(set(range(n))-set(test))
22         for j in test:
23             u=0; v=0
24             for i in train:
25                 kk=K(x[i],x[j],lam)
```

```
26                    u=u+kk*y[i]
27                    v=v+kk
28            if v==0:
29                d_min=np.inf
30                for i in train:
31                    d=np.abs(x[j]-x[i])
32                    if d<d_min:
33                        d_min=d
34                        index=i
35                z=y[index]
36            else:
37                z=u/v
38            SS=SS+(y[j]-z)**2
39        if SS<SS_min:
40            SS_min=SS
41            lambda_best=lam
42  yy=[]
43  for zz in xx:
44      yy.append(f(zz,lambda_best))
45  plt.plot(xx,yy,c="red",label="λ=λbest")
46  plt.title("Nadaraya-Watson推定量")
47  plt.legend()
```

次に，局所線形回帰は，各点の近傍を直線で近似して，観測点を追従する方法である。

通常の線形回帰では，観測データ $(x_1, y_1), \ldots, (x_N, y_N) \in \mathbb{R}^p \times \mathbb{R}$ から

$$\sum_{i=1}^{N} (y_i - [1, x_i]\beta)^2$$

を最小にする $\beta \in \mathbb{R}^{p+1}$ を求めた。ただし，$x_i \in \mathbb{R}^p$ は行ベクトルとする。局所線形回帰では，$k : \mathbb{R}^p \times \mathbb{R}^p \to \mathbb{R}$ をカーネルとして，各点 $x \in \mathbb{R}$ で

$$\sum_{i=1}^{N} k(x, x_i)(y_i - [1, x_i]\beta(x))^2 \tag{6.7}$$

を最小にする $\beta(x) \in \mathbb{R}^{p+1}$ を求める。$\beta(x)$ は $x \in \mathbb{R}^p$ ごとに値が異なる。その点が（大域的）線形回帰と異なる点である。

(6.6) は，行列を用いると

$$(y - X\beta(x))^T \begin{bmatrix} k(x, x_1) & \cdots & 0 \\ \vdots & \ddots & \vdots \\ 0 & \cdots & k(x, x_N) \end{bmatrix} (y - X\beta(x)) \tag{6.8}$$

と書ける。ただし，$X \in \mathbb{R}^{N \times (p+1)}$ の左の 1 列はすべて 1 であるとする。$k(x, x_1), \ldots, k(x, x_N)$ からなる対角行列を W と書くと，(6.8) は $(y - X\beta)^T W(y - X\beta)$ となるが，これを β で微分すると，

$$-2X^T W(y - X\beta(x))$$

局所線形回帰 $(p=1,\ N=30)$

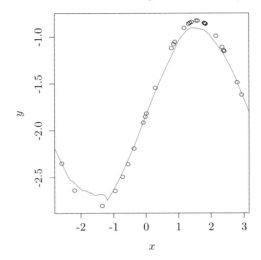

図 6.11 Epanechnikov カーネルを適用して，局所線形回帰のグラフを描いた（例 61）。$p=1, N=30$。

したがって，これを 0 とおいて，$X^T W y = X^T W X \beta(x)$ となり，

$$\hat{\beta}(x) = (X^T W X)^{-1} X^T W y$$

が得られる。

◆ **例 61** Epanechnikov カーネルを適用，$p=1$ として，$x_1, \ldots, x_N, y_1, \ldots, y_N$ に局所線形回帰を適用してみた（図 6.11）。

```python
def local(x,y,z=x):
    n=len(y)
    x=x.reshape(-1,1)
    X=np.insert(x,0,1,axis=1)
    yy=[]
    for u in z:
        w=np.zeros(n)
        for i in range(n):
            w[i]=K(x[i],u,lam=1)
        W=np.diag(w)
        beta_hat=np.linalg.inv(X.T@W@X)@X.T@W@y
        yy.append(beta_hat[0]+beta_hat[1]*u)
    return yy
```

```python
n=30
x=np.random.rand(n)*2*np.pi-np.pi
y=np.sin(x)+randn(1)
plt.scatter(x,y,s=15)
m=200
U=np.arange(-np.pi,np.pi,np.pi/m)
```

```
7  V=local(x,y,U)
8  plt.plot(U,V,c="red")
9  plt.title("局所線形回帰(p=1,N=30)")
```

6.6 一般化加法モデル

　基底となる関数が有限個であれば，線形回帰と同様の最小二乗法で，その係数を求めることができる。

◆ **例 62**　次数 $p=4$ の多項式回帰の基底 $1, x, x^2, x^3, x^4$ と，区切り点数 $K=5$ の自然なスプラインの基底 $1, x, h_1(x), h_2(x), h_3(x)$ はともに5個の基底からなるが，一次従属なものを除くと全体で8個の基底からなる。したがって，$p=4$ の多項式回帰と $K=5$ の自然なスプラインの和からなる関数 f は，観測データ $(x_1, y_1), \ldots, (x_N, y_N)$ から，

$$X = \begin{bmatrix} 1 & x_1 & x_1^2 & x_1^3 & x_1^4 & h_3(x_1) & h_4(x_1) & h_5(x_1) \\ 1 & x_2 & x_2^2 & x_2^3 & x_2^4 & h_3(x_2) & h_4(x_2) & h_5(x_2) \\ \vdots & \vdots & \vdots & \vdots & \vdots & \vdots & \vdots & \vdots \\ 1 & x_N & x_N^2 & x_N^3 & x_N^4 & h_3(x_N) & h_4(x_N) & h_5(x_N) \end{bmatrix}$$

として，$\hat{\beta} = (X^T X)^{-1} X^T y = [\hat{\beta}_0, \ldots, \hat{\beta}_7]^T$ を用いて，関数 $f(x)$ を

$$\hat{f}(x) = \sum_{j=0}^{4} \hat{\beta}_j x^j + \sum_{j=5}^{7} \hat{\beta}_j h_{j-2}(x)$$

と推定できる。

　しかし，平滑化スプラインのように基底の個数が多い（N 個の）場合，逆行列を求めることが困難である。また，局所回帰のように有限個の基底で表現できない場合もある。そのような場合，バックフィッティングという方法を適用することが多い：関数 $f(x)$ を複数の関数 $f_1(x), \ldots, f_p(x)$ の和で表現する場合，最初 $f_1(x) = \cdots = f_p(x) = 0$ としてから，各 $j = 1, \ldots, p$ に対して，残差

$$r_j(x) := f(x) - \sum_{k \neq j} f_k(x)$$

を $f_j(x)$ で説明するという操作を繰り返す。

◆ **例 63**　説明変数と目的変数の関係を多項式回帰と局所回帰の和に分解するために，下記のような処理を構成した。すなわち，多項式回帰と局所線形回帰を交互に繰り返して，$y \in \mathbb{R}^N$ を $y_1 + y_2 = y$ に分割する。それぞれの成分に分割したグラフを図6.12に示す。

```
1  def poly(x,y,z=x):
2      n=len(x)
3      m=len(z)
4      X=np.zeros((n,4))
5      for i in range(n):
```

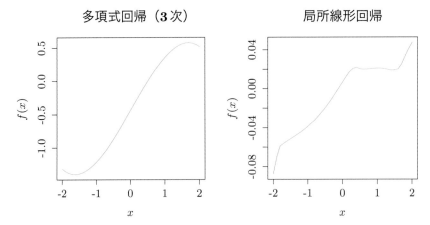

図 6.12 観測データのあてはめを 3 次の多項式回帰と局所線形回帰の成分に分割して行った（例 63）。

```
6         X[i,0]=1; X[i,1]=x[i]; X[i,2]=x[i]**2; X[i,3]=x[i]**3
7     beta_hat=np.linalg.inv(X.T@X)@X.T@y
8     Z=np.zeros((m,4))
9     for j in range(m):
10         Z[j,0]=1; Z[j,1]=z[j]; Z[j,2]=z[j]**2; Z[j,3]=z[j]**3
11    yy=Z@beta_hat
12    return yy
```

```
1  n=30
2  x=np.random.rand(n)*2*np.pi-np.pi
3  x=x.reshape(-1,1)
4  y=np.sin(x)+randn(1)
5  y_1=0; y_2=0
6  for k in range(10):
7      y_1=poly(x,y-y_2)
8      y_2=local(x,y-y_1,z=x)
9  z=np.arange(-2,2,0.1)
10 plt.plot(z,poly(x,y_1,z))
11 plt.title("多項式回帰(3次)")
```

```
1  plt.plot(z,local(x,y_2,z))
2  plt.title("局所線形回帰")
```

付録　命題の証明

命題 20　関数 $f(x)$ は，K 個の多項式 $h_1(x) = 1$，$h_2(x) = x$，$h_{j+2}(x) = d_j(x) - d_{K-1}(x)$，$j = 1, \ldots, K - 2$ を基底にもち，各 $\beta_1, \ldots, \beta_K$ に対し，

$$\gamma_1 := \beta_1,\ \gamma_2 := \beta_2,\ \gamma_3 := (\alpha_K - \alpha_1)\beta_3,\ \ldots,\ \gamma_K := (\alpha_K - \alpha_{K-2})\beta_K$$

というように対応づけると，$f(x) = \sum_{j=1}^{K} \gamma_j h_j(x)$ とできる。ただし，

$$d_j(x) = \frac{(x - \alpha_j)_+^3 - (x - \alpha_K)_+^3}{\alpha_K - \alpha_j}, \ j = 1, \ldots, K-1$$

とおいた。

　証明　まず，$\beta_{K+1} = -\sum_{j=3}^{K} \frac{\alpha_K - \alpha_{j-2}}{\alpha_K - \alpha_{K-1}} \beta_j$ (6.3) の条件は，$\gamma_{K+1} := (\alpha_K - \alpha_{K-1})\beta_{K+1}$ とおくと，

$$\gamma_{K+1} = -\sum_{j=3}^{K} \gamma_j \tag{6.9}$$

と書くことができる。

　以下では，このように定義した $\gamma_1, \ldots, \gamma_K$ が，$x \le \alpha_K$, $\alpha_K \le x$ のそれぞれで

$$d_j(x) = \frac{(x - \alpha_j)_+^3 - (x - \alpha_K)_+^3}{\alpha_K - \alpha_j}, \ j = 1, \ldots, K-1$$

として，$h_1(x) = 1$, $h_2(x) = x$, $h_{j+2}(x) = d_j(x) - d_{K-1}(x)$, $j = 1, \ldots, K-2$ を基底にしたときの係数になっていることを示す。まず，$x \le \alpha_K$ については，(6.9) を用いて

$$\begin{aligned}
\sum_{j=3}^{K+1} \gamma_j \frac{(x - \alpha_{j-2})_+^3}{\alpha_K - \alpha_{j-2}} &= \sum_{j=3}^{K} \gamma_j \frac{(x - \alpha_{j-2})_+^3}{\alpha_K - \alpha_{j-2}} - \sum_{j=3}^{K} \gamma_j \frac{(x - \alpha_{K-1})_+^3}{\alpha_K - \alpha_{K-1}} \\
&= \sum_{j=3}^{K} \gamma_j \left\{ \frac{(x - \alpha_{j-2})_+^3}{\alpha_K - \alpha_{j-2}} - \frac{(x - \alpha_{K-1})_+^3}{\alpha_K - \alpha_{K-1}} \right\} \\
&= \sum_{j=3}^{K} \gamma_j \{ d_{j-2}(x) - d_{K-1}(x) \}
\end{aligned}$$

とできるので，

$$\begin{aligned}
f(x) &= \beta_1 + \beta_2 x + \sum_{j=3}^{k+1} \beta_j (x - \alpha_{j-2})^3 \\
&= \gamma_1 + \gamma_2 x + \sum_{j=3}^{K+1} \gamma_j \frac{(x - \alpha_{j-2})_+^3}{\alpha_K - \alpha_{j-2}} \\
&= \gamma_1 + \gamma_2 x + \sum_{j=3}^{K} \gamma_j \{ d_{j-2}(x) - d_{K-1}(x) \} = \sum_{j=1}^{K} \gamma_j h_j(x)
\end{aligned}$$

が得られる。また，$x \ge \alpha_K$ では，この定義にしたがうと，$j = 1, \ldots, K-2$ について，

$$\begin{aligned}
h_{j+2}(x) &= \frac{(x - \alpha_j)^3 - (x - \alpha_K)^3}{\alpha_K - \alpha_j} - \frac{(x - \alpha_{K-1})^3 - (x - \alpha_K)^3}{\alpha_K - \alpha_{K-1}} \\
&= (x - \alpha_j)^2 + (x - \alpha_K)^2 + (x - \alpha_j)(x - \alpha_K) - (x - \alpha_K)^2 \\
&\quad - (x - \alpha_{K-1})^2 - (x - \alpha_{K-1})(x - \alpha_K) \\
&= (\alpha_{K-1} - \alpha_j)(2x - \alpha_j - \alpha_{K-1}) + (x - \alpha_K)(\alpha_{K-1} - \alpha_j)
\end{aligned}$$

$$= (\alpha_{K-1} - \alpha_j)(3x - \alpha_j - \alpha_{K-1} - \alpha_K)$$

となる（最後から2番目の等号は，第1, 5項，第3, 6項でそれぞれ因数分解して得られる）。したがって，$f(x) = \sum_{j=1}^{K} \gamma_j h_j(x)$ および $f'(x) = \sum_{j=1}^{k} \gamma_j h_j'(x)$ に $x = \alpha_K$ を代入すると，それぞれ

$$f(\alpha_K) = \gamma_1 + \gamma_2 \alpha_K + \sum_{j=3}^{K} \gamma_j (\alpha_{K-1} - \alpha_{j-2})(2\alpha_K - \alpha_{j-2} - \alpha_{K-1}) \tag{6.10}$$

$$f'(\alpha_K) = \gamma_2 + 3\sum_{j=3}^{K} \gamma_j (\alpha_{K-1} - \alpha_{j-2}) \tag{6.11}$$

となる。すなわち，$x \geq \alpha_K$ では，$f(x) = \sum_{j=1}^{K} \gamma_j h_j(x)$ がそのような直線になることを確認できた。他方，$x \leq \alpha_K$ での関数 $f(x) = \gamma_1 + \gamma_2 x + \sum_{j=1}^{K+1} \gamma_j \dfrac{(x - \alpha_{j-2})_+^3}{\alpha_K - \alpha_{j-2}}$ を用いて（6.3節冒頭），その $x = \alpha_K$ における値と微分値を計算すると，それぞれ (6.9) より，

$$f(\alpha_K) = \gamma_1 + \gamma_2 \alpha_K + \sum_{j=3}^{K+1} \gamma_j \frac{(\alpha_K - \alpha_{j-2})^3}{\alpha_K - \alpha_{j-2}} = \gamma_1 + \gamma_2 \alpha_K + \sum_{j=3}^{K+1} \gamma_j (\alpha_K - \alpha_{j-2})^2$$

$$= \gamma_1 + \gamma_2 \alpha_K + \sum_{j=3}^{K} \gamma_j (\alpha_K - \alpha_{j-2})^2 - \sum_{j=3}^{K} \gamma_j (\alpha_K - \alpha_{K-1})^2$$

$$= \gamma_1 + \gamma_2 \alpha_K + \sum_{j=3}^{K} \gamma_j (\alpha_{K-1} - \alpha_{j-2})(2\alpha_K - \alpha_{j-2} - \alpha_{K-1}) \tag{6.12}$$

および

$$f'(\alpha_K) = \gamma_2 + 3\sum_{j=3}^{K+1} \gamma_j \frac{(\alpha_K - \alpha_{j-2})^2}{\alpha_K - \alpha_{j-2}} = \gamma_2 + 3\sum_{j=3}^{K+1} \gamma_j (\alpha_K - \alpha_{j-2}) \tag{6.13}$$

$$= \gamma_2 + 3\sum_{j=3}^{K} \gamma_j (\alpha_K - \alpha_{j-2}) - 3\sum_{j=3}^{K} \gamma_j (\alpha_K - \alpha_{K-1}) = \gamma_2 + 3\sum_{j=3}^{K} \gamma_j (\alpha_{K-1} - \alpha_{j-2})$$

となる。(6.10) と (6.12)，(6.11) と (6.13) が一致しているので，$x \geq \alpha_K$ においても命題が成立していることがわかった。

命題21（Green and Silverman, 1994）　$x_1, \ldots, x_N$ を区切り点とする自然なスプラインの中に，$L(f)$ を最小にする関数 f が存在する。

証明　最初に，$f(x)$ を (6.5) を最小にする任意の関数，$g(x)$ を $x_1, \ldots, x_N$ を区切り点とする自然なスプライン関数とする。そして，$r(x) := f(x) - g(x)$ とする。まず，$g(x)$ の次元が N なので，$h_1(x), \ldots, h_N(x)$ を基底として，$g(x) = \sum_{i=1}^{N} \gamma_i h_i(x)$ とおくと，

$$g(x_1) = f(x_1), \ldots, g(x_N) = f(x_N)$$

が成立するように $\gamma_1, \ldots, \gamma_N$ を決めることができる。すなわち，

$$\begin{bmatrix} h_1(x_1) & \cdots & h_N(x_1) \\ \vdots & \ddots & \vdots \\ h_1(x_N) & \cdots & h_N(x_N) \end{bmatrix} \begin{bmatrix} \gamma_1 \\ \vdots \\ \gamma_N \end{bmatrix} = \begin{bmatrix} f(x_1) \\ \vdots \\ f(x_N) \end{bmatrix}$$

を解けばよい。このとき $r(x_1) = \cdots = r_N(x_N) = 0$ となり，$g(x)$ が $x \le x_1$，$x_N \le x$ で直線 $(g''(x_1) = g''(x_N) = 0)$ で，その他の区間で 3 次の多項式であって，$g'''(x)$ が各区間 $[x_i, x_{i+1}]$ で一定（γ_i とおく）であることより，

$$\int_{x_1}^{x_N} g''(x) r''(x) dx = [g''(x) r'(x)]_{x_1}^{x_N} - \int_{x_1}^{x_N} g'''(x) r'(x) dx = -\sum_{i=1}^{N-1} \gamma_i [r(x)]_{x_i}^{x_{i+1}} = 0$$

が成立する。したがって，

$$\int_{-\infty}^{\infty} \{f''(x)\}^2 dx \ge \int_{x_1}^{x_N} \{g''(x) + r''(x)\}^2 dx$$

$$\ge \int_{x_1}^{x_N} \{g''(x)\}^2 dx + \int_{x_1}^{x_N} \{r''(x)\}^2 dx + 2 \int_{x_1}^{x_N} g''(x) r''(x) dx$$

$$\ge \int_{x_1}^{x_N} \{g''(x)\}^2 dx$$

が成立する。すなわち，(6.5) の $L(f)$ を最小にする任意の f のそれぞれに対して，

$$L(f) = \sum_{i=1}^{N} (y_i - f(x_i))^2 + \lambda \int_{-\infty}^{\infty} \{f''(x)\}^2 dx$$

$$\ge \sum_{i=1}^{N} (y_i - g(x_i))^2 + \lambda \int_{-\infty}^{\infty} \{g''(x)\}^2 dx = L(g)$$

となるような自然なスプライン g が存在する。

命題 22　(6.6) で定義される $g_{i,j}$ は，$x_i \le x_j$ として，以下で与えられる。

$g_{i,j}$
$$= \frac{(x_{N-1} - x_{j-2})^2 (12x_{N-1} + 6x_{j-2} - 18x_{i-2}) + 12(x_{N-1} - x_{i-2})(x_{N-1} - x_{j-2})(x_N - x_{N-1})}{(x_N - x_{i-2})(x_N - x_{j-2})}$$

ただし，$i \le 2$ または $j \le 2$ のとき，$g_{i,j} = 0$ となる。

証明　一般性を失うことなく $x_i \le x_j$ を仮定すると，

$$\int_{x_1}^{x_N} h_i''(x) h_j''(x) dx = \int_{\max(x_i, x_j)}^{x_N} h_i''(x) h_j''(x) dx$$

$$= \int_{x_j}^{x_{N-1}} h_i''(x) h_j''(x) dx + \int_{x_{N-1}}^{x_N} h_i''(x) h_j''(x) dx$$

が成立する。ただし，$h_i''(x) = 0$，$x \le x_i$，$h_j''(x) = 0$，$x \le x_j$ を用いた。右辺のそれぞれを計算すると，以下のようになる。最初の項は

$$\int_{x_{N-1}}^{x_N} h_i''(x) h_j''(x) dx = 36 \int_{x_{N-1}}^{x_N} \left(\frac{x - x_{i-2}}{x_N - x_{i-2}} - \frac{x - x_{N-1}}{x_N - x_{N-1}} \right) \left(\frac{x - x_{j-2}}{x_N - x_{j-2}} - \frac{x - x_{N-1}}{x_N - x_{N-1}} \right) dx$$

$$= 36 \frac{(x_{N-1} - x_{i-2})(x_{N-1} - x_{j-2})}{(x_N - x_{i-2})(x_N - x_{j-2})} \int_{x_{N-1}}^{x_N} \left(\frac{x - x_N}{x_N - x_{N-1}} \right)^2 dx$$

$$= 12 \frac{(x_{N-1} - x_{i-2})(x_{N-1} - x_{j-2})(x_N - x_{N-1})}{(x_N - x_{i-2})(x_N - x_{j-2})} \tag{6.14}$$

ここで，2番目の等式は，以下の2式を用いて変形した。

$$(x - x_{i-2})(x_N - x_{N-1}) - (x - x_{N-1})(x_N - x_{i-2}) = (x - x_N)(x_{N-1} - x_{i-2})$$

$$(x - x_{j-2})(x_N - x_{N-1}) - (x - x_{N-1})(x_N - x_{j-2}) = (x - x_N)(x_{N-1} - x_{j-2})$$

また，第2項は

$$\int_{x_{j-2}}^{x_{N-1}} h_i''(x) h_j''(x) dx = 36 \int_{x_{j-2}}^{x_{N-1}} \frac{x - x_{i-2}}{x_N - x_{i-2}} \cdot \frac{x - x_{j-2}}{x_N - x_{j-2}} dx$$

$$= 36 \frac{x_{N-1} - x_{j-2}}{(x_N - x_{i-2})(x_N - x_{j-2})}$$

$$\times \left\{ \frac{1}{3}(x_{N-1}^2 + x_{N-1}x_{j-2} + x_{j-2}^2) - \frac{1}{2}(x_{N-1} + x_{j-2})(x_{i-2} + x_{j-2}) + x_{i-2}x_{j-2} \right\}$$

$$= 36 \frac{x_{N-1} - x_{j-2}}{(x_N - x_{i-2})(x_N - x_{j-2})} \left\{ \frac{1}{3}x_{N-1}^2 - \frac{1}{6}x_{N-1}x_{j-2} - \frac{1}{6}x_{j-2}^2 - \frac{1}{2}x_{i-2}(x_{N-1} - x_{j-2}) \right\}$$

$$= \frac{(x_{N-1} - x_{j-2})^2}{(x_N - x_{i-2})(x_N - x_{j-2})} (12x_{N-1} + 6x_{j-2} - 18x_{i-2}) \tag{6.15}$$

ここで，(6.15) の最後の変形には

$$\frac{1}{3}x_{N-1}^2 - \frac{1}{6}(x_{j-2} + 3x_{i-2})x_{N-1} - \frac{1}{6}x_{j-2}(x_{j-2} - 3x_{i-2})$$

$$= (x_{N-1} - x_{j-2})\left(\frac{1}{3}x_{N-1} + \frac{1}{6}x_{j-2} - \frac{1}{2}xi - 2 \right)$$

を用いた。

問題 57〜68

□ **57** データ $(x_1, y_1), \ldots, (x_N, y_N) \in \mathbb{R} \times \mathbb{R}$ から，以下の各値を最小にする $\beta_0, \beta_1, \ldots, \beta_p$ が一意的に求まる条件を求め，そのもとでの解を導出せよ。

(a) $\displaystyle\sum_{i=1}^{N} \left(y_i - \sum_{j=0}^{p} \beta_j x_i^j \right)^2$

(b) $\displaystyle\sum_{i=1}^{N} \left(y_i - \sum_{j=0}^{p} \beta_j f_j(x_i) \right)^2$, $f_0(x) = 1$, $x \in \mathbb{R}$, $f_j : \mathbb{R} \to \mathbb{R}$, $j = 1, \ldots, p$

□ **58** $K \geq 1$, $-\infty = \alpha_0 < \alpha_1 < \cdots < \alpha_K < \alpha_{K+1} = \infty$ として，各区間で 3 次の多項式 $f_i(x)$, $\alpha_i \leq x \leq \alpha_{i+1}$ が定義されている $(i = 0, 1, \ldots, K)$。以下では，f_i, $i = 0, 1, \ldots, K$ が，$f_{i-1}^{(j)}(\alpha_i) = f_i^{(j)}(\alpha_i)$, $j = 0, 1, 2$, $i = 1, \ldots, K$ を満足することを仮定する。ただし，$f^{(0)}(\alpha), f^{(1)}(\alpha), f^{(2)}(\alpha)$ でそれぞれ $x = \alpha$ における関数 f の値，1 回微分，2 回微分を表すものとする。

(a) $f_i(x) = f_{i-1}(x) + \gamma_i(x - \alpha_i)^3$ を満足する γ_i が存在することを示せ。

(b) $\alpha_i \leq x \leq \alpha_{i+1}$ について $f(x) = f_i(x)$, $i = 0, 1, \ldots, K$ となるような区分的に 3 次の多項式 f（3 次のスプライン関数）について，

$$f(x) = \beta_1 + \beta_2 x + \beta_3 x^2 + \beta_4 x^3 + \sum_{i=1}^{K} \beta_{i+4}(x - \alpha_i)_+^3$$

となるような $\beta_1, \beta_2, \ldots, \beta_{K+4}$ が存在することを示せ。ただし，$(x - \alpha_i)_+$ は，$x > \alpha_i$ で $x - \alpha_i$, $x \leq \alpha_i$ で 0 の値をとる関数である。

□ **59** データを人工的に発生させ，区切り点が $K = 5, 7, 9$ 個の場合のスプライン回帰を実行してみた。関数 f を定義して，スプライン曲線を描け。

```
1   n=100
2   x=randn(n)*2*np.pi
3   y=np.sin(x)+0.2*randn(n)
4   col_set=["red","green","blue"]
5   K_set=[5,7,9]
6   plt.scatter(x,y,c="black",s=10)
7   plt.xlim(-5,5)
8   for k in range(3):
9       K=K_set[k]
10      knots=np.linspace(-2*np.pi,2*np.pi,K)
11      X=np.zeros((n,K+4))
12      for i in range(n):
13          X[i,0]=1
14          X[i,1]=x[i]
```

```
15          X[i,2]=x[i]**2
16          X[i,3]=x[i]**3
17          for j in range(K):
18              X[i,j+4]=np.maximum((x[i]-knots[j])**3,0)
19      beta=np.linalg.inv(X.T@X)@X.T@y
20      # 空欄 数行(関数fの定義)#
21      u_seq=np.arange(-5,5,0.02)
22      v_seq=[]
23      for u in u_seq:
24          v_seq.append(f(u))
25      plt.plot(u_seq,v_seq,c=col_set[k],label="K={}".format(K))
26  plt.legend()
```

□ **60** $K \geq 2$ として，以下のような高々 3 次のスプライン曲線を定義する（自然な 3 次のスプライン曲線）：$x \leq \alpha_1$ および $\alpha_K \leq x$ で直線，$[\alpha_i, \alpha_{i+1}]$，$i = 1, \ldots, K-1$ のそれぞれで 3 次の多項式であって，K 個の境界 $\alpha_1, \ldots, \alpha_K$ で，関数 g とその 1 次，2 次微分が一致する。

(a) $\alpha_{K-1} \leq x \leq \alpha_K$ で，

$$g(x) = \gamma_1 + \gamma_2 x + \gamma_3 \frac{(x-\alpha_1)^3}{\alpha_K - \alpha_1} + \cdots + \gamma_K \frac{(x-\alpha_{K-2})^3}{\alpha_K - \alpha_{K-2}} + \gamma_{K+1} \frac{(x-\alpha_{K-1})^3}{\alpha_K - \alpha_{K-1}}$$

と書くとき，$\gamma_{K+1} = -\sum_{j=3}^{K} \gamma_j$ を示せ。

> ヒント　$g''(\alpha_K) = 0$ より導かれる。

(b) 関数 $g(x)$ は，$\gamma_1, \ldots, \gamma_K \in \mathbb{R}$，$h_1(x) = 1$，$h_2(x) = x$，$h_{j+2}(x) = d_j(x) - d_{K-1}(x)$，$j = 1, \ldots, K-2$ として，$\sum_{i=1}^{K} \gamma_i h_i(x)$ と書けることが知られている。ただし，

$$d_j(x) = \frac{(x-\alpha_j)_+^3 - (x-\alpha_K)_+^3}{\alpha_K - \alpha_j}, \ j = 1, \ldots, K-1$$

とおいている。このとき，$\alpha_K \leq x$ について，

$$h_{j+2}(x) = (\alpha_{K-1} - \alpha_j)(3x - \alpha_j - \alpha_{K-1} - \alpha_K), \ j = 1, \ldots, K-2$$

が成立することを示せ。

(c) 関数 $g(x)$ が，$x \leq \alpha_1$ および $\alpha_K \leq x$ で x の線形の関数になることを示せ。

□ **61** 通常のスプラインと自然なスプラインで得られる関数を比較してみた。下記の関数 $h_1, \ldots, h_K, d_1, \ldots, d_{K-1}$ および関数 g を定義して，処理を実行せよ。

```
1  def d(j,x,knots):
2      # 空欄 数行(dの定義)
```

```
1  def h(j,x,knots):
2      # 空欄 数行(hの定義)
```

```
1  n=100
2  x=randn(n)*2*np.pi
3  y=np.sin(x)+0.2*randn(n)
4  K=11
5  knots=np.linspace(-5,5,K)
6  X=np.zeros((n,K+4))
7  for i in range(n):
8      X[i,0]=1
9      X[i,1]=x[i]
10     X[i,2]=x[i]**2
11     X[i,3]=x[i]**3
12     for j in range(K):
13         X[i,j+4]=np.maximum((x[i]-knots[j])**3,0)
14 beta=np.linalg.inv(X.T@X)@X.T@y
```

```
1  def f(x):
2      S=beta[0]+beta[1]*x+beta[2]*x**2+beta[3]*x**3
3      for j in range(K):
4          S=S+beta[j+4]*np.maximum((x-knots[j])**3,0)
5      return S
```

```
1  X=np.zeros((n,K))
2  X[:,0]=1
3  for j in range(1,K):
4      for i in range(n):
5          X[i,j]=h(j,x[i],knots)
6  gamma=np.linalg.inv(X.T@X)@X.T@y
```

```
1  def g(x):
2      # 空欄 数行(gの定義)
```

```
1  u_seq=np.arange(-6,6,0.02)
2  v_seq=[]; w_seq=[]
3  for u in u_seq:
4      v_seq.append(f(u))
5      w_seq.append(g(u))
6  plt.scatter(x,y,c="black",s=10)
7  plt.xlim(-6,6)
8  plt.xlabel("x")
9  plt.ylabel("f(x),g(x)")
10 plt.tick_params(labelleft=False)
```

```
11  plt.plot(u_seq,v_seq,c="blue",label="スプライン")
12  plt.plot(u_seq,w_seq,c="red",label="自然なスプライン")
13  plt.vlines(x=[-5,5],ymin=-1.5,ymax=1.5,linewidth=1)
14  plt.vlines(x=knots,ymin=-1.5,ymax=1.5,linewidth=0.5,linestyle="dashed")
15  plt.legend()
```

> ヒント　h, d は関数の内部で knots の長さ K を計算する必要がある。関数 g の内部で knots は大域変数でよい。

□ **62** $(x_1, y_1), \ldots, (x_N, y_N) \in \mathbb{R} \times \mathbb{R}$ とする。任意の $\lambda \geq 0$ に対して，$x_1 < \cdots < x_N$ を境界点とする自然な 3 次のスプライン関数 g の中に

$$RSS(f, \lambda) := \sum_{i=1}^{N} (y_i - f(x_i))^2 + \lambda \int_{-\infty}^{\infty} \{f''(t)\}^2 dt \tag{6.16}$$

を最小にする $f : \mathbb{R} \to \mathbb{R}$ が存在することを証明したい（平滑化スプライン関数）。

(a) 以下を満足する $\gamma_1, \ldots, \gamma_{N-1} \in \mathbb{R}$ が存在することを示せ。

$$\int_{x_1}^{x_N} g''(x) h''(x) dx = -\sum_{i=1}^{N-1} \gamma_i \{h(x_{i+1}) - h(x_i)\}$$

> ヒント　$g''(x_1) = g''(x_N) = 0$，および各 $x_i \leq x \leq x_{i+1}$ で 3 次微分係数は区間内で一定であることを用いる。

(b) 関数 $h : \mathbb{R} \to \mathbb{R}$ が

$$\int_{x_1}^{x_N} g''(x) h''(x) dx = 0 \tag{6.17}$$

を満足するとき，任意の $f(x) = g(x) + h(x)$ について，

$$\int_{-\infty}^{\infty} \{g''(x)\}^2 dx \leq \int_{-\infty}^{\infty} \{f''(x)\}^2 dx \tag{6.18}$$

となることを示せ。

> ヒント　$x \leq x_1$ および $x_N \leq x$ では，$g(x)$ は 1 次式であって，$g''(x) = 0$ となる。また，(6.17) は以下を意味する。
>
> $$\int_{x_1}^{x_N} \{g''(x) + h''(x)\}^2 dx = \int_{x_1}^{x_N} \{g''(x)\}^2 dx + \int_{x_1}^{x_N} \{h''(x)\}^2 dx$$

(c) (6.16) を最小にする $f : \mathbb{R} \to \mathbb{R}$ の集合の中に，自然な 3 次スプライン曲線 g が含まれていることを示せ。

> ヒント　$RSS(f, \lambda)$ が最小値であるとき，$g(x_i) = f(x_i)$, $i = 1, \ldots, N$ を満足する自然な 3 次スプライン g について，$h(x_i) = 0$, $i = 1, \ldots, N$ から (6.17) が満足されることを示す。

□ **63** $x_1 < \cdots < x_K$ を境界点にもつ自然なスプラインの基底を $h_1, \ldots, h_K$ として，$g_{i,j} := \int_{-\infty}^{\infty} h_i''(x) h_j''(x) dx$ は，以下で与えられることが知られている。

$$\frac{(x_{N-1} - x_{j-2})^2 (12x_{N-1} - 18x_{i-2} + 6x_{j-2}) + 12(x_{N-1} - x_{i-2})(x_{N-1} - x_{j-2})(x_N - x_{N-1})}{(x_N - x_{i-2})(x_N - x_{j-2})}$$

ただし，$i \le 2$ または $j \le 2$ のとき，$g_{i,j} = 0$ となる。K 個の区切り点 $x \in \mathbb{R}^K$ から，$g_{i,j}$ を (i,j) 成分にもつ行列 G を出力する関数 G を Pyhton で構成せよ。

□ **64** $x_1 < \cdots < x_N$ を境界点にもつ平滑化スプライン関数 g について $g(x) = \sum_{j=1}^{N} g_j(x)\gamma_j$ および $g''(x) = \sum_{j=1}^{N} g_j''(x)\gamma_j$ なる $\gamma_1, \ldots, \gamma_N \in \mathbb{R}$ が存在することを仮定する。ただし，$g_j, j = 1, \ldots, N$ は高々 3 次の多項式である。このとき，係数 $\gamma = [\gamma_1, \ldots, \gamma_N]^T \in \mathbb{R}^N$ が $G = (g_j(x_i)) \in \mathbb{R}^{N \times N}$ および $G'' = \left(\int_{-\infty}^{\infty} g_j''(x)g_k''(x)dx \right) \in \mathbb{R}^{N \times N}$ を用いて，$\gamma = (G^T G + \lambda G'')^{-1} G^T y$ と書けることを示せ。また，λ の値ごとに $\hat{\gamma}$ を計算して，その平滑化スプラインのグラフを描きたい。空欄をうめて，処理を実行せよ。

```
1  # データ生成
2  n=100; a=-5; b=5
3  x=(b-a)*np.random.rand(n)+a  # (-5,5)の一様分布
4  y=x-0.02*np.sin(x)-0.1*randn(n)
5  index=np.argsort(x); x=x[index]; y=y[index]
```

```
1  X=np.zeros((n,n))
2  X[:,0]=1
3  for j in range(1,n):
4      for i in range(n):
5          X[i,j]=h(j,x[i],x)
6  GG=G(x)
7  lambda_set=[40,400,1000]
8  col_set=["red","blue","green"]
9  plt.scatter(x,y,c="black",s=10)
10 plt.title("平滑化スプライン(n=100)")
11 plt.xlabel("x")
12 plt.ylabel("g(x)")
13 plt.tick_params(labelleft=False)
14 for i in range(3):
15     lam=lambda_set[i]
16     gamma=# 空欄 #
17     def g(u):
18         S=gamma[0]
19         for j in range(1,n):
20             S=S+gamma[j]*h(j,u,x)
21         return S
22     u_seq=np.arange(-8,8,0.02)
23     v_seq=[]
24     for u in u_seq:
```

```
25          v_seq.append(g(u))
26      plt.plot(u_seq,v_seq,c=col_set[i],label="λ={}".format(lambda_set[i]))
27  plt.legend()
```

□ **65** λ の値が γ の推定にどのような影響を与えるかは，異なるデータどうしで比較すること
が難しい。そこで，λ ではなく，$H[\lambda] := X^T(X^TX + \lambda G)^{-1}X$ のトレースの値（有効
自由度）によって，適合性と簡潔性のバランスの度合いが表示されることが多い。デー
タ数 $N = 100$ で λ を 1 から 50 まで変えて，横軸に有効自由度（$H[\lambda]$ のトレース），縦軸
にクロスバリデーションの予測誤差 $CV[\lambda]$ をとって，グラフを描いてみた。空欄をうめ
て，処理を実行せよ。

```
1  def cv_ss_fast(X,y,lam,G,k):
2      n=len(y)
3      m=int(n/k)
4      H=X@np.linalg.inv(X.T@X+lam*G)@X.T
5      df=# 空欄(1) #
6      I=np.eye(n)
7      e=(I-H)@y
8      I=np.eye(m)
9      S=0
10     for j in range(k):
11         test=np.arange(j*m,(j+1)*m)
12         S=S+(np.linalg.inv(I-H[test,test])@e[test]).T@(np.linalg.inv(I-H[test,test])@e[test])
13     return  {'score':S/n,'df':df}
```

```
1  # データ生成
2  n=100; a=-5; b=5
3  x=(b-a)*np.random.rand(n)+a   # (-5,5)の一様分布
4  y=x-0.02*np.sin(x)-0.1*randn(n)
5  index=np.argsort(x); x=x[index]; y=y[index]
6  # Xの計算
7  X=np.zeros((n,n))
8  X[:,0]=1
9  for j in range(1,n):
10     for i in range(n):
11         X[i,j]=h(j,x[i],x)
12 GG=G(x)
13 # 各lambdaでの有効自由度と予測誤差の計算とプロット
14 v=[]; w=[]
15 for lam in range(1,51,1):
16     res=cv_ss_fast(# 空欄(2) #,n)
17     v.append(res['df'])
18     w.append(res['score'])
19 plt.plot(v,w)
```

```
20  plt.xlabel("有効自由度")
21  plt.ylabel("CVによる予測誤差")
22  plt.title("有効自由度とCVによる予測誤差")
```

□ **66** Narayama-Watson 推定量を用いて，$n = 250$ 個のデータに適合する曲線を描いた。
$\lambda > 0$ として，

$$\hat{f}(x) = \frac{\sum_{i=1}^{N} K_\lambda(x, x_i) y_i}{\sum_{i=1}^{N} K_\lambda(x, x_i)}$$

ただし，カーネル K_λ は以下のように定義するものとする。

$$K_\lambda(x, y) = D\left(\frac{|x - y|}{\lambda}\right)$$

$$D(t) = \begin{cases} \dfrac{3}{4}(1 - t^2), & |t| \leq 1 \\ 0, & \text{その他} \end{cases}$$

空欄をうめて，処理を実行せよ。λ を小さくすると，曲線はどのように変化するか。

```
1  n=250
2  x=2*randn(n)
3  y=np.sin(2*np.pi*x)+randn(n)/4
```

```
1  def D(t):
2      # 空欄 数行（Dの定義）#
```

```
1  def K(x,y,lam):
2      # 空欄 数行（Kの定義）#
```

```
1  def f(z,lam):
2      S=0; T=0
3      for i in range(n):
4          S=S+K(x[i],z,lam)*y[i]
5          T=T+K(x[i],z,lam)
6      if T==0:
7          return(0)
8      else:
9          return S/T
```

```
1  plt.scatter(x,y,c="black",s=10)
2  plt.xlim(-3,3)
3  plt.ylim(-2,3)
4  xx=np.arange(-3,3,0.1)
5  yy=[]
6  for zz in xx:
```

```
 7        yy.append(f(zz,0.05))
 8    plt.plot(xx,yy,c="green",label="λ=0.05")
 9    yy=[]
10    for zz in xx:
11        yy.append(f(zz,0.25))
12    plt.plot(xx,yy,c="blue",label="λ=0.25")
13    # ここまででlam=0.05，0.25の曲線が図示される
14    m=int(n/10)
15    lambda_seq=np.arange(0.05,1,0.01)
16    SS_min=np.inf
17    for lam in lambda_seq:
18        SS=0
19        for k in range(10):
20            test=list(range(k*m,(k+1)*m))
21            train=list(set(range(n))-set(test))
22            for j in test:
23                u=0; v=0
24                for i in train:
25                    kk=K(x[i],x[j],lam)
26                    u=u+kk*y[i]
27                    v=v+kk
28                if v==0:
29                    d_min=np.inf
30                    for i in train:
31                        d=np.abs(x[j]-x[i])
32                        if d<d_min:
33                            d_min=d
34                            index=i
35                    z=y[index]
36                else:
37                    z=u/v
38                SS=SS+(y[j]-z)**2
39        if SS<SS_min:
40            SS_min=SS
41            lambda_best=lam
42    yy=[]
43    for zz in xx:
44        yy.append(f(zz,lambda_best))
45    plt.plot(xx,yy,c="red",label="λ=λbest")
46    plt.title("Nadaraya-Watson推定量")
47    plt.legend()
```

□ **67** K をカーネルとして，各 $x \in \mathbb{R}^p$ で

$$\sum_{i=1}^{N} K(x, x_i)(y_i - \beta(x)^T [1, x_i])^2$$

を最小にする $\beta(x) \in \mathbb{R}^{p+1}$ を用いて回帰直線が定義でき，予測値 $[1,x]\beta(x)$ が得られる（局所回帰）。

(a) $\beta(x) = (X^T W(x) X)^{-1} X^T W(x) y$ と書くとき，W はどのような行列になるか。

(b) カーネルとして，問題 66 と同じものを用い，$p=1$ として，$x_1,\ldots,x_N, y_1,\ldots,y_N$ に局所回帰を適用してみた。空欄をうめて，処理を実行せよ。

```python
def local(x,y,z=x):
    n=len(y)
    x=x.reshape(-1,1)
    X=np.insert(x,0,1,axis=1)
    yy=[]
    for u in z:
        w=np.zeros(n)
        for i in range(n):
            w[i]=K(x[i],u,lam=1)
        W=# 空欄(1) #
        beta_hat=# 空欄(2) #
        yy.append(beta_hat[0]+beta_hat[1]*u)
    return yy
```

```python
n=30
x=np.random.rand(n)*2*np.pi-np.pi
y=np.sin(x)+randn(1)
plt.scatter(x,y,s=15)
m=200
U=np.arange(-np.pi,np.pi,np.pi/m)
V=local(x,y,U)
plt.plot(U,V,c="red")
plt.title("局所線形回帰(p=1,N=30)")
```

□ **68** 基底となる関数が有限個であれば，線形回帰と同様の最小二乗法で，基底となる関数を求めることができる。しかし，平滑化スプラインのように基底の個数が多い（N 個）場合，逆行列を求めることが困難である。また，局所回帰のように有限個の基底で表現できない場合もある。そのような場合，バックフィッティングという方法を適用することが多い。説明変数と目的変数の関係を多項式回帰と局所回帰の和に分解するために，下記のような処理を構成した。空欄をうめて処理を実行せよ。

```python
def poly(x,y,z=x):
    n=len(x)
    m=len(z)
    X=np.zeros((n,4))
    for i in range(n):
        X[i,0]=1; X[i,1]=x[i]; X[i,2]=x[i]**2; X[i,3]=x[i]**3
    beta_hat=np.linalg.inv(X.T@X)@X.T@y
```

```
 8    Z=np.zeros((m,4))
 9    for j in range(m):
10        Z[j,0]=1; Z[j,1]=z[j]; Z[j,2]=z[j]**2; Z[j,3]=z[j]**3
11    yy=# 空欄(1) #
12    return yy
```

```
 1  n=30
 2  x=np.random.rand(n)*2*np.pi-np.pi
 3  x=x.reshape(-1,1)
 4  y=np.sin(x)+randn(1)
 5  y_1=0; y_2=0
 6  for k in range(10):
 7      y_1=poly(x,y-y_2)
 8      y_2=# 空欄(2) #
 9  z=np.arange(-2,2,0.1)
10  plt.plot(z,poly(x,y_1,z))
11  plt.title("多項式回帰(3次)")
```

```
 1  plt.plot(z,local(x,y_2,z))
 2  plt.title("局所線形回帰")
```

第7章 決定木

　観測データから説明変数（p 変数）と目的変数の関係を表現する決定木を構成したい。根から出発して，ある条件を満足すれば分岐点を左，満足しなければ右というようにたどり，最終的にどこかの端点に至る。決定木はこれまで学んできた方法と比較して，単純な構造で表現するため，推定の精度では悪くなるが，視覚的に表現されるので，説明変数と目的変数の関係を了解しやすい。したがって，将来の予測に用いるというよりは，関係を理解する目的で用いられることが多い。また，回帰と分類のそれぞれで用いられる。

　しかし決定木は，同じ分布にしたがう観測データを用いても，推定された木の概形が大きく異なるという問題点がある。そのため，第3章で検討したブートストラップと同様に，データフレームから何度も同じサイズのデータをサンプリングして，得られた決定木のばらつきを下げる方法（バギング）や，その改良（ランダムフォレスト）が考えられている。最後に，第6章で学んだバックフィッティングと同様の方法で，小さな決定木を何度も発生させて，精度の高い予測を行う方法（ブースティング）を紹介する。

7.1 回帰の決定木

　説明変数（p 変数）と目的変数の関係を，それらに関する観測データ $(x_1, y_1), \ldots, (x_N, y_N) \in \mathbb{R}^p \times \mathbb{R}$ から推定し，決定木を構成したい。決定木は，頂点と枝からなる。枝が左右に分岐する頂点を分岐点または内点，分岐しない頂点を端点という。枝で隣接する2頂点のうち端点に近い頂点を子，遠い頂点を親という。さらに親を持たない頂点を根という（図7.1）。決定木が構成されると，各 $x \in \mathbb{R}^p$ は，端点に対応する領域 $R_1, \ldots, R_m$ のいずれかに属することになる。そして，回帰でも分類でも，端点が同じ説明変数の値どうし同じ目的変数の値に対応させる，という前提がある。具体的には，同時確率密度関数が $f_{XY}(x, y)$ であるとき，

$$\bar{y}_j := E[Y|R_j] = \frac{\int_{-\infty}^{\infty} \int_{R_j} y f_{XY}(x, y) dx dy}{\int_{-\infty}^{\infty} \int_{R_j} f_{XY}(x, y) dx dy} \tag{7.1}$$

として，

$$x_i \in R_j \Longrightarrow \hat{y}_i = \bar{y}_j$$

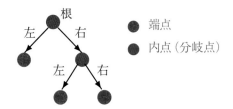

図7.1　決定木。頂点は端点と内点に分かれる。本書では，決定木の枝を，親から子に結ぶ有向辺として記している。

というルールを定め，

$$\int_{-\infty}^{\infty} \sum_{j=1}^{m} \int_{R_j} (y - \bar{y}_j)^2 f(x, y) dx dy$$

を最小にするように，$m \geq 1$ および領域 $R_1, \ldots, R_m$ を決めたい。しかし，そのためには，いくつかの問題点を解決させる必要がある。

　まず，同時確率密度関数 f_{XY} は，一般には未知であって，サンプルから推定する必要がある。そのために，実際には，$x_i \in R_j$ なる i の個数が n_j であれば，(7.1) を $\bar{y}_j := \dfrac{1}{n_j} \displaystyle\sum_{i:x_i \in R_j} y_i$ に変えて，

$$x \in R_j \Longrightarrow \hat{y}_i = \bar{y}_j$$

というルールを定め，

$$\sum_{j=1}^{m} \sum_{i:x_i \in R_j} (y_i - \bar{y}_j)^2 \tag{7.2}$$

を最小にするように，$m \geq 1$ および領域 $R_1, \ldots, R_m$ を決めざるを得ない。ここで，$\displaystyle\sum_{i:x_i \in R_j} \cdot$ は，$x_i \in R_j$ なる i についての和を意味する。

　しかし，(7.2) を最小にするように領域を決めると，線形回帰の RSS と同様に，領域数 m を大きくすればするほどこの値は小さくなる。極端な場合，$m = N$ として，各領域に1個のサンプルだけをもたせれば，(7.2) の値は0になる。この場合，推定で用いたサンプルをテストでも用いるため，過学習に陥らざるを得ない。実際，領域 R_j を大きくして複数サンプル y_i の算術平均で推定した方が，サンプル以外の新しいデータに対しての追従はよくなる（領域は大きすぎても適合性が悪くなる）。したがって，訓練用とテスト用とでデータを分ける，クロスバリデーションを行うような措置が必要になる。

　また，さらに積極的に過学習を防ぐために，$\alpha > 0$ として，訓練データから

$$\sum_{j=1}^{m} \sum_{i:x_i \in R_j} (y_i - \bar{y}_j)^2 + \alpha m \tag{7.3}$$

を最小にする $m \geq 1$ および $R_1, \ldots, R_m$ を決める方法がある（図7.2）。ここで，α の値は，クロスバリデーション (CV) で決める。たとえば，各 α で，90％のデータを訓練用として，(7.3) を最小とする決定木を求める。そして，残しておいた10％のテスト用データで性能を評価する。テスト用データの10％を入れ替えて，10回行って，その算術平均から1個の $\alpha > 0$ についての性能が求まる。この評価を種々の α について行い，最も性能のよい α を選ぶ。

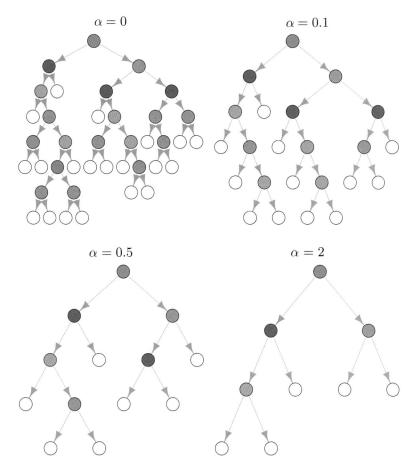

図7.2 パラメータ $\alpha = 0, 0.1, 0.5, 2$ で (7.3) を最小にする決定木。分岐において変数とその閾値をどのように選んだかを示している。変数名 j が -1 となっているのは，端点であることを示す。α の値が大きいほど，枝刈りが早い段階で行われ，端点の個数が少なくなっている。同じ色の頂点は，同じ変数によって分岐が行われている。

　さらに，各分岐点で何個の変数を用いるか，分岐を何通りにするかなどの自由度がある。たとえば，複数変数の線形和の値の正負のようなものまで含めると，組み合わせの数が多くなる。分岐の数は2個ではなく，分岐点ごとに最適な個数が存在する。また，本来は，各分岐点で分岐のために用いる変数をトップダウン的に決めても，最適な決定木は得られない。決定木のすべての頂点を同時にみて，最適な変数の組み合わせを選択する必要がある。そこで，最適解が得られないことがわかっていても，根から各端点までトップダウン的に，分岐に用いる変数を1個（X_j とする）とし，その変数がある値（N サンプル $x_{i,1}, \ldots, x_{N,j}$ のいずれか）以上か否かという閾値を定めることが多い。この他，ある頂点にサンプルが n_{min} 以上ないと，それ以上分割しないというルールを設定する場合が多い。

　以下では，サンプル $x_1, \ldots, x_N$ の部分集合 $x_i, i \in S$ が残っていて，これを2個の部分集合にさらに分割する場合，たとえば，以下のような処理によって，「X_j が $x_{i,j}$ 以上」というルールの中で最適な i, j を定める。この段階では，過学習は考慮していないが，

$$\sum_{k:x_{k,j}<x_{i,j}} (y_i - \bar{y}_{i,j}^L)^2 + \sum_{k:x_{k,j}\geq x_{i,j}} (y_i - \bar{y}_{i,j}^R)^2$$

を最小にする i,j を選んでいる。ただし，n_L, n_R をそれぞれ $x_{k,j} < x_{i,j}$ なる k の個数，$x_{k,j} \geq x_{i,j}$ なる k の個数として，$\bar{y}_{i,j}^L := (1/n_L)\displaystyle\sum_{k:x_{k,j}<x_{i,j}} y_k$，$\bar{y}_{i,j}^R := (1/n_R)\displaystyle\sum_{k:x_{k,j}\geq x_{i,j}} y_k$ とおいた。

　回帰の決定木に関しては，たとえば，下記のような処理を構成することができる。ただし，関数 branch の引数 f には，sq_loss などの損失尺度を適用する。また，分岐のために各 $k \in S$ が $x_{k,j} < x_{i,j}$ であれば左，$x_{k,j} \geq x_{i,j}$ であれば右というような i,j のうち，分岐前と分岐後で損失が最も減少するものを選んでいる。

```
1  def sq_loss(y):
2      if len(y)==0:
3          return 0
4      else:
5          y_bar=np.mean(y)
6          return np.linalg.norm(y-y_bar)**2
```

```
1  def branch(x,y,S,rf=0):
2      if rf==0:
3          m=x.shape[1]
4      if x.shape[0]==0:
5          return([0,0,0,0,0,0,0])
6      best_score=np.inf
7      for j in range(x.shape[1]):
8          for i in S:
9              left=[]; right=[]
10             for k in S:
11                 if x[k,j]<x[i,j]:
12                     left.append(k)
13                 else:
14                     right.append(k)
15             left_score=f(y[left]); right_score=f(y[right])
16             score=left_score+right_score
17             if score<best_score:
18                 best_score=score
19                 i_1=i; j_1=j
20                 left_1=left; right_1=right
21                 left_score_1=left_score; right_score_1=right_score
22     return [i_1,j_1,left_1,right_1,best_score,left_score_1,right_score_1]
```

　上記の処理では，すべてのサンプルを分岐の閾値の候補としているが，サンプル数 N が大きい場合，実行時間がかかるので，中央値を分岐点にするなど，現実的な計算量で処理が完了できるようにすることが多い。

　それでは，観測データから決定木を構成してみよう。まず，各分岐で枝を伸ばすべきか否かの判断が必要になる。たとえば，

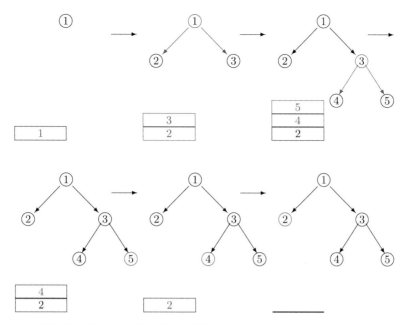

図 7.3 スタックを用いた決定木の生成。左上：最初にスタック 1 がおかれている。中上：スタック 1 が POP され，スタック 2,3 が PUSH される。右上：スタック 3 が POP され，スタック 4,5 が PUSH される。左下：スタック 5 が POP される。中下：スタック 4 が POP される。右下：スタック 2 が POP される。決定木で赤○が POP されたスタック，青い線が PUSH をあらわす。

1. 分岐に含まれるサンプルが n_{min} 未満の場合
2. 最適に分割したサンプル集合の一方が空集合の場合
3. 分割する前後での二乗誤差の差異が，事前に定めた値 $\alpha > 0$ 未満の場合

などで，分割を停止するなどである。3. は，分割をする前と後で，(7.3) の値の差が，(7.3) の第 1 項（二乗誤差）の差異から α を引いた値になることによる。

決定木を構成する場合，各頂点をリストで表現するとアルゴリズムが構成しやすい。以下では，内点（端点以外の頂点，根を含む）の場合，親ノード，左右の子ノード，どの変数によって分岐するか，その変数での閾値を属性として含んでいる。また，端点の場合，親ノード，そのノードでの決定を属性として含んでいる。以下の処理では，内点・端点ともそれら以外に，その頂点に到達した訓練データを属性として含んでいる。

ある頂点が内点になることが確定した段階で，将来の子になる頂点を，逐次スタックに積んでおく。そして，スタックの最上段にある情報を取り出し（POP，高さを 1 だけ下げる），枝を伸ばす必要がある場合に左右の情報をスタックとして積み上げる（PUSH，高さが 2 だけ上がる）。PUSH と POP の操作を，高さが 0 になるまで繰り返す（図 7.3）。スタックもリストの形式をとっていて，そのスタックを PUSH した親の頂点の情報を保有している。

```python
class Stack:
    def __init__(self,parent,set,score):
        self.parent=parent
        self.set=set
```

```
5        self.score=score
```

```
1  class Node:
2      def __init__(self,parent,j,th,set):
3          self.parent=parent
4          self.j=j
5          self.th=th
6          self.set=set
```

```
1  def dt(x,y,alpha=0,n_min=1,rf=0):
2      if rf==0:
3          m=x.shape[1]
4      # 1個からなるstackを構成。決定木を初期化
5      stack=[Stack(0,list(range(x.shape[0])),f(y))]   # 関数fは大域
6      node=[]
7      k=-1
8      # stackの最後の要素を取り出して，決定木を更新する
9      while len(stack)>0:
10         popped=stack.pop()
11         k=k+1
12         i,j,left,right,score,left_score,right_score=branch(x,y,popped.set,rf)
13         if popped.score-score<alpha or len(popped.set)<n_min or len(left)==0 or len(right)
    ==0:
14             node.append(Node(popped.parent,-1,0,popped.set))
15         else:
16             node.append(Node(popped.parent,j,x[i,j],popped.set))
17             stack.append(Stack(k,right,right_score))
18             stack.append(Stack(k,left,left_score))
19     # これより下でnode.left, node.rightの値を設定する
20     for h in range(k,-1,-1):
21         node[h].left=0; node[h].right=0;
22     for h in range(k,0,-1):
23         pa=node[h].parent
24         if node[pa].right==0:
25             node[pa].right=h
26         else:
27             node[pa].left=h
28     # これより下でnode.centerの値を計算する
29     if f==sq_loss:
30         g=np.mean
31     else:
32         g=mode_max
33     for h in range(k+1):
34         if node[h].j==-1:
35             node[h].center=g(y[node[h].set])
36         else:
37             node[h].center=0
```

```
38    return node
```

　node[0], node[1], ... は，内点であれば，左右の子の頂点の ID をリストの属性として保つ必要がある。この処理では，最後にその情報を付与している。子の頂点は親よりあとに，右の頂点は兄（左）よりあとに ID が付与されることを用いている。出力される node には，内点（端点以外の頂点）には分岐に用いた変数とその閾値が，端点には端点であることとそこに含まれるサンプル集合が情報として含まれている。また，根以外の頂点はその親ノードの ID を，端点以外の頂点は左右の子の頂点の ID を保有している。また，属性 j は，分岐のためにどの変数を用いたか（1 以上 p 以下の値）になるが，端点ではその値を 0 としている。端点では，その領域での決定（回帰であればその領域での平均，分類であればその領域で最も頻度の高いクラス）をリストの属性として保有する。

◆ 例 64（Boston）　Boston の住宅の平均価格（目的変数）を，他の 13 説明変数でどのように説明できるかに関するデータセット（サンプル数 $N = 506$）。$\alpha = 0$, $n.min = 50$ として，決定木を構成してみた（図 7.4）。処理は，下記コードによった。

```
1    from sklearn.datasets import load_boston
```

```
1    boston=load_boston()
2    X=boston.data
3    y=boston.target
4    f=sq_loss
5    node=dt(X,y,n_min=50)
6    len(node)
```

```
1    from igraph import *
```

```
1    r=len(node)
2    edge=[]
3    for h in range(1,r):
4        edge.append([node[h].parent,h])
5    TAB=[];
6    for h in range(r):
7        if not node[h].j==0:
8            TAB.append([h,node[h].j,node[h].th])
9    TAB
```

```
1    def draw_graph(node):
2        r=len(node)
3        col=[]
4        for h in range(r):
5            col.append(node[h].j)
6        colorlist=['#ffffff','#fff8ff','#fcf9ce','#d6fada','#d7ffff','#d9f2f8','#fac8be','#
```

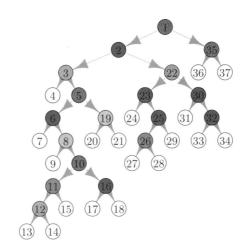

変数 ID	変数の意味		ノード ID	変数 ID	閾値
1	町ごとの一人あたりの犯罪率		0	5	6.943
2	宅地の比率が2.5万平方フィートを超える敷地に区画 (1,0)		1	12	14.43
3	町あたりの非小売業エーカーの割合		2	7	1.413
4	チャーリーズ川ダミー変数（川の境界 (1) か否 (0)）		4	5	6.546
5	一酸化窒素濃度（1000万分の1）		5	12	7.6
6	1住戸あたりの平均部屋数		7	9	223.0
7	1940年以前に建設された所有占有ユニットの年齢比率		9	5	6.083
8	五つのボストンの雇用センターまでの加重距離		10	6	69.5
9	ラジアルハイウェイへのアクセス可能性の指標		11	7	4.4986
10	10,000ドルあたりの税全額固定資産税率		15	12	10.15
11	生徒教師の比率		18	9	273.0
12	町における黒人の割合		22	4	0.538
13	人口あたり地位が低い率		24	12	19.01
目的	1,000ドルでの所有者居住住宅の中央値		25	6	85.7
変数			29	4	0.614
			31	12	19.77
			34	5	7.454

図 7.4　Bostonの住宅の平均価格がどのようにして決まるかについて，13個の説明変数を用いて決定木を構成している。左下は，その13個の変数のIDと変数名，右下は分岐する変数のIDとその閾値をあらわしている。

```
    ffebff','#ffffe0','#fdf5e6','#fac8be','#f8ecd5','#ee82ee']
7     color=[colorlist[col[i]] for i in range(r)]
8     edge=[]
9     for h in range(1,r):
10        edge.append([node[h].parent,h])
11        g=Graph(edges=edge,directed=True)
12        layout=g.layout_reingold_tilford(root=[0])
13    out=plot(g,vertex_size=15,layout=layout,bbox=(300,300),vertex_label=list(range(r)),
    vertex_color=color)
14    return out
```

```
1  draw_graph(node)
```

次に，(7.3) の評価式を用いた場合の最適な α を CV で求めてみたい．まず，下記の関数 value を構成すると，各 $x \in \mathbb{R}^p$ が属する領域 R_j での値が得られる．

```
1  def value(u,node):
2      r=0
3      while node[r].j!=-1:
4          if u[node[r].j]<node[r].th:
5              r=node[r].left
6          else:
7              r=node[r].right
8      return node[r].center
```

◆ **例 65** 10-fold CV で，Boston データセットに対して，最適な $0 \leq \alpha \leq 1.5$ を求める処理を行った（図 7.5 左）．実行は，下記のコードによった．実行に時間がかかるので，今回は最初の $N = 100$ データのみで実行した．

```
1  boston=load_boston()
2  n=100
3  X=boston.data[range(n),:]
4  y=boston.target[range(n)]
5  f=sq_loss
6  alpha_seq=np.arange(0,1.5,0.1)
7  s=np.int(n/10)
8  out=[]
```

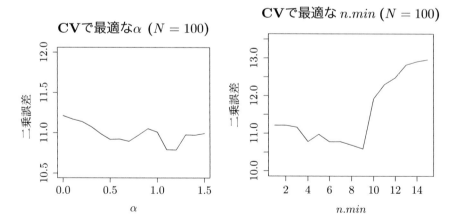

図 7.5 Boston データセットで CV を実行（最初の $N = 100$ サンプル）．α の値を変えながら CV の評価値を計算した（左）．必ずしも $\alpha = 0$ が最適になっていない．$1.0 \leq \alpha \leq 1.1$ で CV の値が最小になっている．また，$n.min$ を 1 から 12 まで変えながら CV の評価値を計算した（右）．$n.min = 9$ 程度が最適な値のように思える．

```
 9  for alpha in alpha_seq:
10      SS=0
11      for h in range(10):
12          test=list(range(h*s,h*s+s))
13          train=list(set(range(n))-set(test))
14          node=dt(X[train,:],y[train],alpha=alpha)
15          for t in test:
16              SS=SS+(y[t]-value(X[t,:],node))**2
17      print(SS/n)
18      out.append(SS/n)
19  plt.plot(alpha_seq,out)
20  plt.xlabel('alpha')
21  plt.ylabel('二乗誤差')
22  plt.title("CVで最適なalpha (N=100)")
```

```
 1  boston=load_boston()
 2  n=100
 3  X=boston.data[range(n),:]
 4  y=boston.target[range(n)]
 5  n_min_seq=np.arange(1,13,1)
 6  s=np.int(n/10)
 7  out=[]
 8  for n_min in n_min_seq:
 9      SS=0
10      for h in range(10):
11          test=list(range(h*s,h*s+s))
12          train=list(set(range(n))-set(test))
13          node=dt(X[train,:],y[train],n_min=n_min)
14          for t in test:
15              SS=SS+(y[t]-value(X[t,:],node))**2
16      print(SS/n)
17      out.append(SS/n)
18  plt.plot(n_min_seq,out)
19  plt.xlabel('n_min')
20  plt.ylabel('二乗誤差')
21  plt.title("CVで最適なn_min (N=100)")
```

同様の処理を，$1 \leq n.min \leq 15$ でも，CV で最適な値を求める処理を行った（図 7.5 右）。

7.2　分類の決定木

　分類の場合の決定木では，同じ端点に含まれるサンプルには同じクラスを割り当てる。このとき，その領域で最も可能性の高いクラスを選ぶと，誤り率が最小になる。そこで，p 個の説明変数の値から，$Y = 1, \ldots, K$ のいずれかの値に対応させる場合に，その同時確率 $f_{XY}(x, k)$ が与えられているときは，

$$\frac{\int_{R_j} f_{XY}(x,k)dx}{\sum_{h=1}^{K} \int_{R_j} f_{XY}(x,h)dx}$$

を最大にする k を $\bar{y}_j$ として，

$$x_i \in R_j \implies \hat{y}_i = \bar{y}_j$$

というルールを設定することによって，平均の誤り率

$$\sum_{k=1}^{K} \sum_{j=1}^{m} \int_{R_j} I(\bar{y}_j \neq k) f_{XY}(x,k)dx$$

を最小にする。ここで，$I(A)$ は条件 A が成立すれば 1，しなければ 0 になる関数とした。

実際には，$x_i \in R_j$ かつ $y_i = k$ となる i の中で頻度が最大の k を $\bar{y}_j$ とおくとき，

$$x_i \in R_j \implies \hat{y}_i = \bar{y}_j$$

という決定を行い

$$\sum_{j=1}^{m} \sum_{i:x_i \in R_j} I(y_i \neq \bar{y}_j) \tag{7.4}$$

を最小にするように，$m \geq 1$ および領域 $R_1, \ldots, R_m$ を決めざるを得ない。

分類の場合も，回帰の場合と同様，過学習が生じないよう注意する必要がある。たとえば，各領域に含まれるサンプルを 1 個にすれば，(7.4) の値は 0 になる。

この他，分類の決定木を生成する際に，どのような基準で分岐を行うかが重要である。(7.4) は，領域 R_j にクラス $Y = k$ が $n_{j,k}$ 個あるとすれば，$n_j = \sum_{k=1}^{K} n_{j,k}$ とおくとこの値は $\sum_{j=1}^{m} (n_j - \max_k n_{j,k})$ と書けるので，$\hat{p}_{j,k} := n_{j,k}/n_j$ と書くと，各領域 R_j で誤り率

$$E_j := 1 - \max_k \hat{p}_{j,k}$$

を最小にすればよいことになる。しかし，まだサンプル集合の分割の途中であって端点まで遠い場合，もしくは K の値が大きい場合，誤り率 E ではなく，Gini 指標

$$G_j := \sum_{k=1}^{K} \hat{p}_{j,k}(1 - \hat{p}_{j,k})$$

やエントロピー

$$D_j := -\sum_{k=1}^{K} \hat{p}_{j,k} \log \hat{p}_{j,k}$$

を最小化する場合もある。

分類の各分岐で E_j, G_j, D_j を基準に用いる場合，回帰の関数 sq_loss を下記のように変えれば，動作する。

```python
def freq(y):
    y=list(y)
    return [y.count(i) for i in set(y)]
```

```
1  # モード(最頻度)
2  def mode(y):
3      n=len(y)
4      if n==0:
5          return 0
6      return max(freq(y))
```

```
1  # 誤り率
2  def mis_match(y):
3      return len(y)-mode(y)
```

```
1  # Gini
2  def gini(y):
3      n=len(y)
4      if n==0:
5          return 0
6      fr=freq(y)
7      return sum([fr[i]*(n-fr[i]) for i in range(len(fr))])
```

```
1  # Entropy
2  def entropy(y):
3      n=len(y)
4      if n==0:
5          return 0
6      freq=[y.count(i) for i in set(y)]
7      return np.sum([-freq[i]*np.log (freq[i]/n) for i in range(len(freq))])
```

　　ここで，3 指標とも領域に含まれるサンプル数 n_j を掛けた値にしている。これは，分割前の 1 領域の指標と分割後の 2 領域の各指標の和を比較するためのものである。

◆ 例 66（Fisher のあやめ）　Fisher のあやめのデータセット ($N = 150, p = 4$) について，誤り率，Gini，エントロピーでどのような決定木を生成するかを比較してみた（図 7.6，この実験では，訓練のために用いたデータでテストを評価していて，過学習を許容している）。誤り率は，初期段階から最頻のクラスとそれ以外のクラスを識別できる変数を，分岐のために選択している。他方，Gini とエントロピーは，すべてのクラスをみて，そのあいまい度を最小にするように，木を選んでいる（図 7.7）。処理の実行は，下記コードによった ($n.min = 4, \alpha = 0$)。

```
1  def table_count(m,u,v):     # 再掲
2      n=u.shape[0]
3      count=np.zeros([m,m])
4      for i in range(n):
5          count[int(u[i]),int(v[i])]+=1
6      return count
```

Fisherのあやめ

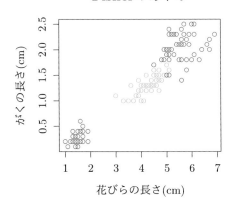

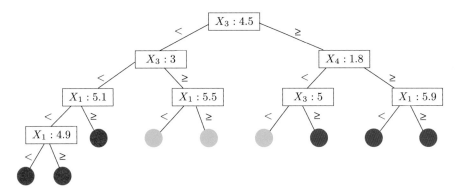

図 7.6 赤○がヒオウギアヤメ (Iris setosa)，青○がバージニアアヤメ (Iris virginica)，緑○が紫アヤ メ (Iris versicolor)。バージニアと紫のサンプルがオーバーラップしている（上）。150 個すべ てのデータを用いて，$n.min = 20$ で木を生成すると，8 個の内点と 9 個の端点が生成された （下）。

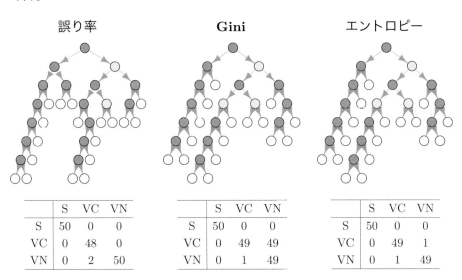

	S	VC	VN
S	50	0	0
VC	0	48	0
VN	0	2	50

	S	VC	VN
S	50	0	0
VC	0	49	49
VN	0	1	49

	S	VC	VN
S	50	0	0
VC	0	49	1
VN	0	1	49

図 7.7 分類の決定木の生成。"S"，"VC"，"VN" でそれぞれ "Setosa"，"Versicolor"，"Virginica" を あらわす。例 66 にしたがって，誤り率，Gini，エントロピーでどのような決定木を生成する かを比較した。Gini とエントロピーは似たような決定木を生成した。

```
1  def mode_max(y):
2      if len(y)==0:
3          return -np.inf
4      count=np.bincount(y)
5      return np.argmax(count)
```

```
1  from sklearn.datasets import load_iris
```

```
1   iris=load_iris()
2   iris.target_names
3   f=mis_match
4   x=iris.data
5   y=iris.target
6   n=len(x)
7   node=dt(x,y,n_min=4)
8   m=len(node)
9   u=[]; v=[]
10  for h in range(m):
11      if node[h].j==-1:
12          w=y[node[h].set]
13          u.extend([node[h].center]*len(w))
14          v.extend(w)
15  table_count(3,np.array(u),np.array(v))
```

```
1  draw_graph(node)
```

分類の場合も，回帰と同様にクロスバリデーションで最適な木を選択することができる．たとえ
ば，下記のようなコードを実行すればよい．

```
1   iris=load_iris()
2   iris.target_names
3   f=mis_match
4   index=np.random.choice(n,n,replace=False) # 並び替える
5   X=iris.data[index,:]
6   y=iris.target[index]
7   n_min_seq=np.arange(5,51,5)
8   s=15
9   for n_min in n_min_seq:
10      SS=0
11      for h in range(10):
12          test=list(range(h*s,h*s+s))
13          train=list(set(range(n))-set(test))
14          node=dt(X[train,:],y[train],n_min=n_min)
15          for t in test:
```

```
16              SS=SS+np.sum(y[t]!=value(X[t,:],node))
17      print(SS/n)
```

```
0.08666666666666667
0.08
0.07333333333333333
0.08
0.08
0.08
0.08
0.08
0.08
0.08
```

しかし，実際に新しいデータに対しての誤り率（予測性能）を評価してみると，思ったほどの性能が出ない（正答率90％程度）。将来のデータに対しての分類の誤り率を低くする目的であれば，K近傍法（第2章），ロジスティック回帰（第2章），サポートベクトルマシン（第8章）などを用いたほうがよい。ただ，これまでの一般化で，複数の決定木を発生させる方法（ランダムフォレスト，ブースティング）では，かなりの性能がのぞめる。それらは，本章の後半で述べる。

7.3 バギング

バギング (Bagging) は，ブートストラップと同様の考えを決定木の生成に適用したものである。同じデータフレームから同じ行数をランダムに選び（重複を許す），それを用いて木を生成する。この操作を B 回繰り返して，決定木 $\hat{f}_1, \ldots, \hat{f}_B$ を得る。それぞれ回帰または分類を行う関数の形式をとり，回帰であれば実数値の出力，分類であれば事前に用意した有限個のいずれかの値をとるものとする。そして，新しい入力 $x \in \mathbb{R}^p$ について，その出力 $\hat{f}_1(x), \ldots, \hat{f}(x)$ が得られるが，回帰であればそれらの算術平均，分類であれば B 個の中で頻度の最も多かった値とする。そのような処理をバギングとよぶ。

そもそも，決定木をサンプル $(x_1, y_1), \ldots, (x_N, y_N)$ から生成した場合と，同じ分布から発生した別のサンプル $(x'_1, y'_1), \ldots, (x'_N, y'_N)$ から生成した場合とで，まったく別の決定木が生成されることが実際上は多い。そのため，生成された決定木を用いて新しいデータを処理する場合（回帰，分類とも），その決定木が不安定であるため，（新しいデータに対して）得られる結果も信頼性に欠けることが多い。そのために，複数個のデータフレームを生成して，それに対応する決定木を生成して，その複数の決定木の合議制で，解を求めることが考案された。

◆ 例 67　図 7.8 は，データフレームを実際にサンプリングして，それぞれに対しての決定木を生成したもので，下記コードを利用した。

```
1   n=200
2   p=5
3   X=np.random.randn(n,p)
```

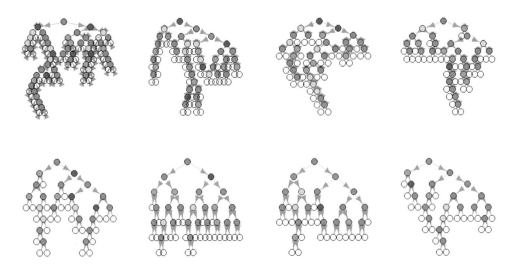

図 7.8　1 個のデータフレームからデータをサンプリングして，それぞれのデータフレームについて決定木を生成した。それぞれの決定木は同様の関数にはなるが，選択された変数が大きく異なることもある。このような木を大量に発生させて，回帰であればその平均の出力，分類であれば最頻のクラスを出力にする。

```
4  beta=randn(p)
5  Y=np.array(np.abs(np.dot(X,beta)+randn(n)),dtype=np.int64)
6  f=mis_match
7  node_seq=[]
8  for h in range(8):
9      index=np.random.choice(n,n,replace=True) # 並び替える
10     x=X[index,:]
11     y=Y[index]
12     node_seq.append(dt(x,y,n_min=6))
```

```
1  draw_graph(node_seq[0])
```

```
1  draw_graph(node_seq[1])
```

7.4　ランダムフォレスト

　バギングは，生成される決定木のばらつきを抑える役割があるが，生成された決定木の相関性が強く，本来の目的を十分には達成していない。そこで，ランダムフォレスト (random forest) という改良版が考案された。バギングとの相違は，決定木の分岐で用いる変数の候補を p 変数すべてではなく，m 変数に限定し，その m 変数を毎回ランダムに選び，その中から最適な変数を選択する，という点である。理論的な考察は本書の範囲を超えるが，$m = \sqrt{p}$ 程度の大きさのものがよく用いられている。

これまで構築してきた処理を用いると，関数 branch の一部を変更する（一般化する）だけで実現できることがわかる。デフォルトの $m=p$ という状況では，バギングと同じように動作し，これまでの処理も動作する。

```python
def branch(x,y,S,rf=0):                                    ##
    if rf==0:                                              ##
        T=np.arange(x.shape[1])                            ##
    else:                                                  ##
        T=np.random.choice(x.shape[1],rf,replace=False)    ##
    if x.shape[0]==0:
        return [0,0,0,0,0,0,0]
    best_score=np.inf
    for j in T:                                            ##
        for i in S:
            left=[]; right=[]
            for k in S:
                if x[k,j]<x[i,j]:
                    left.append(k)
                else:
                    right.append(k)
            left_score=f(y[left]); right_score=f(y[right])
            score=left_score+right_score
            if score<best_score:
                best_score=score
                i_1=i; j_1=j
                left_1=left; right_1=right
                left_score_1=left_score; right_score_1=right_score
    return [i_1,j_1,left_1,right_1,best_score,left_score_1,right_score_1]
```

Fisher のあやめデータセットについて，1回だけ決定木を生成した場合には，予測性能は非常に低かった。ランダムフォレストの場合，上記の関数 branch で毎回 $m \leq p$ 個の変数の中から選ぶ必要があった。しかし，このことがバギングの場合と比較して，ばらつきの大きな木の集合を生成することになって，予測性能を大幅に向上させることになる。

◆ **例 68** あやめの 100 個の訓練データで木を学習させ，50 個のテストデータで性能を評価する。実験の途中では，150 個のデータについて訓練データ・テストデータの役割は変えない。毎回の木 $b=1,\dots,B$ を発生させ，i 番目のテストデータ分類の結果を z[b,i] に格納する。b 個までの木での多数決の結果を 2 次元配列 zz[b,i]，その正解数を zzz[b] に格納して，大きさ B の配列を出力する関数 rf を定義する。

```python
def rf(z):
    z=np.array(z,dtype=np.int64)
    zz=[]
    for b in range(B):
        u=sum([mode_max(z[range(b+1),i])==y[i+100] for i in range(50)])
        zz.append(u)
```

```
7       return zz
```

そして，下記のプログラムを実行した。

```
1   iris=load_iris()
2   iris.target_names
3   f=mis_match
4   n=iris.data.shape[0]
5   order=np.random.choice(n,n,replace=False) # 並び替える
6   X=iris.data[order,:]
7   y=iris.target[order]
8   train=list(range(100))
9   test=list(range(100,150))
10  B=100
11  plt.ylim([35,55])
12  m_seq=[1,2,3,4]
13  c_seq=["r","b","g","y"]
14  label_seq=['m=1','m=2','m=3','m=4']
15  plt.xlabel('繰り返し数 b')
16  plt.ylabel('テスト50データでの正答数')
17  plt.title('ランダムフォレスト')
18  for m in m_seq:
19      z=np.zeros((B,50))
20      for b in range(B):
21          index=np.random.choice(train,100,replace=True)
22          node=dt(X[index,:],y[index],n_min=2,rf=m)
23          for i in test:
24              z[b,i-100]=value(X[i,],node)
25      plt.plot(list(range(B)),np.array(rf(z))-0.2*(m-2),label=label_seq[m-1],linewidth=0.8,c=
    c_seq[m-1])
26  plt.legend(loc='lower right')
27  plt.axhline(y=50,c="b",linewidth=0.5,linestyle="dashed")
```

その結果を図7.9に示す。すべての変数が利用可能な $m = 4$（バギング）が有利であるように思われるが，実際にやってみると，$m = 3$ のほうが誤り率が低く，$m = 4$ と $m = 2$ と同程度の性能になっている。

　バギングの場合，似たような木ばかりが生成されて類似の決定を行う決定木ばかりが生成される。ランダムフォレストでは，ある確率で，支配的である変数を使わないで分岐を行うので，バギングとは異なる木がたびたび発生して，多面的な決定を行うことになる。それが，ランダムフォレストのメリットである。

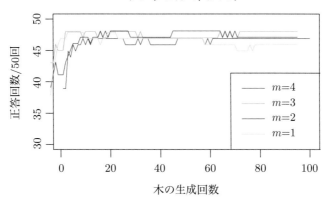

図 **7.9**　ランダムフォレストを，あやめデータセットに適用した。少ない決定木で決定を行っていたときは，$m=4$（バギング）でも誤り率が大きかった。生成する木の個数が増えてくると誤り率が改善し，$m=3$の正答率が最も高く，$m=2$がその次だった。上下に 0.1 ずつずらして，線が重ならないようにしている。

7.5　ブースティング

　ブースティングの概念は広いが，決定木を用いる方法のみに限定する。以下では，訓練データの目的変数の値にあうように，目的変数の各値を $y \in \mathbb{R}^N$ として，$r = y$ とおく。また，適当な $\lambda > 0$ を用意し，分岐の個数 d（端点の個数 $d+1$）を制限して，以下のように木を逐次的に生成する。$[\hat{f}_1(x_1), \ldots, \hat{f}_1(x_N)]^T$ が r に近くなるように，木 $\hat{f}_1$ を生成する（関数とみなせる）。そして，

$$r_1 = r_1 - \lambda\hat{f}_1(x_1), \ldots, r_N = r_N - \hat{f}_1(x_N)$$

というように r を更新する。これを繰り返し，$[\hat{f}_B(x_1), \ldots, \hat{f}_B(x_N)]^T$ が r に近くなるように最後に木 $\hat{f}_B$ を生成し，

$$r_1 = r_1 - \lambda\hat{f}_B(x_1), \ldots, r_N = r_N - \hat{f}_B(x_N)$$

まで行う。ここで，$r \in \mathbb{R}^N$ の値は，木の生成が進むにつれて変化してくる。そのときの r に応じて木が生成される。そして，得られた $\hat{f}_1, \ldots, \hat{f}_B$ を用いて，最終的な関数

$$\hat{f}(\cdot) = \lambda\sum_{b=1}^{B}\hat{f}_b(\cdot)$$

が得られる。

　まず，内点の個数 d（端点が $d+1$ 個）を与え，その条件で適当な木を生成する処理 b.dt を構成した。処理は，関数 dt とほぼ同様である。内点の個数 d（もしくは頂点の個数 $2d+1$）が事前に決まっている（関数 b_dt の各行のうち，関数 dt と異なる行に#を記した）。そのために，分岐する前後での誤差の差異が最も大きな頂点から分岐をしていき，頂点数が $2d+1$ になったら，処理を停止している。

```
1   def b_dt(x,y,d):
2       n=x.shape[0]
3       node=[]
4       first=Node(0,-1,0,np.arange(n))
5       first.score=f(y[first.set])
6       node.append(first)
7       while len(node)<=2*d-1:
8           r=len(node)                                                    #
9           gain_max=-np.inf                                               #
10          for h in range(r):                                             #
11              if node[h].j==-1:                                          #
12                  i,j,left,right,score,left_score,right_score=branch(x,y,node[h].set)  #
13                  gain=node[h].score-score                               #
14                  if gain>gain_max:                                      #
15                      gain_max=gain                                      #
16                      h_max=h                                            #
17                      i_0=i; j_0=j                                       #
18                      left_0=left; right_0=right                         #
19                      left_score_0=left_score; right_score_0=right_score #
20          node[h_max].th=x[i_0,j_0]; node[h_max].j=j_0
21          next=Node(h_max,-1,0,left_0)
22          next.score=f(y[next.set]); node.append(next)
23          next=Node(h_max,-1,0,right_0)
24          next.score=f(y[next.set]); node.append(next)
25      r=2*d+1
26      for h in range(r):
27          node[h].left=0; node[h].right=0
28      for h in range(r-1,1,-1):
29          pa=node[h].parent
30          if node[pa].right==0:
31              node[pa].right=h
32          else:
33              node[pa].left=h
34          if node[h].right==0 and node[h].left==0:
35              node[h].j=-1
36      if f==sq_loss:
37          g=np.mean
38      else:
39          g=mode_max
40      for h in range(r):
41          if node[h].j==-1:
42              node[h].center=g(node[h].set)
43  # これより下でnode.left, node.rightの値を設定する
44      for h in range(r-1,-1,-1):
45          node[h].left=0; node[h].right=0;
46      for h in range(r-1,0,-1):
47          pa=node[h].parent
```

```
48        if node[pa].right==0:
49            node[pa].right=h
50        else:
51            node[pa].left=h
52 # これより下でnode.centerの値を計算する
53    if f==sq_loss:
54        g=np.mean
55    else:
56        g=mode_max
57    for h in range(r):
58        if node[h].j==-1:
59            node[h].center=g(y[node[h].set])
60        else:
61            node[h].center=0
62    return node
```

パラメータ d, B, λ の選び方については，d は 1 または 2 が最適とされる。

◆ **例 69** パラメータ B, λ に関しては，本来クロスバリデーションになどで最適なものに決める必要があるが，Python による実装なので，下記では $B = 200$, $\lambda = 0.1$ で実行した。

```
1  boston=load_boston()
2  B=200
3  lam=0.1
4  X=boston.data
5  y=boston.target
6  f=sq_loss
7  train=list(range(200))
8  test=list(range(200,300))
9  # ブースティングの木をB個生成
10 # 各dで5分程度, 合計15分程度かかります
11 trees_set=[]
12 for d in range(1,4):
13     trees=[]
14     r=y[train]
15     for b in range(B):
16         trees.append(b_dt(X[train,:],r,d))
17         for i in train:
18             r[i]=r[i]-lam*value(X[i,:],trees[b])
19         print(b)
20     trees_set.append(trees)
```

```
1  # テストデータで評価
2  out_set=[]
3  for d in range(1,4):
4      trees=trees_set[d-1]
5      z=np.zeros((B,600))
```

```
6        for i in test:
7            z[0,i]=lam*value(X[i,],trees[0])
8            for b in range(1,B):
9                for i in test:
10                    z[b,i]=z[b-1,i]+lam*value(X[i,:],trees[b])
11        out=[]
12        for b in range(B):
13            out.append(sum((y[test]-z[b,test])**2)/len(test))
14        out_set.append(out)
```

```
1    # グラフで表示
2    plt.ylim([0,40])
3    c_seq=["r","b","g"]
4    label_seq=['d=1','d=2','d=3']
5    plt.xlabel('生成した木の個数')
6    plt.ylabel('テストデータでの二乗誤差')
7    plt.title('本書のプログラム (lambda=0.1)')
8    for d in range(1,4):
9        out=out_set[d-1]
10       u=range(20,100)
11       v=out[20:100];
12       plt.plot(u,v,label=label_seq[d-1],linewidth=0.8,c=c_seq[d-1])
13   plt.legend(loc='upper right')
```

$d = 1, 2, 3,\ b = 1, \ldots, B$ で，テストデータでの二乗誤差が変化したかを図7.10左に示した。

勾配 (gradient) ブースティングは，本質的には，上記の処理を行っている。実際の処理では，Python では lightgbm パッケージがよく用いられている。数千の木を生成するので，高速のための

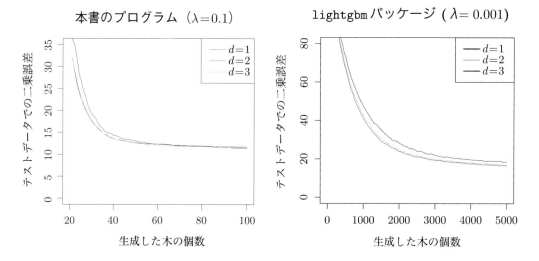

図 **7.10**　ブースティングを，本書のプログラムで $\lambda = 0.1$ で実行したもの（左）と lightgbm パッケージで実行したもの ($\lambda = 0.001$)。λ が小さいほど精度のよい結果が得られるが，多くの木を生成する必要がある。

工夫がなされている。

◆ **例 70** $\lambda = 0.01$, $B = 5000$, $d = 0, 1, 2, 3$ として，勾配ブースティングのパッケージ lightggbm を用いて，Boston データセットでテストデータでの二乗誤差の推移を表示させた（図 7.10 右）。$\lambda = 0.1$ の場合と比べて，B が大きくないと収束しない。しかし，より精度のよい予測ができる。このパッケージは十分な速度が出るので，$\lambda = 0.001$（デフォルト）で $B = 5000$ くらいでも，実用的な時間で処理が完了した。

```
import lightgbm as lgb
```

```
boston=load_boston()
X=boston.data
y=boston.target
train=list(range(200))
test=list(range(200,300))
B=200
lgb_train=lgb.Dataset(X[train,:],y[train])
lgb_eval=lgb.Dataset(X[test,:],y[test],reference=lgb_train)
B=5000
nn_seq=list(range(1,10,1))+list(range(10,91,10))+list(range(100,B,50))
out_set=[]
for d in range(1,4):
    lgbm_params={
        'objective': 'regression',
        'metric': 'rmse',
        'num_leaves': d+1,
        'learning_rate': 0.001
    }
    out=[]
    for nn in nn_seq:
        model=lgb.train(lgbm_params,lgb_train,valid_sets=lgb_eval,verbose_eval=False,
num_boost_round=nn)
        z=model.predict(X[test,:],num_iteration=model.best_iteration)
        out.append(sum((z-y[test])**2)/100)
    out_set.append(out)
```

```
# グラフで表示
plt.ylim([0,80])
c_seq=["r","b","g"]
label_seq=['d=1','d=2','d=3']
plt.xlabel('生成した木の個数')
plt.ylabel('テストデータでの二乗誤差')
plt.title('lightgbmパッケージ (lambda=0.001)')
for d in range(1,4):
    out=out_set[d-1]
    u=range(20,100)
```

```
11      v=out[20:100];
12      plt.plot(u,v,label=label_seq[d-1],linewidth=0.8,c=c_seq[d-1])
13  plt.legend(loc='upper right')
```

　本章では，ランダムフォレストやブースティングの内部動作を理解するためにソースプログラムから処理を構築しているが，実際のデータ分析では，lightgbm のようなパッケージを使うことになる。

問題 69〜74

□ **69** 下記の関数を Python で記述せよ。いずれも入力 y はベクトルであるとする。

(a) ベクトル y の算術平均とそれぞれの値との差の二乗和 sq_loss

(b) ベクトル y の最頻値と y のそれぞれの値とで一致していない個数 mis_match

□ **70** 決定木を構成するために下記の関数 branch を構成した。行列 x とベクトル y, それぞれの行の部分集合 S を入力し, 損失の (左右の) 和を最小とする S の分割を見出す処理である。ただし, f は大域的に定義された関数であるとする。空欄をうめて処理を実行せよ。

```python
def sq_loss(y):
    if len(y)==0:
        return 0
    else:
        y_bar=np.mean(y)
        return np.linalg.norm(y-y_bar)**2
```

```python
def branch(x,y,S,rf=0):
    if rf==0:
        m=x.shape[1]
    if x.shape[0]==0:
        return [0,0,0,0,0,0,0]
    best_score=np.inf
    for j in range(x.shape[1]):
        for i in S:
            left=[]; right=[]
            for k in S:
                if x[k,j]<x[i,j]:
                    left.append(k)
                else:
                    # 空欄(1) #
            left_score=f(y[left]); right_score=f(y[right])
            score=# 空欄(2) #
            if score<best_score:
                best_score=score
                i_1=i; j_1=j
                left_1=left; right_1=right
                left_score_1=left_score; right_score_1=right_score
    return [i_1,j_1,left_1,right_1,best_score,left_score_1,right_score_1]
```

```python
f=sq_loss
n=100; p=5
```

```
3   x=randn(n,p)
4   y=randn(n)
5   S=np.random.choice(n,10,replace=False)
6   branch(x,y,S)
```

□ **71** 下記は，関数 branch と損失関数を用いて決定木を構成する処理である。Fisher のすみれ
のデータセットで $n.min = 5$, $\alpha = 0$ で実行し，決定木を出力せよ。

```
1   class Stack:
2       def __init__(self,parent,set,score):
3           self.parent=parent
4           self.set=set
5           self.score=score
```

```
1   class Node:
2       def __init__(self,parent,j,th,set):
3           self.parent=parent
4           self.j=j
5           self.th=th
6           self.set=set
```

```
1   def dt(x,y,alpha=0,n_min=1,rf=0):
2       if rf==0:
3           m=x.shape[1]
4       # 1個からなるstackを構成。決定木を初期化
5       stack=[Stack(0,list(range(x.shape[0])),f(y))]   # 関数fは大域
6       node=[]
7       k=-1
8       # stackの最後の要素を取り出して，決定木を更新する
9       while len(stack)>0:
10          popped=stack.pop()
11          k=k+1
12          i,j,left,right,score,left_score,right_score=branch(x,y,popped.set,rf)
13          if popped.score-score<alpha or len(popped.set)<n_min or len(left)==0 or
    len(right)==0:
14              node.append(Node(popped.parent,-1,0,popped.set))
15          else:
16              node.append(Node(popped.parent,j,x[i,j],popped.set))
17              stack.append(Stack(k,right,right_score))
18              stack.append(Stack(k,left,left_score))
19      # これより下でnode.left, node.rightの値を設定する
20      for h in range(k,-1,-1):
21          node[h].left=0; node[h].right=0;
22      for h in range(k,0,-1):
23          pa=node[h].parent
```

```
24        if node[pa].right==0:
25            node[pa].right=h
26        else:
27            node[pa].left=h
28    # これより下でnode.centerの値を計算する
29    if f==sq_loss:
30        g=np.mean
31    else:
32        g=mode_max
33    for h in range(k+1):
34        if node[h].j==-1:
35            node[h].center=g(y[node[h].set])
36        else:
37            node[h].center=0
38    return node
```

ただし，上記の処理の出力が node であった場合の決定木は，下記で得られる。

```
1  from igraph import *
```

```
1  def draw_graph(node):
2      r=len(node)
3      col=[]
4      for h in range(r):
5          col.append(node[h].j)
6      colorlist=['#ffffff','#fff8ff','#fcf9ce','#d6fada','#d7ffff','#d9f2f8','#fac8be','#ffebff','#ffffe0','#fdf5e6','#fac8be','#f8ecd5','#ee82ee']
7      color=[colorlist[col[i]] for i in range(r)]
8      edge=[]
9      for h in range(1,r):
10         edge.append([node[h].parent,h])
11         g=Graph(edges=edge,directed=True)
12         layout=g.layout_reingold_tilford(root=[0])
13     out=plot(g,vertex_size=15,layout=layout,bbox=(300,300),vertex_label=list(range(r)),vertex_color=color)
14     return out
```

```
1  draw_graph(node)
```

☐ **72** Boston データセットについて，10-fold クロスバリデーションで，最適な $0 \le \alpha \le 1.5$ を求める処理を行った。下記の各空欄に train または test のいずれかを入れて，処理を実行せよ。

```
1  def value(u,node):
2      r=0
```

```
3    while node[r].j!=-1:
4        if u[node[r].j]<node[r].th:
5            r=node[r].left
6        else:
7            r=node[r].right
8    return node[r].center
```

```
1   boston=load_boston()
2   n=100
3   X=boston.data[range(n),:]
4   y=boston.target[range(n)]
5   f=sq_loss
6   alpha_seq=np.arange(0,1.5,0.1)
7   s=np.int(n/10)
8   out=[]
9   for alpha in alpha_seq:
10      SS=0
11      for h in range(10):
12          test=list(range(h*s,h*s+s))
13          train=list(set(range(n))-set(test))
14          node=dt(X[train,:],y[train],alpha=alpha)
15          for t in test:
16              SS=SS+(y[t]-value(X[t,:],node))**2
17      print(SS/n)
18      out.append(SS/n)
19  plt.plot(alpha_seq,out)
20  plt.xlabel('alpha')
21  plt.ylabel('二乗誤差')
22  plt.title("CVで最適なalpha (N=100)")
```

```
1   boston=load_boston()
2   n=100
3   X=boston.data[range(n),:]
4   y=boston.target[range(n)]
5   n_min_seq=np.arange(1,13,1)
6   s=np.int(n/10)
7   out=[]
8   for n_min in n_min_seq:
9       SS=0
10      for h in range(10):
11          # 空欄 #=list(range(h*s,h*s+s))
12          # 空欄 #=list(set(range(n))-set(# 空欄 #))
13          node=dt(X[# 空欄 #,:],y[# 空欄 #],n_min=n_min)
14          for t in # 空欄 #:
15              SS=SS+(y[t]-value(X[t,:],node))**2
16      print(SS/n)
17      out.append(SS/n)
```

```
18  plt.plot(n_min_seq,out)
19  plt.xlabel('n_min')
20  plt.ylabel('二乗誤差')
21  plt.title("CVで最適なn_min (N=100)")
```

☐ **73** 関数 branch を修正して，ランダムフォレストの処理を構成したい．空欄をうめて，続く
処理を順次実行せよ．

```
1   def branch(x,y,S,rf=0):                                     ##
2       if rf==0:                                               ##
3           T=# 空欄(1) #                                        ##
4       else:                                                   ##
5           T=# 空欄(2) #
6       if x.shape[0]==0:
7           return [0,0,0,0,0,0,0]
8       best_score=np.inf
9       for j in T:                                             ##
10          for i in S:
11              left=[]; right=[]
12              for k in S:
13                  if x[k,j]<x[i,j]:
14                      left.append(k)
15                  else:
16                      right.append(k)
17              left_score=f(y[left]); right_score=f(y[right])
18              score=left_score+right_score
19              if score<best_score:
20                  best_score=score
21                  i_1=i; j_1=j
22                  left_1=left; right_1=right
23                  left_score_1=left_score; right_score_1=right_score
24      return [i_1,j_1,left_1,right_1,best_score,left_score_1,right_score_1]
```

```
1   def rf(z):
2       z=np.array(z,dtype=np.int64)
3       zz=[]
4       for b in range(B):
5           u=sum([mode_max(z[range(b+1),i])==y[i+100] for i in range(50)])
6           zz.append(u)
7       return zz
```

```
1   iris=load_iris()
2   iris.target_names
3   f=mis_match
4   n=iris.data.shape[0]
```

```
 5   order=np.random.choice(n,n,replace=False) # 並び替える
 6   X=iris.data[order,:]
 7   y=iris.target[order]
 8   train=list(range(100))
 9   test=list(range(100,150))
10   B=100
11   plt.ylim([35,55])
12   m_seq=[1,2,3,4]
13   c_seq=["r","b","g","y"]
14   label_seq=['m=1','m=2','m=3','m=4']
15   plt.xlabel('繰り返し数 b')
16   plt.ylabel('テスト50データでの正答数')
17   plt.title('ランダムフォレスト')
18   for m in m_seq:
19       z=np.zeros((B,50))
20       for b in range(B):
21           index=np.random.choice(train,100,replace=True)
22           node=dt(X[index,:],y[index],n_min=2,rf=m)
23           for i in test:
24               z[b,i-100]=value(X[i,],node)
25       plt.plot(list(range(B)),np.array(rf(z))-0.2*(m-2),label=label_seq[m-1],
           linewidth=0.8,c=c_seq[m-1])
26   plt.legend(loc='lower right')
27   plt.axhline(y=50,c="b",linewidth=0.5,linestyle="dashed")
```

□ **74**　以下の処理は，Boston データセットについて，`lightgbm` パッケージを用いて，ブース
ティングの処理を実行したものである。`lightgbm` パッケージの仕様をしらべて，空欄を
うめて，グラフを描け。

```
 1   import lightgbm as lgb
```

```
 1   boston=load_boston()
 2   X=boston.data
 3   y=boston.target
 4   train=list(range(200))
 5   test=list(range(200,300))
 6   B=200
 7   lgb_train=lgb.Dataset(X[train,:],y[train])
 8   lgb_eval=lgb.Dataset(X[test,:],y[test],reference=lgb_train)
 9   B=5000
10   nn_seq=list(range(1,10,1))+list(range(10,91,10))+list(range(100,B,50))
11   out_set=[]
12   for d in range(1,4):
13       lgbm_params={
14           'objective': 'regression',
```

```
15              'metric': 'rmse',
16              'num_leaves': # 空欄(1) #,
17              'learning_rate': 0.001
18        }
19        out=[]
20        for nn in nn_seq:
21            model=lgb.train(lgbm_params,lgb_train,valid_sets=lgb_eval,verbose_eval=
          False,num_boost_round=# 空欄(2) #)
22            z=model.predict(X[test,:],num_iteration=model.best_iteration)
23            out.append(sum((z-y[test])**2)/100)
24        out_set.append(out)
```

```
1   # グラフで表示
2   plt.ylim([0,80])
3   c_seq=["r","b","g"]
4   label_seq=['d=1','d=2','d=3']
5   plt.xlabel('生成した木の個数')
6   plt.ylabel('テストデータでの二乗誤差')
7   plt.title('lightgbmパッケージ (lambda=0.001)')
8   for d in range(1,4):
9       out=out_set[d-1]
10      u=range(20,100)
11      v=out[20:100];
12      plt.plot(u,v,label=label_seq[d-1],linewidth=0.8,c=c_seq[d-1])
13  plt.legend(loc='upper right')
```

第**8**章　サポートベクトルマシン

　サポートベクトルマシンは，$y_i = \pm 1$ のサンプル $(x_1, y_1), \ldots, (x_N, y_N)$ が与えられた
ときに，x_i と境界の距離の $i = 1, \ldots, N$ の最小値を最大にする分類の方法である。この
概念は，$y_i = 1$ となるサンプルと $y_i = -1$ となるサンプルがある平面で分離されていな
い場合にも一般化される。そして，内積ではない一般のカーネルを用いることによって，
境界が平面ではない場合にも定式化がなされ，その最適値を求めることができる。また，
理論の説明としては，$K = 2$ クラスの場合のみを行うが，一般の K クラスの場合にも，
回帰の場合にも適用される。

8.1　最適な境界

　以下では，クラス数 K が 2 であって，$y_1, \ldots, y_N = \pm 1$ の値をとるものとする。

命題 23　$(x, y) \in \mathbb{R}^2$ と平面 $l : aX + bY + c = 0$, $a, b \in \mathbb{R}$ の距離は，

$$\frac{|ax + by + c|}{\sqrt{a^2 + b^2}}$$

で与えられる。

　証明は，章末の付録を参照。

　この公式は $p = 2$ 次元の場合だが，一般の p 次元の場合，$x \in \mathbb{R}^p$（行ベクトル）と平面
$\beta_0 + \beta_1 X_1 + \cdots + \beta_p X_p = 0$ の距離は，$x = [x_1, \ldots, x_p]$ として

$$d(x) := \frac{|\beta_0 + x_1 \beta_1 + \cdots + x_p \beta_p|}{\sqrt{\beta_1^2 + \cdots + \beta_p^2}}$$

となる。特に，$\|\beta\|_2 = 1$ となるように，$\beta_0 \in \mathbb{R}$, $\beta = [\beta_1, \ldots, \beta_p]^T \in \mathbb{R}^p$ を同じ定数で割って正
規化すると，

$$d(x) = |\beta_0 + x_1 \beta_1 + \cdots + x_p \beta_p|$$

と書ける。以下では，

$$y_1(\beta_0 + x_1 \beta), \ldots, y_N(\beta_0 + x_N \beta) \geq 0$$

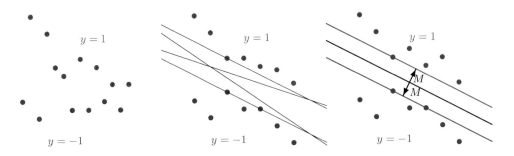

図8.1 左：サンプルが平面によって分離可能でない場合。中央：サンプルが平面によって分離可能な場合，その境界は無数にある。右：両者の間にサンプルが含まれないような平行な面（赤，青）を引き，両者の距離（M の2倍）が最大になるようにする。その中間の面（黒）が境界となる。赤の上の1サンプルと，青の上の2サンプルが，境界となる平面を決定づけ，それ以外のサンプルは，境界の決定に関与しない。

が成立するような β_0, β が存在するとき，そのサンプルは（平面によって）分離可能であるという（図8.1）。サンプルが分離可能のとき，$y_i = \pm 1$ のサンプルを分離する平面は無数にある。まず，分離可能なサンプルに対して，両者の間にどのサンプルも含まないような平行な2平面のうち，その距離が最大のものを求める。そして，新しいデータに対しての境界は，平行な両者のちょうど中間にある平面であるとする。そのためには，サンプル $(x_1, y_1), \ldots, (x_N, y_N)$ に対して，各点 x_i と平面 $\beta_0 + X_1\beta_1 + \cdots + X_p\beta_p = 0$ の距離の最小値 $M := \min_i d(x_i)$ を最大にすればよい。一般性を失うことなく，平面の係数が $\|\beta\|_2 = 1$ であることを仮定すれば，$d(x_i) = y_i(\beta_0 + x_i\beta)$ となるので，最終的に

$$M := \min_{i=1,\ldots,N} y_i(\beta_0 + x_i\beta) \qquad （マージン）$$

を最大にする β_0, β を求める問題になる（図8.1）。その場合，$M = y_i(\beta_0 + x_i\beta)$ の等号が成立する $\{1, \ldots, N\}$ の部分集合（サポートベクトル）が，境界 β_0, β およびマージン M を決定づける。

ところで，サンプルが分離可能であったとしても，同じ分布にしたがう N 組の別のサンプルに対しても，分離可能であるとは限らない。むしろ，一般的な，分離可能でないサンプルに対しての最適化問題の定式化が必要になる。そこで，これまでの定式化を一般化して，$\gamma \geq 0$ として，

$$\sum_{i=1}^{N} \epsilon_i \leq \gamma \tag{8.1}$$

および

$$y_i(\beta_0 + \beta^T x_i) \geq M(1 - \epsilon_i), \quad i = 1, \ldots, N \tag{8.2}$$

を満足する範囲で $(\beta_0, \beta) \in \mathbb{R}^p \times \mathbb{R}$ および $\epsilon_i \geq 0, i = 1, \ldots, N$ を動かして，M の最大値を求める。

分離可能なサンプルに対しては，$\epsilon_1 = \cdots = \epsilon_N = 0$，すなわち $\gamma = 0$ についての問題を解けばよい（図8.2左）。ただ，分離可能であっても $\gamma > 0$ という定式化をしてもよい。制約が緩和されるので，M の値が大きくなる。そして，$M = y_i(\beta_0 + x_i\beta)$ となる i 以外に $\epsilon_i > 0$ なる i も，すなわち (8.2) の等号が成立するすべての i が，マージン M のサポートベクトルになる。$\gamma = 0$ のとき

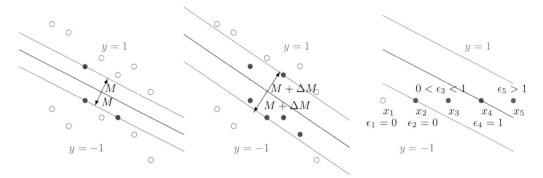

図 8.2 赤, 青によらず, 塗りつぶしているサンプルがサポートベクトル。左:分離可能なサンプルに対して, $\gamma = 0$ の解が存在する。この例では, 3 個のサンプル (サポートベクトル) だけで, 境界の平面が決まる。中央:$\gamma > 0$ にすると, マージンが広がる分, 赤の面と青の面より内側にサンプルを置くことを許容するが, サポートベクトルが 6 個になり, 解が安定する。γ が異なると, サポートベクトルが異なり, 境界となる平面も異なる。右:x_1 と x_2, x_3, x_4, x_5 がそれぞれ, $\epsilon = 0$, $0 < \epsilon < 1$, $\epsilon = 1$, $\epsilon > 1$ になっている。$\epsilon = 0$ の場合は, サポートベクトルになる場合もあれば (x_1 など), ならない場合 (x_2 など) もある。

と比べると, サポートベクトルの数が増えた分, 最適な境界の β_0, β の決定がより多くのサンプルでなされるようになる (図 8.2 中央)。ただ, 推定が鈍感に働くようになるので, γ の値は, クロスバリデーションなどで適正に設定する必要がある。

また, ϵ_i の値は, $y_i(\beta_0 + x_i\beta) \geq M$, $0 < y_i(\beta_0 + x_i\beta) < M$, $y_i(\beta_0 + x_i\beta) = 0$, $y_i(\beta_0 + x_i\beta) < 0$ のそれぞれで, $\epsilon_i = 0$, $0 < \epsilon_i < 1$, $\epsilon_i = 1$, $\epsilon_i > 1$ となる。$\epsilon_i = 1$ は境界上, $0 < \epsilon_i < 1$ は境界と手前のマージンまでの間を意味する。$\epsilon_i = 0$ は手前のマージンの上にある場合とそうでない (サポートベクトルではない) 場合に分かれる (図 8.2 右)。

分離可能でない場合, γ の値を小さくしすぎると, 解が存在しなくなる。実際, $\gamma = 0$ であれば, $\epsilon_i = 0$ で (8.2) を満たさないものが 1 個はあるので, 解がない。また, 境界の反対側にある i ($\epsilon_i > 1$ となる) の個数が γ を超えれば, β_0, β の解が存在しなくなる。

サポートベクトルマシンの問題は, (8.2) で仮定されている $\|\beta\|_2 = 1$ をはずし, $\beta_0/M, \beta/M$ を β_0, β でおきかえ,

$$L_P := \frac{1}{2}\|\beta\|^2 + C\sum_{i=1}^{N}\epsilon_i - \sum_{i=1}^{N}\alpha_i\{y_i(\beta_0 + x_i\beta) - (1 - \epsilon_i)\} - \sum_{i=1}^{N}\mu_i\epsilon_i \tag{8.3}$$

を最小にする $\beta_0, \beta, \epsilon_i$, $i = 1, \ldots, N$ を見出す問題として定式化される。$\|\beta\|$ を最小にすることは, β を β/M に正規化する前の M を最大化することに相当する。

ただし, $C > 0$ (コスト) であるとし, これを γ のかわりに用いる。そして, 最後の 2 項が制約, $\alpha_i, \mu_i \geq 0$, $i = 1, \ldots, N$ が Lagrange 係数となる。

8.2 最適化の理論

(8.3) を解く前に, それを解くための理論を確認してみよう。

以下では，$f_j(\beta) \leq 0$, $j = 1, \ldots, m$ のもとで，$f_0(\beta)$ を最小にする $\beta \in \mathbb{R}^p$ を求める問題で，そのような解が存在することを仮定し，そのような β が β^* であるとする。

まず，$\alpha = (\alpha_1, \ldots, \alpha_m) \in \mathbb{R}^m$ に対して，

$$L(\alpha, \beta) := f_0(\beta) + \sum_{j=1}^{m} \alpha_j f_j(\beta)$$

を定義すると，任意の $\beta \in \mathbb{R}^p$ について[1]

$$\sup_{\alpha \geq 0} L(\alpha, \beta) = \begin{cases} f_0(\beta), & f_1(\beta) \leq 0, \ldots, f_m(\beta) \leq 0 \\ +\infty, & \text{その他} \end{cases} \tag{8.4}$$

が成立する。実際，$\beta \in \mathbb{R}^p$ を任意に固定して，$f_j(\beta) > 0$ なる j が存在するとき，α_j を大きくすれば，$L(\alpha, \beta)$ の値がいくらでも大きくなる。逆に，$f_1(\beta), \ldots, f_m(\beta) \leq 0$ であれば，$\alpha_1 = \cdots = \alpha_m = 0$ のとき，$L(\alpha, \beta)$ が $\alpha \geq 0$ での最大値 $f_0(\beta)$ をとる。

また，

$$\inf_{\beta} \sup_{\alpha \geq 0} L(\alpha, \beta) \geq \sup_{\alpha \geq 0} \inf_{\beta} L(\alpha, \beta) \tag{8.5}$$

が成立する。実際，任意の $\alpha' \in \mathbb{R}^m$, $\beta' \in \mathbb{R}^p$ について，

$$\sup_{\alpha \geq 0} L(\alpha, \beta') \geq L(\alpha', \beta') \geq \inf_{\beta} L(\alpha', \beta)$$

が成立する。不等式 $\sup_{\alpha \geq 0} L(\alpha, \beta') \geq \inf_{\beta} L(\alpha', \beta)$ は，任意の α', β' について成立するので，左辺の β' について inf，右辺の α' について sup をとっても成立する。

◆ 例 71　$p = 2$, $m = 1$ として，$f_0(\beta) := \beta_1 + \beta_2$, $f_1(\beta) = \beta_1^2 + \beta_2^2 - 1$ のとき

$$L(\alpha, \beta) := \beta_1 + \beta_2 + \alpha(\beta_1^2 + \beta_2^2 - 1)$$

について，(8.4) は

$$\sup_{\alpha \geq 0} L(\alpha, \beta) = \begin{cases} \beta_1 + \beta_2, & \beta_1^2 + \beta_2^2 \leq 1 \\ +\infty, & \text{その他} \end{cases}$$

と書け，$\beta_1 = \beta_2 = -1/\sqrt{2}$ のとき，最小値 $-\sqrt{2}$ をとる。したがって，(8.5) の左辺は $-\sqrt{2}$ となる。また，$L(\alpha, \beta)$ を β_1, β_2 で偏微分して 0 とおくと，$\beta_1 = \beta_2 = -1/(2\alpha)$ となるので，

$$\inf_{\beta} L(\alpha, \beta) = -\frac{1}{2\alpha} - \frac{1}{2\alpha} + \alpha \left\{ \left(\frac{1}{2\alpha}\right)^2 + \left(\frac{1}{2\alpha}\right)^2 - 1 \right\} = -\frac{1}{2\alpha} - \alpha$$

この最大値は，相加平均 ≥ 相乗平均（2変数が等しいとき等号成立）より，$1/(2\alpha) = \alpha$ のとき。したがって，$\alpha = -1/\sqrt{2}$ より，(8.5) の右辺も $-\sqrt{2}$ となる。

$f_i(\beta) \leq 0$, $i = 1, \ldots, m$ のもとで $f_0(\beta)$ を最小にする問題を主問題，$\alpha \geq 0$ のもとで $g(\alpha) :=$

---

[1] 集合 $S \subseteq \mathbb{R}$ の任意の $u \in S$ に対して，$u \leq v$ となる v を S の上界という。S の上界の最小値を S の上限といい，$\sup A$ と書く。たとえば，$S = \{x \in \mathbb{R} \mid 0 \leq x < 1\}$ の最大値は存在しないが，$\sup S = 1$ となる。同様に，S の下界が定義でき，その最大値を下限といい，$\inf A$ と書く。

$\inf_\beta L(\alpha, \beta)$ を最大にする問題をその双対問題とよぶ。ただし，今後 $\inf_\beta$ と書くときは $f_1(\beta) \le 0, \ldots, f_m(\beta) \le 0$ なる β の中での下限を意味するものとする。

主問題，双対問題の最適値をそれぞれ $f^* := \inf_\beta f_0(\beta)$, $g^* := \sup_{\alpha \ge 0} g(\alpha)$ と書くと，$\alpha \ge 0$, $f_1(\beta) \le 0, \ldots, f_m(\beta) \le 0$ に対して $\displaystyle\sum_{i=1}^m \alpha_i f_i(\beta) \le 0$ であるので

$$f^* \ge g^* := \sup_{\alpha \ge 0} g(\alpha) \tag{8.6}$$

が成立する。

本書では，この不等式が等式になる場合のみを検討する。本章で扱っているサポートベクトルマシンをはじめ，多くの最適化問題がこの仮定を満足している。

◆ 仮定 1　$f^* = g^*$

次に，$f_0, f_1, \ldots, f_m : \mathbb{R}^p \to \mathbb{R}$ が凸で，$\beta = \beta^*$ で微分可能であるとする。以下の命題の条件をKKT (Karush-Kuhn-Tucker) 条件という。

命題 24（KKT 条件） $f_1(\beta) \le 0, \ldots, f_m(\beta) \le 0$ のもとで，$\beta = \beta^* \in \mathbb{R}^p$ が $f_0(\beta)$ を最小にすることと，

$$f_1(\beta^*), \ldots, f_m(\beta^*) \le 0 \tag{8.7}$$

であって，

$$\alpha_1 f_1(\beta^*) = \cdots = \alpha_m f_m(\beta^*) = 0 \tag{8.8}$$

$$\nabla f_0(\beta^*) + \sum_{i=1}^m \alpha_i \nabla f_i(\beta^*) = 0 \tag{8.9}$$

を満足する $\alpha_1, \ldots, \alpha_m \ge 0$ が存在することは同値である。

証明　十分性：第 5 章で $p = 1$ について示したのと同様に，一般に $f : \mathbb{R}^p \to \mathbb{R}$ が凸であって，$x = x_0 \in \mathbb{R}$ において微分可能であるとき，各 $x \in \mathbb{R}^p$ について，

$$f(x) \ge f(x_0) + \nabla f(x_0)^T (x - x_0) \tag{8.10}$$

が成立する。このことを用いると，KKT 条件のもとで，任意の $\beta \in \mathbb{R}^p$ について

$$f_0(\beta^*) \le f_0(\beta) - \nabla f_0(\beta^*)^T (\beta - \beta^*) \le f_0(\beta) + \sum_{i=1}^m \alpha_i \nabla f_i(\beta^*)^T (\beta - \beta^*)$$

$$\le f_0(\beta) + \sum_{i=1}^m \alpha_i \{f_i(\beta) - f_i(\beta^*)\} = f_0(\beta) + \sum_{i=1}^m \alpha_i f_i(\beta) \le f_0(\beta)$$

が成立し，β^* が最適解であることがわかる。ただし，5 個の等式，不等式のそれぞれの変形は (8.10) (8.9) (8.10) (8.8), $f_1(\beta) \le 0, \ldots, f_m(\beta) \le 0$ による。

必要性：β^* が主問題の最適解であれば，$f_1(\beta), \ldots, f_m(\beta) \le 0$ の解 β の存在を意味するので，(8.7) が必要。仮定 $f^* = g^*$ より，ある $\alpha^* \ge 0$ が存在して，

$$f_0(\beta^*) = g(\alpha^*) = \inf_\beta \left\{ f_0(\beta) + \sum_{i=1}^m \alpha_i^* f_i(\beta) \right\} \le f_0(\beta^*) + \sum_{i=1}^m \alpha_i^* f_i(\beta^*) \le f_0(\beta^*)$$

最後の不等式は (8.7) および $\alpha^* \geq 0$ による。すなわち，2 個の不等式はすべて等式となり，(8.8) が成立する。また，β^* は $f_0(\beta) + \sum_{i=1}^{m} \alpha_i^* f_i(\beta)$ の最小値をはかって得られたものなので，(8.9) が成立する。

◆ 例 72 例 71 では，KKT 条件 (8.7)(8.8)(8.9) は，それぞれ以下のようになる。

$$\beta_1^2 + \beta_2^2 - 1 \leq 0 \tag{8.11}$$

$$\alpha(\beta_1^2 + \beta_2^2 - 1) = 0 \tag{8.12}$$

$$\begin{bmatrix} 1 \\ 1 \end{bmatrix} + 2\alpha \begin{bmatrix} \beta_1 \\ \beta_2 \end{bmatrix} = \begin{bmatrix} 0 \\ 0 \end{bmatrix} \tag{8.13}$$

ここで，$\alpha = 0$ は，(8.12) を満たすが (8.13) を満たさない。したがって，(8.11) の等号と (8.13) が KKT 条件になる。

8.3 サポートベクトルマシンの解

以下の 7 式が KKT 条件になる。

$$y_i(\beta_0 + x_i\beta) - (1 - \epsilon_i) \geq 0 \tag{8.14}$$

$$\epsilon_i \geq 0 \tag{8.15}$$

が (8.7) より，

$$\alpha_i[y_i(\beta_0 + x_i\beta) - (1 - \epsilon_i)] = 0 \tag{8.16}$$

$$\mu_i \epsilon_i = 0 \tag{8.17}$$

が (8.8) より得られる。また，(8.9) を用いると，(8.3) を $\beta, \beta_0, \epsilon_i$ で偏微分して，それぞれ

$$\beta = \sum_{i=1}^{N} \alpha_i y_i x_i \in \mathbb{R}^p \tag{8.18}$$

$$\sum_{i=1}^{N} \alpha_i y_i = 0 \tag{8.19}$$

$$C - \alpha_i - \mu_i = 0 \tag{8.20}$$

が得られる。

(8.3) の L_P の双対問題は，以下のようになる。β_0, ϵ_i での最適化を図るために，それらで偏微分すると，それぞれ (8.19)(8.20) となるので，L_p は以下のように書ける。

$$\sum_{i=1}^{N} \alpha_i + \frac{1}{2}\|\beta\|^2 - \sum_{i=1}^{N} x_i\beta\alpha_i y_i$$

さらに，β で微分して 0 とおいた (8.18) を用いると，第 2 項，第 3 項は

$$\frac{1}{2}\left(\sum_{i=1}^{N} \alpha_i y_i x_i^T\right)^T \left(\sum_{j=1}^{N} \alpha_j y_j x_j^T\right) - \sum_{i=1}^{N} x_i \left(\sum_{j=1}^{N} \alpha_j y_j x_j^T\right) \alpha_i y_i$$

となるので，Lagrange 係数だった $\alpha_i, \mu_i \geq 0$, $i = 1, \ldots, N$ を入力とする関数

$$L_D := \sum_{i=1}^{N} \alpha_i - \frac{1}{2} \sum_{i=1}^{N} \sum_{j=1}^{N} \alpha_i \alpha_j y_i y_j x_i x_j^T \tag{8.21}$$

を構成できる。ただし，α は (8.19) および

$$0 \leq \alpha_i \leq C \tag{8.22}$$

を満足する範囲で動くものとする。μ_i は L_D の中に含まれていないが，$\mu_i = C - \alpha_i \geq 0$ が $\alpha_i \geq 0$ とともに (8.22) として残されている。また，そのようにして求まった α から，(8.18) を用いて β を計算することができる。

　ここで，双対問題を解くにあたって，(8.22) は，以下の 3 個の場合に分割できることに注意したい。

命題 25

$$\begin{cases} \alpha_i = 0 & \Longleftarrow & y_i(\beta_0 + x_i\beta) > 1 \\ 0 < \alpha_i < C & \Longrightarrow & y_i(\beta_0 + x_i\beta) = 1 \\ \alpha_i = C & \Longleftarrow & y_i(\beta_0 + x_i\beta) < 1 \end{cases} \tag{8.23}$$

証明は，章末の付録を参照されたい。

　次に，このような性質を利用して，β の値から β_0 の値を求める方法を検討しよう。

　まず，$y_i(\beta_0 + x_i\beta) = 1$ なる i が少なくとも一つは存在することを示そう。命題 25 より，$\alpha_1 = \cdots = \alpha_N = 0$ かつ $y_i(\beta_0 + x_i\beta) \neq 1$, $i = 1, \ldots, N$ は，$y_i(\beta_0 + x_i\beta) > 1$, $i = 1, \ldots, N$ を意味する。この場合，(8.3) の L_P の値の最初の 2 項はさらに小さくできるので，$\alpha_1, \ldots, \alpha_N$ が最適であることと矛盾する。次に，$y_i(\beta_0 + x_i\beta) \neq 1$ のもとで $\alpha_i = C$ は $\epsilon_i > 0$ を，$\alpha_i = 0$ は $\epsilon_i = 0$ を意味する。そこで $\epsilon_* := \min_i \epsilon_i$ として，各 ϵ_i を $\epsilon_i - \epsilon_*$ に，β_0 を $\beta_0 + y_i\epsilon_*$ におきかえても，$y_i = \pm 1$，すなわち $y_i^2 = 1$ となるので，(8.14) は等号で成立し，$\epsilon_i > 0$ が $\epsilon_i \geq 0$ になるだけなので，7 個の KKT 条件は成立する。しかし，(8.3) の L_P の値は，第 3 項が $\epsilon_* \sum_{i=1}^{N} \alpha_i > 0$ だけ減少する。したがって，(8.23) より，少なくとも 1 個の i について $y_i(\beta_0 + x_i\beta) = 1$ となる。

　具体的に，$0 < \alpha_i < C$ なる i をあつめて[2]，$\beta_0 = y_i - x_i\beta$ の算術平均をとればよい（数値計算の誤差を考慮する）。

　双対問題 (8.21)(8.19)(8.22) を，二次計画法の解ソルバーで解く。Python では，cvxopt という専用のパッケージがある。

$$-\frac{1}{2} x^T P x + q^T x \longrightarrow 最小$$
$$Gx \leq h \qquad\qquad (x \in \mathbb{R}^N)$$
$$Ax = b$$

---

[2] $y_i(\beta_0 + x_i\beta) = 1$ となるすべての i が $\alpha_i = 0$ または $\alpha_i = C$ となることは理論上ありうるが，実際にはそのような事象が生じる可能性は低い。

となるような $P \in \mathbb{R}^{N \times N}$, $G \in \mathbb{R}^{m \times N}$, $q \in \mathbb{R}^N$, $h \in \mathbb{R}^m$, $A \in \mathbb{R}^{n \times N}$, $b \in \mathbb{R}^n$ $(m, n \geq 0)$ を指定する必要がある。目的関数が最小化になっていることと2次の項の前にマイナスがついていることに注意する。

本節の最後に、これまでの定式化を、ソルバーの仕様にあわせると、$m = 2N$, $n = 1$,

$$
z = \begin{bmatrix} x_{1,1}y_1 & \cdots & x_{1,p}y_1 \\ \vdots & \ddots & \vdots \\ x_{N,1}y_N & \cdots & x_{N,p}y_N \end{bmatrix} \in \mathbb{R}^{N \times p} \ , \ G = \begin{bmatrix} 1 & \cdots & 0 \\ 0 & \ddots & 0 \\ 0 & \cdots & 1 \\ -1 & \cdots & 0 \\ 0 & \ddots & 0 \\ 0 & \cdots & -1 \end{bmatrix} \in \mathbb{R}^{2N \times N}
$$

$P = -zz^T \in \mathbb{R}^{N \times N}$ (階数が p で、$N > p$ のとき正則ではない)、$h = [C, \ldots, C, 0, \ldots, 0]^T \in \mathbb{R}^{2N+1}$, $q = [-1, \ldots, -1]^T \in \mathbb{R}^N$, $x = [x_1, \ldots, x_N] \in \mathbb{R}^N$, $A = [-y_1, \ldots, -y_N] \in \mathbb{R}^{1 \times N}$, $b \in \mathbb{R}$ とおくことができる。たとえば、以下のような処理を構成することができる。

```
import cvxopt
from cvxopt import matrix
```

```
a=randn(1); b=randn(1)
n=100
X=randn(n,2)
y=np.sign(a*X[:,0]+b*X[:,1]+0.1*randn(n))
y=y.reshape(-1,1)  # 形を明示してわたす必要がある
```

```
def svm_1(X,y,C):
    eps=0.0001
    n=X.shape[0]
    P=np.zeros((n,n))
    for i in range(n):
        for j in range(n):
            P[i,j]=np.dot(X[i,:],X[j,:])*y[i]*y[j]
    # パッケージにあるmatrix関数を使って指定する必要がある
    P=matrix(P+np.eye(n)*eps)
    A=matrix(-y.T.astype(np.float))
    b=matrix(np.array([0]).astype(np.float))
    h=matrix(np.array([C]*n+[0]*n).reshape(-1,1).astype(np.float))
    G=matrix(np.concatenate([np.diag(np.ones(n)),np.diag(-np.ones(n))]))
    q=matrix(np.array([-1]*n).astype(np.float))
    res=cvxopt.solvers.qp(P,q,A=A,b=b,G=G,h=h)     # ソルバーの実行
    alpha=np.array(res['x'])  # xが本文中のalphaに対応
    beta=((alpha*y).T@X).reshape(2,1)
    index=np.arange(0,n,1)
    index_1=index[eps<alpha[:,0]]
    index_2=index[(alpha<C-eps)[:,0]]
```

```
21    index=np.concatenate((index_1,index_2))
22    beta_0=np.mean(y[index]-X[index,:]@beta)
23    return {'beta':beta,'beta_0':beta_0}
```

◆ 例 **73** 関数 svm_1 を用いて，下記のような処理を実行し，サンプルとその境界を図示してみた（図 8.3）。

```
1  a=randn(1); b=randn(1)
2  n=100
3  X=randn(n,2)
4  y=np.sign(a*X[:,0]+b*X[:,1]+0.1*randn(n))
5  y=y.reshape(-1,1)   # 形を明示してわたす必要がある
6  for i in range(n):
7      if y[i]==1:
8          plt.scatter(X[i,0],X[i,1],c="red")
9      else :
10         plt.scatter(X[i,0],X[i,1],c="blue")
11 res=svm_1(X,y,C=10)
```

```
1  def f(x):
2      return -res['beta_0']/res['beta'][1]-x*res['beta'][0]/res['beta'][1]
```

```
1  x_seq=np.arange(-3,3,0.5)
2  plt.plot(x_seq,f(x_seq))
3  res
```

```
      pcost        dcost        gap     pres    dres
 0: -1.6933e+02 -7.9084e+03   2e+04   8e-01   8e-15
 1: -1.4335e+01 -2.5477e+03   4e+03   1e-01   1e-14
```

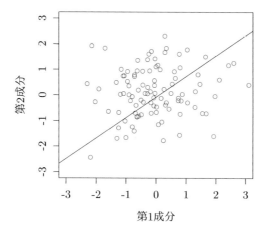

図 8.3 サンプルを発生させて，サポートベクトルマシンで平面の境界を引いた。

```
 2:   3.4814e+01 -3.6817e+02  5e+02  1e-02  4e-14
 3:  -2.0896e+01 -1.3363e+02  1e+02  3e-03  2e-14
 4:  -4.4713e+01 -1.0348e+02  6e+01  1e-03  8e-15
 5:  -5.8178e+01 -8.1212e+01  2e+01  4e-04  6e-15
 6:  -6.4262e+01 -7.5415e+01  1e+01  1e-04  4e-15
 7:  -6.7750e+01 -7.0997e+01  3e+00  2e-05  5e-15
 8:  -6.9204e+01 -6.9329e+01  1e-01  9e-15  7e-15
 9:  -6.9259e+01 -6.9261e+01  2e-03  2e-15  8e-15
10:  -6.9260e+01 -6.9260e+01  2e-05  2e-15  7e-15
Optimal solution found.
{'beta': array([[ 7.54214409],
        [-1.65772882]]), 'beta_0': -0.14880733394172593}
```

8.4　カーネルを用いたサポートベクトルマシンの拡張

　サポートベクトルマシンを，なぜ主問題ではなく双対問題で解く必要があるかといえば，L_D が内積 $\langle \cdot, \cdot \rangle$ を用いて，

$$L_D := \sum_{i=1}^{N} \alpha_i - \frac{1}{2} \sum_{i=1}^{N} \sum_{j=1}^{N} \alpha_i \alpha_j y_i y_j \langle x_i, x_j \rangle$$

と書けることによる。V を内積の定義されたベクトル空間として，$\phi : \mathbb{R}^p \to V$ を用いると，内積 $\langle x_i, x_j \rangle$ を $k(x_i, x_j) := \langle \phi(x_i), \phi(x_j) \rangle$ におきかえることができる。この場合，$(\phi(x_1), y_1), \ldots,$ $(\phi(x_N), y_N)$ から非線形の分類規則が構成できる。すなわち，$\phi(x) \to y$ の対応は線形で，サポートベクトルマシンの学習はそれらの間の線形関係だが，$x \to y$ の対応は非線形となる。新しいデータ $(x_*, y_*) \in \mathbb{R}^p \times \{-1, 1\}$ に関しても，$x_* \mapsto y_*$ が非線形の対応になる。

　以下では，内積の定義されたベクトル空間を V として，(i, j) 成分が $\phi(x_i), \phi(x_j) \in V$ の内積であるような行列 K によってカーネルを構成する。実際，任意の $z \in \mathbb{R}^N$ に対して，二次形式

$$z^T K z = \sum_{i=1}^{N} \sum_{j=1}^{N} z_i \langle \phi(x_i), \phi(x_j) \rangle z_j = \langle \sum_{i=1}^{N} z_i \phi(x_i), \sum_{j=1}^{N} z_j \phi(x_j) \rangle = \| \sum_{i=1}^{N} z_i \phi(x_i) \|^2 \geq 0$$

が非負定値であって，対称であるので（狭義の）カーネルである。

◆ **例 74（多項式カーネル）**　d 次元の多項式カーネル $k(x, y) = (1 + \langle x, y \rangle)^d$ については，$d = 1$, $p = 2$ であれば，

$$1 + x_1 y_1 + x_2 y_2 = 1 \cdot 1 + x_1 y_1 + x_2 y_2 = \langle [1, x_1, x_2], [1, y_1, y_2] \rangle$$

とできるので，$\phi : [x_1, x_2] \mapsto [1, x_1, x_2]$ となる（$V = \mathbb{R}^3$）。$p = 2$, $d = 2$ の場合，

$$\begin{aligned}
(1 + x_1 y_1 + x_2 y_2)^2 &= 1 + x_1^2 y_1^2 + x_2^2 y_2^2 + 2 x_1 y_1 + 2 x_2 y_2 + 2 x_1 x_2 y_1 y_2 \\
&= \langle [1, x_1^2, x_2^2, \sqrt{2} x_1, \sqrt{2} x_2, \sqrt{2} x_1 x_2], [1, y_1^2, y_2^2, \sqrt{2} y_1, \sqrt{2} y_2, \sqrt{2} y_1 y_2] \rangle
\end{aligned}$$

とできるので，

$$\phi : [x_1, x_2] \mapsto [1, x_1^2, x_2^2, \sqrt{2} x_1, \sqrt{2} x_2, \sqrt{2} x_1 x_2]$$

となる $(V = \mathbb{R}^6)$。このように，$k(x,y) = \langle \phi(x), \phi(y) \rangle$ なる $\phi : \mathbb{R}^p \to V$ が存在する。また，通常の内積，および $d = p = 2$ の多項式カーネルを Python の関数で書くと，以下のようになる。

```
1  def K_linear(x,y):
2      return x.T@y
3  def K_poly(x,y):
4      return (1+x.T@y)**2
```

ベクトル空間という場合，ユークリッド空間の部分空間でない場合もある。また，V をベクトル空間として，$a, b, c \in V$，$\alpha \in \mathbb{R}$ について，$\langle a + b, c \rangle = \langle a, c \rangle + \langle b, c \rangle$，$\langle a, b \rangle = \langle b, a \rangle$，$\langle \alpha a, b \rangle = \alpha \langle a, b \rangle$，$\langle a, a \rangle = \|a\|^2 \geq 0$ および $\|a\| = 0 \implies a = 0$ が成立するとき，写像 $\langle \cdot, \cdot \rangle$ は V の内積という。

◆ **例 75** $[0, 1] \subset \mathbb{R}$ を定義域とする連続関数の集合も，ベクトル空間になる。実際，そのような関数の和も連続，実数倍も連続である。また，そのようなベクトル空間 V の要素 f, g に対して，$\langle f, g \rangle := \int_0^1 f(x)g(x)dx$ が V の内積となる。実際，

$$\langle f + g, h \rangle = \int_0^1 (f(x) + g(x))h(x)dx = \int_0^1 f(x)h(x)dx + \int_0^1 g(x)h(x)dx = \langle f, h \rangle + \langle g, h \rangle$$

$$\langle f, g \rangle = \int_0^1 f(x)g(x)dx = \int_0^1 g(x)f(x)dx = \langle g, f \rangle$$

$$\langle \alpha f, g \rangle = \int_0^1 \alpha f(x) \cdot g(x)dx = \alpha \int_0^1 f(x)g(x)dx = \alpha \langle f, g \rangle$$

$$\langle f, f \rangle = \int_0^1 \{f(x)\}^2 dx \geq 0$$

また，f が連続関数なので，つねに 0 の値をとらないと，$\|f\| = 0$ とはならない。

◆ **例 76** ベクトル空間 $V := \mathbb{R}^p$ について，$f(x, y) := (1 + x^T y)^2$，$x, y \in \mathbb{R}^p$ は V の内積ではない。実際，$f(0 \cdot x, y) = 1 \neq 0 = 0 \cdot f(x, y)$ となり，内積の条件を満たしていない。

以下では，ある $\phi : \mathbb{R}^p \to V$ を用いて，$x_i \in \mathbb{R}^p$，$i = 1, \ldots, N$ をすべて $\phi(x_i) \in V$ におきかえるものとする。したがって，$\beta \in \mathbb{R}^p$ は $\beta = \sum_{i=1}^{N} \alpha_i y_i \phi(x_i) \in V$ となり，L_D の定義の中の内積 $\langle x_i, x_j \rangle$ は $\phi(x_i)$ と $\phi(x_j)$ の間の内積，すなわちカーネル $K(x_i, x_j)$ となる。このように拡張すると，境界 $\phi(X)\beta + \beta_0 = 0$，すなわち $\sum_{i=1}^{N} \alpha_i y_i K(X, x_i) + \beta_0 = 0$ が，X について必ずしも平面ではなくなる。

まず，前節で定義した関数 `svm_1` を

1. 引数 `K` を関数の定義におき，
2. `sum(X[,i]*X[,j])` を `K(X[i,],X[j,])` におきかえ，
3. `return()` における `beta` を `alpha` におきかえる。

このようにすれば，カーネルを用いた一般化が可能である。

```python
def svm_2(X,y,C,K):
    eps=0.0001
    n=X.shape[0]
    P=np.zeros((n,n))
    for i in range(n):
        for j in range(n):
            P[i,j]=K(X[i,:],X[j,:])*y[i]*y[j]
    # パッケージにあるmatrix関数を使って指定する必要がある
    P=matrix(P+np.eye(n)*eps)
    A=matrix(-y.T.astype(np.float))
    b=matrix(np.array([0]).astype(np.float))
    h=matrix(np.array([C]*n+[0]*n).reshape(-1,1).astype(np.float))
    G=matrix(np.concatenate([np.diag(np.ones(n)),np.diag(-np.ones(n))]))
    q=matrix(np.array([-1]*n).astype(np.float))
    res=cvxopt.solvers.qp(P,q,A=A,b=b,G=G,h=h)
    alpha=np.array(res['x'])   # xが本文中のalphaに対応
    beta=((alpha*y).T@X).reshape(2,1)
    index=np.arange(0,n,1)
    index_1=index[eps<alpha[:,0]]
    index_2=index[(alpha<C-eps)[:,0]]
    index=np.concatenate((index_1,index_2))
    beta_0=np.mean(y[index]-X[index,:]@beta)
    return {'alpha':alpha,'beta':beta,'beta_0':beta_0}
```

◆ **例 77**　関数 svm_2 を用いて，内積を用いた線形カーネルと非線形カーネルで境界がどのように違ってくるか，比較してみた（図8.4）。

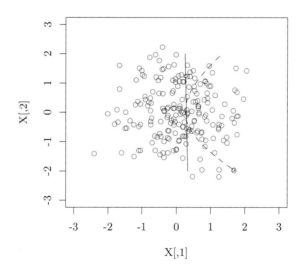

図 8.4　サンプルを発生させて，サポートベクトルマシンで線形（平面）と非線形（局面）の境界を引いた。

```
1  # 実行
2  a=3; b=-1
3  n=200
4  X=randn(n,2)
5  y=np.sign(a*X[:,0]+b*X[:,1]**2+0.3*randn(n))
6  y=y.reshape(-1,1)
```

```
1   def plot_kernel(K,line): # 引数lineで線の種類を指定する
2       res=svm_2(X,y,1,K)
3       alpha=res['alpha'][:,0]
4       beta_0=res['beta_0']
5       def f(u,v):
6           S=beta_0
7           for i in range(X.shape[0]):
8               S=S+alpha[i]*y[i]*K(X[i,:],[u,v])
9           return S[0]
10      uu=np.arange(-2,2,0.1); vv=np.arange(-2,2,0.1); ww=[]
11      for v in vv:
12          w=[]
13          for u in uu:
14              w.append(f(u,v))
15          ww.append(w)
16      plt.contour(uu,vv,ww,levels=0,linestyles=line)
```

```
1  for i in range(n):
2      if y[i]==1:
3          plt.scatter(X[i,0],X[i,1],c="red")
4      else:
5          plt.scatter(X[i,0],X[i,1],c="blue")
6  plot_kernel(K_poly,line="dashed")
7  plot_kernel(K_linear,line="solid")
```

```
     pcost       dcost       gap    pres   dres
 0: -7.5078e+01 -6.3699e+02  4e+03  4e+00  3e-14
 1: -4.5382e+01 -4.5584e+02  9e+02  6e-01  2e-14
 2: -2.6761e+01 -1.7891e+02  2e+02  1e-01  1e-14
 3: -2.0491e+01 -4.9270e+01  4e+01  2e-02  1e-14
 4: -2.4760e+01 -3.3429e+01  1e+01  5e-03  5e-15
 5: -2.6284e+01 -2.9464e+01  4e+00  1e-03  3e-15
 6: -2.7150e+01 -2.7851e+01  7e-01  4e-05  4e-15
 7: -2.7434e+01 -2.7483e+01  5e-02  2e-06  5e-15
 8: -2.7456e+01 -2.7457e+01  5e-04  2e-08  5e-15
 9: -2.7457e+01 -2.7457e+01  5e-06  2e-10  6e-15
Optimal solution found.
     pcost       dcost       gap    pres   dres
```

```
 0: -9.3004e+01 -6.3759e+02   4e+03   4e+00   4e-15
 1: -5.7904e+01 -4.6085e+02   8e+02   5e-01   4e-15
 2: -3.9388e+01 -1.5480e+02   1e+02   6e-02   1e-14
 3: -4.5745e+01 -6.8758e+01   3e+01   9e-03   3e-15
 4: -5.0815e+01 -6.0482e+01   1e+01   3e-03   2e-15
 5: -5.2883e+01 -5.7262e+01   5e+00   1e-03   2e-15
 6: -5.3646e+01 -5.6045e+01   3e+00   6e-04   2e-15
 7: -5.4217e+01 -5.5140e+01   1e+00   2e-04   2e-15
 8: -5.4531e+01 -5.4723e+01   2e-01   1e-05   2e-15
 9: -5.4617e+01 -5.4622e+01   6e-03   3e-07   3e-15
10: -5.4619e+01 -5.4619e+01   6e-05   3e-09   3e-15
11: -5.4619e+01 -5.4619e+01   6e-07   3e-11   2e-15
Optimal solution found.
```

これまで，原理を把握するために，Python のプログラムを構成してきたが，実際のデータ分析では，sklearn の svm 関数を用いることが多い．

◆ **例 78**　人工データに対して，sklearn の svm 関数を用いて，$\gamma = 1$ のラジカルカーネル

$$k(x, y) = \exp\left\{-\frac{1}{2\sigma^2}\|x - y\|^2\right\}$$

とコスト $C = 1$ のサポートベクトルマシンを実行させてみた（図 8.5）．

```
1  import sklearn
2  from sklearn import svm
```

```
1  x=randn(200,2)
2  x[0:100,]=x[0:100,]+2
3  x[100:150,]=x[100:150,]-2
4  y=np.concatenate(([1 for i in range(150)],[2 for i in range(50)]))
5  train=np.random.choice(200,100,replace=False)
6  test=list(set(range(200))-set(train))
7  res_svm=svm.SVC(kernel="rbf",gamma=1,C=100)   # チューニングなしのSVM
8  res_svm.fit(x[train,],y[train])   # 実行
```

```
 SVC(C=100, cache_size=200, class_weight=None, coef0=0.0,
     decision_function_shape='ovr', degree=3, gamma=1, kernel='rbf', max_iter=-1,
     probability=False, random_state=None, shrinking=True, tol=0.001,
     verbose=False)
```

```
1  res_svm.predict(x[test,])        # テストデータの予測結果
```

```
 array([1, 1, 1, 1, 2, 1, 1, 2, 1, 2, 1, 2, 1, 1, 1, 1, 1, 1, 1, 1, 1, 1,
        1, 1, 1, 2, 1, 1, 1, 1, 1, 1, 1, 1, 2, 1, 1, 1, 1, 1, 1, 2, 1,
        1, 1, 1, 1, 1, 2, 1, 1, 2, 1, 1, 1, 1, 1, 1, 1, 1, 1, 1, 1, 1,
        1, 1, 2, 2, 2, 1, 2, 1, 2, 2, 2, 1, 2, 2, 2, 1, 2, 2, 2, 2, 1,
```

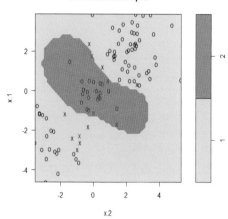

図 8.5 GridSearchCV を用いて，ラジカルカーネルで，非線形（局面）の境界を引いた（$C = 100$, $\gamma = 1$）。

```
2, 2, 2, 2, 2, 1, 2, 2, 2, 1, 1, 1])
```

```
1  import mlxtend
2  from mlxtend.plotting import plot_decision_regions
```

```
1  plot_decision_regions(x,y,clf=res_svm)
```

　GridSearchCV という関数を用いて，クロスバリデーションによって，C および γ を $C = 0.1, 1, 10, 100, 1000$ および $\gamma = 0.5, 1, 2, 3, 4$ の最適な組み合わせを求めてみた。その結果，$C = 1$, $\gamma = 0.5$ の組み合わせが最良であることがわかった。ハイパーパラメータのチューニングには，sklearn.model_selection から GridSearchCV という関数を用いる。gamma（カーネルの分母）と C（コスト）のチューニングを行うが，候補となる値は指定しておく。

```
1  from sklearn.model_selection import GridSearchCV
```

```
1  grid={'C':[0.1,1,10,100,1000],'gamma':[0.5,1,2,3,4]}
2  tune=GridSearchCV(svm.SVC(),grid,cv=10)
3  tune.fit(x[train,],y[train])
```

```
GridSearchCV(cv=10, error_score='raise-deprecating',
             estimator=SVC(C=1.0, cache_size=200, class_weight=None, coef0=0.0,
                           decision_function_shape='ovr', degree=3,
                           gamma='auto_deprecated', kernel='rbf', max_iter=-1,
                           probability=False, random_state=None, shrinking=True,
                           tol=0.001, verbose=False),
             iid='warn', n_jobs=None,
             param_grid={'C': [0.1, 1, 10, 100, 1000],
```

```
                       'gamma': [0.5, 1, 2, 3, 4]},
            pre_dispatch='2*n_jobs', refit=True, return_train_score=False,
            scoring=None, verbose=0)
```

```
1  tune.best_params_    # C=1, gamma=0.5が最適だとわかる
```

{'C': 1, 'gamma': 0.5}

◆ 例 **79**　サポートベクトルマシンは，Pythonでは，クラスが2個以上の場合でも，クラス数を指定しなくても，実行可能である。Fisher のあやめで，150 サンプル中120 個を訓練用，30 個をテスト用にして，性能を評価してみた。ただし，ラジカルカーネルで，パラメータを $\gamma = 1$ とし，コスト C を 10 とした。

```
1  from sklearn.datasets import load_iris
```

```
1  iris=load_iris()
2  iris.target_names
3  x=iris.data
4  y=iris.target
5  train=np.random.choice(150,120,replace=False)
6  test=np.ones(150,dtype=bool)
7  test[train]=False
8  iris_svm=svm.SVC(kernel="rbf",gamma=1,C=10)
9  iris_svm.fit(x[train,],y[train])
```

```
SVC(C=10, cache_size=200, class_weight=None, coef0=0.0,
    decision_function_shape='ovr', degree=3, gamma=1, kernel='rbf', max_iter=-1,
    probability=False, random_state=None, shrinking=True, tol=0.001,
    verbose=False)
```

たとえば，下記のような表示がなされる。

```
1  y_pre=iris_svm.predict(x[test,])
2  table_count(3,y[test],y_pre)
```

```
array([[ 9.,  0.,  0.],
       [ 0., 10.,  0.],
       [ 0.,  3.,  8.]])
```

付録　命題の証明

命題 23　　$(x, y) \in \mathbb{R}^2$ と直線 $l : aX + bY + c = 0,\ a, b \in \mathbb{R}$ の距離は，

$$\frac{|ax + by + c|}{\sqrt{a^2 + b^2}}$$

で与えられる。

証明　(x, y) から直線 l におろした垂線の足を (x_0, y_0) と書くと，垂線 l' は l の法線であって，t を実数として，

$$l' : \frac{X - x_0}{a} = \frac{Y - y_0}{b} = t$$

と書ける（図 8.6）。特に，(x_0, y_0) は l の上，(x, y) は l' の上にあるので，

$$\begin{cases} ax_0 + by_0 + c = 0 \\ \dfrac{x - x_0}{a} = \dfrac{y - y_0}{b} = t \end{cases}$$

が成立し，(x_0, y_0) を消去すると，$x_0 = x - at,\ y_0 = y - bt,\ a(x - at) + b(y - bt) + c = 0$ より，$t = (ax + by + c)/(a^2 + b^2)$ が得られる。したがって，求める距離は

$$\sqrt{(x - x_0)^2 + (y - y_0)^2} = \sqrt{(a^2 + b^2)t^2} = \frac{|ax + by + c|}{\sqrt{a^2 + b^2}}$$

となる。

命題 25

$$\begin{cases} \alpha_i = 0 & \Longleftarrow & y_i(\beta_0 + x_i\beta) > 1 \\ 0 < \alpha_i < C & \Longrightarrow & y_i(\beta_0 + x_i\beta) = 1 \\ \alpha_i = C & \Longleftarrow & y_i(\beta_0 + x_i\beta) < 1 \end{cases}$$

証明　$\alpha_i = 0$ のとき，(8.20)(8.17)(8.14) を順に適用して

$$\alpha_i = 0 \Longrightarrow \mu_i = C > 0 \Longrightarrow \epsilon = 0 \Longrightarrow y_i(\beta_0 + x_i\beta) \geq 1$$

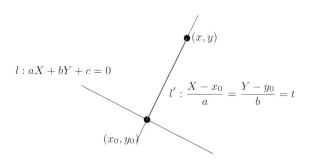

図 8.6　点と直線の距離 $\sqrt{(x - x_0)^2 + (y - y_0)^2}$。$l'$ は (x_0, y_0) を通る l の法線になる。

$0 < \alpha_i < C$ のとき，$(8.17)(8.20)$ より $\epsilon_i = 0$，さらに (8.16) を適用して

$$0 < \alpha_i < C \Longrightarrow y_i(\beta_0 + x_i\beta) - (1 - \epsilon) = 0 \Longrightarrow y_i(\beta_0 + x_i\beta) = 1$$

$\alpha_i = C$ のとき，(8.15) より $\epsilon_i \geq 0$，さらに (8.16) を適用して

$$\alpha_i = C \Longrightarrow y_i(\beta_0 + x_i\beta) - (1 - \epsilon) = 0 \Longrightarrow y_i(\beta_0 + x_i\beta) \leq 1$$

また，(8.16) より，$y_i(\beta_0 + x_i\beta) > 1 \Longrightarrow \alpha_i = 0$ が成立。他方，$(8.14)(8.17)(8.20)$ を順に適用して

$$y_i(\beta_0 + x_i\beta) < 1 \Longrightarrow \epsilon_i > 0 \Longrightarrow \mu_i = 0 \Longrightarrow \alpha_i = C$$

が成立。

問題 75〜87

$(u,v) \in \mathbb{R}^2$ と直線 $aU + bV + c = 0$, $a,b \in \mathbb{R}$ の距離を，

$$\frac{|au + bv + c|}{\sqrt{a^2 + b^2}}$$

であると定義する。$\beta_0 \in \mathbb{R}$, $\|\beta\|_2 = 1$ なる $\beta \in \mathbb{R}^p$ について，$(x_1, y_1), \ldots, (x_N, y_N) \in \mathbb{R}^p \times \{-1, 1\}$ が分離性 $y_1(\beta_0 + x_1\beta), \ldots, y_N(\beta_0 + x_N\beta) \geq 0$ を満足するとき，サポートベクトルマシンは各点 x_i（行ベクトル）と平面 $\beta_0 + X\beta = 0$ の距離の最小値 $M := \min_i y_i(\beta_0 + x_i\beta)$ を最大にする (β_0, β) を求める問題として定式化できる。

□ **75** 分離性が成立しない一般的な場合のサポートベクトルマシン $\gamma \geq 0$, $M \geq 0$, $\sum_{i=1}^{N} \epsilon_i \leq \gamma$

および

$$y_i(\beta_0 + x_i\beta) \geq M(1 - \epsilon_i), \; i = 1, \ldots, N$$

を満足する $(\beta_0, \beta) \in \mathbb{R}^p \times \mathbb{R}$ および $\epsilon_i \geq 0$, $i = 1, \ldots, N$ を動かして，M を最大にする問題に一般化できる。

(a) $\epsilon_i = 0$, $0 < \epsilon_i < 1$, $\epsilon_i = 1$, $1 < \epsilon_i$ を満足する点は，それぞれどのような位置にあるといえるか。

(b) どのように β_0, β を動かしても，少なくとも r 個の i について，$\beta_0 + x_i\beta < 0$ となるとき，$\gamma \leq r$ であれば解がないことを示せ。

$\boxed{\text{ヒント}}$ そのような i に関して，$\epsilon_i > 1$ が成立する。

(c) γ を大きくした場合，M の最適値が小さくなることはない。なぜか。

□ **76** $f_j(\beta) \leq 0$, $j = 1, \ldots, m$ のもとで，$f_0(\beta)$ を最小にする $\beta \in \mathbb{R}^p$ を求めたい。そのような解が存在するとき，その最小値が f^* であるとする。$\alpha = (\alpha_1, \ldots, \alpha_m) \in \mathbb{R}^m$ に対して，

$$L(\alpha, \beta) := f_0(\beta) + \sum_{j=1}^{m} \alpha_j f_j(\beta)$$

であるとき，以下の2式を示せ。

$$\sup_{\alpha \geq 0} L(\alpha, \beta) = \begin{cases} f_0(\beta), & f_j(\beta) \leq 0, \; j = 1, \ldots, m \\ +\infty, & \text{その他} \end{cases} \tag{8.24}$$

$$f^* := \inf_{\beta} \sup_{\alpha \geq 0} L(\alpha, \beta) \geq \sup_{\alpha \geq 0} \inf_{\beta} L(\alpha, \beta) \tag{8.25}$$

さらに，$p = 2$, $m = 1$ として，

$$L(\alpha, \beta) := \beta_1 + \beta_2 + \alpha(\beta_1^2 + \beta_2^2 - 1) \tag{8.26}$$

について，(8.25) の不等式の等号が成立することを示せ。

□ **77** $f_0, f_1, \ldots, f_m : \mathbb{R}^p \to \mathbb{R}$ を凸で，$\beta = \beta^*$ で微分可能であるとする．$\beta^* \in \mathbb{R}^p$ が $\min\{f_0(\beta) \mid f_i(\beta) \leq 0, \ i = 1, \ldots, m\}$ の最適解であることと，

$$f_i(\beta^*) \leq 0, \ i = 1, \ldots, m \tag{8.27}$$

であって，以下の 2 条件を満足する $\alpha_i \geq 0, \ i = 1, \ldots, m$ が存在することが同値であると知られている（KKT 条件）．

$$\alpha_i f_i(\beta^*) = 0, \ i = 1, \ldots, m \tag{8.28}$$

$$\nabla f_0(\beta^*) + \sum_{i=1}^{m} \alpha_i \nabla f_i(\beta^*) = 0 \tag{8.29}$$

本問題では，十分性のみを示す．

(a) $f : \mathbb{R}^p \to \mathbb{R}$ が凸であって，$x = x_0 \in \mathbb{R}$ において微分可能であるとき，各 $x \in \mathbb{R}^p$ について，

$$f(x) \geq f(x_0) + \nabla f(x_0)^T (x - x_0) \tag{8.30}$$

となる．このことを用いて，(8.27) を満足する任意の $\beta \in \mathbb{R}^p$ について，$f_0(\beta^*) \leq f_0(\beta)$ となることを示せ．

ヒント (8.28)(8.29) を各 1 回，(8.30) を 2 回，$f_1(\beta) \leq 0, \ldots, f_m(\beta) \leq 0$ を 1 回使う．

(b) (8.26) について，(8.27)(8.28)(8.29) に相当する条件を求めよ．

□ **78** 問題 75 の条件 $\|\beta\|_2 = 1$ をはずし，$\beta_0/M, \beta/M$ を β_0, β とみなすとき，

$$L_P := \frac{1}{2}\|\beta\|_2^2 + C\sum_{i=1}^{N} \epsilon_i - \sum_{i=1}^{N} \alpha_i\{y_i(\beta_0 + x_i\beta) - (1 - \epsilon_i)\} - \sum_{i=1}^{N} \mu_i \epsilon_i \tag{8.31}$$

を最小にする $\beta_0, \beta, \epsilon_i, \ i = 1, \ldots, N$ を見出す問題に帰着される．ただし，$C > 0$（コスト）であるとし，最後の 2 項が制約，$\alpha_i, \mu_i \geq 0, \ i = 1, \ldots, N$ が Lagrange 係数となる．KKT 条件 (8.27)(8.28)(8.29) が以下の 7 式になることを示せ．

$$\sum_{i=1}^{N} \alpha_i y_i = 0 \tag{8.32}$$

$$\beta = \sum_{i=1}^{N} \alpha_i y_i x_i \in \mathbb{R}^p \tag{8.33}$$

$$C - \alpha_i - \mu_i = 0 \tag{8.34}$$

$$\alpha_i[y_i(\beta_0 + x_i\beta) - (1 - \epsilon_i)] = 0 \tag{8.35}$$

$$\mu_i \epsilon_i = 0 \tag{8.36}$$

$$y_i(\beta_0 + x_i\beta) - (1 - \epsilon_i) \geq 0 \tag{8.37}$$

$$\epsilon_i \geq 0 \tag{8.38}$$

□ **79** (8.31) の L_P の双対問題が以下で与えられることを示せ．

$$L_D := \sum_{i=1}^{N} \alpha_i - \frac{1}{2}\sum_{i=1}^{N}\sum_{j=1}^{N} \alpha_i \alpha_j y_i y_j x_i^T x_j \tag{8.39}$$

ただし，α は (8.32) および

$$0 \leq \alpha_i \leq C \tag{8.40}$$

を満足する範囲で動くものとする．また，そのようにして求まった α から，β はどのようにして計算できるか．

□ **80** 以下を示せ．

$$\begin{cases} \alpha_i = 0 & \Longleftarrow & y_i(\beta_0 + x_i\beta) > 1 \\ 0 < \alpha_i < C & \Longrightarrow & y_i(\beta_0 + x_i\beta) = 1 \\ \alpha_i = C & \Longleftarrow & y_i(\beta_0 + x_i\beta) < 1 \end{cases}$$

□ **81** 少なくとも一つの i について，$y_i(\beta_0 + x_i\beta) = 1$ が成立することを示すことによって，β_0 の値を求めたい．

(a) $\alpha_1 = \cdots = \alpha_N = 0,\ y_i(\beta_0 + x_i\beta) \neq 1,\ i = 1,\ldots,N$ は最適解にはならないことを示せ．

(b) 各 i で（$\alpha_i = 0$ または $\alpha_i = C$）かつ $y_i(\beta_0 + x_i\beta) \neq 1$ が成立するとき $\epsilon_* := \min_i \epsilon_i$ として，各 ϵ_i を $\epsilon_i - \epsilon_*$ に，β_0 を $\beta_0 + y_i\epsilon_*$ におきかえることによって，L_P の値が増加する，すなわち最適解にはならないことを示せ．

ヒント $y_i = \pm 1$ なので，$y_i^2 = 1$ となる．

(c) 少なくとも一つの i について，$y_i(\beta_0 + x_i\beta) = 1$ が成立することを示せ．

□ **82** 双対問題 (8.39)(8.32)(8.40) を，二次計画法の解ソルバーにわたすために，

$$-\frac{1}{2}x^T P x + q^T x \longrightarrow 最小$$
$$Gx \leq h$$
$$Ax = b$$

となるような $P \in \mathbb{R}^{N \times N},\ G \in \mathbb{R}^{m \times N},\ q \in \mathbb{R}^N,\ h \in \mathbb{R}^m,\ A \in \mathbb{R}^{n \times N},\ b \in \mathbb{R}^n$ $(m, n \geq 0)$ を指定する必要がある．

$$h = [C, \ldots, C, 0, \ldots, 0]^T$$

とするとき，P, G, q, m, n はそれぞれ何になるか．さらに，以下の空欄をうめて，処理を実行せよ．

```
import cvxopt
from cvxopt import matrix
```

```
a=randn(1); b=randn(1)
n=100
X=randn(n,2)
y=np.sign(a*X[:,0]+b*X[:,1]+0.1*randn(n))
y=y.reshape(-1,1)   # 形を明示してわたす必要がある
```

```
1  def svm_1(X,y,C):
2      eps=0.0001
3      n=X.shape[0]
4      P=np.zeros((n,n))
5      for i in range(n):
6          for j in range(n):
7              P[i,j]=np.dot(X[i,:],X[j,:])*y[i]*y[j]
8      # パッケージにあるmatrix関数を使って指定する必要がある
9      P=matrix(P+np.eye(n)*eps)
10     A=matrix(-y.T.astype(np.float))
11     b=matrix(# 空欄 (1) #).astype(np.float))
12     h=matrix(# 空欄 (2) #).reshape(-1,1).astype(np.float))
13     G=matrix(np.concatenate([# 空欄 (3) #,np.diag(-np.ones(n))]))
14     q=matrix(np.array([-1]*n).astype(np.float))
15     res=cvxopt.solvers.qp(P,q,A=A,b=b,G=G,h=h)      # ソルバーの実行
16     alpha=np.array(res['x'])   # xが本文中のalphaに対応
17     beta=((alpha*y).T@X).reshape(2,1)
18     index=np.arange(0,n,1)
19     index_1=index[eps<alpha[:,0]]
20     index_2=index[(alpha<C-eps)[:,0]]
21     index=np.concatenate((index_1,index_2))
22     beta_0=np.mean(y[index]-X[index,:]@beta)
23     return {'beta':beta,'beta_0':beta_0}
```

```
1  a=randn(1); b=randn(1)
2  n=100
3  X=randn(n,2)
4  y=np.sign(a*X[:,0]+b*X[:,1]+0.1*randn(n))
5  y=y.reshape(-1,1)   # 形を明示してわたす必要がある
6  for i in range(n):
7      if y[i]==1:
8          plt.scatter(X[i,0],X[i,1],c="red")
9      else :
10         plt.scatter(X[i,0],X[i,1],c="blue")
11 res=svm_1(X,y,C=10)
```

```
1  def f(x):
2      return -res['beta_0']/res['beta'][1]-x*res['beta'][0]/res['beta'][1]
```

```
1  x_seq=np.arange(-3,3,0.5)
2  plt.plot(x_seq,f(x_seq))
```

□ **83** V をベクトル空間として，$(x,y) \in \mathbb{R}^p \times \mathbb{R}^p$ の（$\phi : \mathbb{R}^p \to V$ によって誘発される）カーネル $K(x,y)$ を，$\phi(x)$ と $\phi(y)$ の間の内積として定義する．たとえば，d 次元の多項式

カーネル $K(x,y) = (1 + x^T y)^d$ については，$d=1$, $p=2$ であれば，

$$((x_1, x_2), (y_1, y_2)) \mapsto 1 \cdot 1 + x_1 y_1 + x_2 y_2 = (1, x_1, x_2)^T (1, y_1, y_2)$$

となる。この場合，ϕ が $(x_1, x_2) \mapsto (1, x_1, x_2)$ となる。$p=2$, $d=2$ の場合，ϕ は何になるか。また，$d=2$ の多項式カーネルを実現する Python の関数 K.poly(x,y) を書け。

☐ **84** V を $\mathbb{R}$ 上のベクトル空間とする。

(a) V が $[0,1]$ における連続関数の集合であるとすると，$\displaystyle\int_0^1 f(x)g(x)dx$, $f, g \in V$ が V の内積となることを示せ。

(b) ベクトル空間 $V := \mathbb{R}^p$ について，$(1 + x^T y)^2$, $x, y \in \mathbb{R}^p$ が V の内積ではないことを示せ。

(c) 通常の内積を実現する Python の関数 K.linear(x,y) を書け。

> ヒント　内積の定義を確認せよ：$a, b, c \in V$, $\alpha \in \mathbb{R}$ について，$\langle a+b, c \rangle = \langle a, c \rangle + \langle b, c \rangle$; $\langle a, b \rangle = \langle b, a \rangle$; $\langle \alpha a, b \rangle = \alpha \langle a, b \rangle$; $\langle a, a \rangle = \|a\|^2 \geq 0$.

☐ **85** 以下では，ある $h : \mathbb{R}^p \to V$ を用いて，$x_i \in \mathbb{R}^p$, $i = 1, \ldots, N$ をすべて $\phi(x_i) \in V$ におきかえるものとする。したがって，$\beta \in \mathbb{R}^p$ は $\beta = \sum_{i=1}^N \alpha_i y_i \phi(x_i) \in V$ となり，L_D の定義の中の内積 $\langle x_i, x_j \rangle$ は $\phi(x_i)$ と $\phi(x_j)$ の間の内積，すなわちカーネル $K(x_i, x_j)$ となる。このように拡張すると，境界線 $\phi(X)\beta + \beta_0 = 0$, すなわち $\sum_{i=1}^N \alpha_i y_i K(X, x_i) + \beta_0 = 0$ が，必ずしも平面ではなくなる。問題 82 の svm_1 を以下のように変更せよ。

(a) 引数 K を関数の定義におき，

(b) sum(X[:,i]*X[,:j]) を K(X[i,:],X[j,:]) におきかえ，

(c) 23 行目の return における beta を alpha におきかえる。

そして，関数名を svm_2 として，以下の空欄をうめて処理を実行せよ。

```
1  # 実行
2  a=3; b=-1
3  n=200
4  X=randn(n,2)
5  y=np.sign(a*X[:,0]+b*X[:,1]**2+0.3*randn(n))
6  y=y.reshape(-1,1)
```

```
1  def plot_kernel(K,line): # 引数lineで線の種類を指定する
2      res=svm_2(X,y,1,K)
3      alpha=res['alpha'][:,0]
4      beta_0=res['beta_0']
5      def f(u,v):
6          S=beta_0
7          for i in range(X.shape[0]):
8              S=S+# 空欄 #
9          return S[0]
```

```
10      uu=np.arange(-2,2,0.1); vv=np.arange(-2,2,0.1); ww=[]
11      for v in vv:
12          w=[]
13          for u in uu:
14              w.append(f(u,v))
15          ww.append(w)
16      plt.contour(uu,vv,ww,levels=0,linestyles=line)
```

```
1   for i in range(n):
2       if y[i]==1:
3           plt.scatter(X[i,0],X[i,1],c="red")
4       else:
5           plt.scatter(X[i,0],X[i,1],c="blue")
6   plot_kernel(K_poly,line="dashed")
7   plot_kernel(K_linear,line="solid")
```

```
     pcost       dcost       gap    pres   dres
 0: -7.5078e+01 -6.3699e+02  4e+03  4e+00  3e-14
 1: -4.5382e+01 -4.5584e+02  9e+02  6e-01  2e-14
 2: -2.6761e+01 -1.7891e+02  2e+02  1e-01  1e-14
 3: -2.0491e+01 -4.9270e+01  4e+01  2e-02  1e-14
 4: -2.4760e+01 -3.3429e+01  1e+01  5e-03  5e-15
 5: -2.6284e+01 -2.9464e+01  4e+00  1e-03  3e-15
 6: -2.7150e+01 -2.7851e+01  7e-01  4e-05  4e-15
 7: -2.7434e+01 -2.7483e+01  5e-02  2e-06  5e-15
 8: -2.7456e+01 -2.7457e+01  5e-04  2e-08  5e-15
 9: -2.7457e+01 -2.7457e+01  5e-06  2e-10  6e-15
Optimal solution found.
     pcost       dcost       gap    pres   dres
 0: -9.3004e+01 -6.3759e+02  4e+03  4e+00  4e-15
 1: -5.7904e+01 -4.6085e+02  8e+02  5e-01  4e-15
 2: -3.9388e+01 -1.5480e+02  1e+02  6e-02  1e-14
 3: -4.5745e+01 -6.8758e+01  3e+01  9e-03  3e-15
 4: -5.0815e+01 -6.0482e+01  1e+01  3e-03  2e-15
 5: -5.2883e+01 -5.7262e+01  5e+00  1e-03  2e-15
 6: -5.3646e+01 -5.6045e+01  3e+00  6e-04  2e-15
 7: -5.4217e+01 -5.5140e+01  1e+00  2e-04  2e-15
 8: -5.4531e+01 -5.4723e+01  2e-01  1e-05  2e-15
 9: -5.4617e+01 -5.4622e+01  6e-03  3e-07  3e-15
10: -5.4619e+01 -5.4619e+01  6e-05  3e-09  3e-15
11: -5.4619e+01 -5.4619e+01  6e-07  3e-11  2e-15
Optimal solution found.
```

□ **86** 以下の手続きは，人工データに対して，$\gamma=1$のラジカルカーネルとコスト$C=1$のサポートベクトルマシンを実行させたものである。

```
1  import sklearn
2  from sklearn import svm
```

```
1  x=randn(200,2)
2  x[0:100,]=x[0:100,]+2
3  x[100:150,]=x[100:150,]-2
4  y=np.concatenate(([1 for i in range(150)],[2 for i in range(50)]))
5  train=np.random.choice(200,100,replace=False)
6  test=list(set(range(200))-set(train))
7  res_svm=svm.SVC(kernel="rbf",gamma=1,C=1)   # チューニングなしのSVM
8  res_svm.fit(x[train,],y[train])  # 実行
```

```
1  res_svm.predict(x[test,])        # テストデータの予測結果
```

```
1  import mlxtend
2  from mlxtend.plotting import plot_decision_regions
```

```
1  plot_decision_regions(x,y,clf=res_svm)
```

(a) $\gamma = 1, C = 100$ に対して，サポートベクトルマシンを実行せよ．

(b) GridSearchCV コマンドを用いて，クロスバリデーションによって，最適な C および γ を $C = 0.1, 1, 10, 100, 1000$ および $\gamma = 0.5, 1, 2, 3, 4$ の中から選べ．

```
1  from sklearn.model_selection import GridSearchCV
```

```
1  grid={'C':[0.1,1,10,100,1000],'gamma':[0.5,1,2,3,4]}
2  tune=GridSearchCV(svm.SVC(),grid,cv=10)
3  tune.fit(x[train,],y[train])
```

```
GridSearchCV(cv=10, error_score='raise-deprecating',
          estimator=SVC(C=1.0, cache_size=200, class_weight=None, coef0=0.0,
                        decision_function_shape='ovr', degree=3,
                        gamma='auto_deprecated', kernel='rbf', max_iter=-1,
                        probability=False, random_state=None, shrinking=True,
                        tol=0.001, verbose=False),
          iid='warn', n_jobs=None,
          param_grid={'C': [0.1, 1, 10, 100, 1000],
                      'gamma': [0.5, 1, 2, 3, 4]},
          pre_dispatch='2*n_jobs', refit=True, return_train_score=False,
          scoring=None, verbose=0)
```

□ **87** サポートベクトルマシンは，Python では，クラスが 2 個以上の場合でも，クラス数を指

定しなくても，実行可能である．空欄をうめて，処理を実行せよ．

```
1  from sklearn.datasets import load_iris
```

```
1  iris=load_iris()
2  iris.target_names
3  x=iris.data
4  y=iris.target
5  train=np.random.choice(150,120,replace=False)
6  test=np.ones(150,dtype=bool)
7  test[train]=False
8  iris_svm=svm.SVC(kernel="rbf",gamma=1,C=10)
9  iris_svm.fit(# 空欄(1) #)
```

```
SVC(C=10, cache_size=200, class_weight=None, coef0=0.0,
    decision_function_shape='ovr', degree=3, gamma=1, kernel='rbf', max_iter=-1,
    probability=False, random_state=None, shrinking=True, tol=0.001,
    verbose=False)
```

```
1  y_pre=# 空欄(2) #
2  table_count(3,y[test],y_pre)
```

```
array([[ 9.,  0.,  0.],
       [ 0., 10.,  0.],
       [ 0.,  3.,  8.]])
```

第**9**章　教師なし学習

これまでは，N 個の観測データ $(x_1, y_1), \ldots, (x_N, y_N)$ から説明変数と目的変数の間の関係を学習する問題で，目的変数が実数値をとる場合（回帰）および有限個の値のいずれかをとる場合（分類）を検討した（教師あり学習）。本章では，そのような教師が与えられず，$x_1, \ldots, x_N \in \mathbb{R}^p$ のみからその N サンプル間の関係，p 変数間の関係を学習する方法（教師なし学習）を学ぶ。教師なし学習には種々のものがあるが，本章ではクラスタリングと主成分分析をとりあげる。クラスタリングは，$x_1, \ldots, x_N$ のサンプルをいくつかのグループ（クラスタ）に分けることを意味する。クラスタの数 K を事前に与える K-means クラスタリングと，そのような情報を与えない階層的クラスタリングについて検討する。主成分分析は，機械学習に限らず，多変量解析などでよく用いられるデータ解析手法である。

9.1　K-means クラスタリング

クラスタリングは，p 変数の値をもった N 個のサンプル $x_1, \ldots, x_N \in \mathbb{R}^p$ を交わりのない K 個の集合（クラスタ）に分割する処理である。このうち，K-means クラスタリングは，事前に K の値を定め，最初に $1, \ldots, K$ のいずれかを N データのそれぞれにランダムに割り当て，以下の 2 ステップを繰り返す処理である。

1.　クラスタ $k = 1, \ldots, K$ のそれぞれに含まれるサンプルの中心（平均ベクトル）を求める。
2.　N データのそれぞれに，K クラスタの中で中心が最も近いクラスタを割り当てる。

ここで，クラスタは p 次元のベクトルの集合であって，その（算術）平均は，それらの中心であることを意味する。また，2 番目のステップでの p 次元ベクトル $a = [a_1, \ldots, a_p]^T$, $b = [b_1, \ldots, b_p]^T \in \mathbb{R}^p$ の距離は，L_2 ノルム

$$\|a - b\| = \sqrt{(a_1 - b_1)^2 + \cdots + (a_p - b_p)^2}$$

で評価する。

たとえば，以下のような処理を構成できる。もし，実行の途中で，クラスタがサンプルを含まなくなったら，そのクラスタは中心が計算できなくなるので，そのクラスタは以後用いられなくなる

（N が K とくらべて小さい場合に生じる可能性がある）。なお，下記のコードのうち，#のついた行は，クラスタの目的ではなく，スコアの値の変化をみるためにおいている。

```python
def k_means(X,K,iteration=20):
    n,p=X.shape
    center=np.zeros((K,p))
    y=np.random.choice(K,n,replace=True)
    scores=[]
    for h in range(iteration):
        for k in range(K):
            if np.sum(y==k)==0:
                center[k,0]=np.inf
            else:
                for j in range(p):
                    center[k,j]=np.mean(X[y==k,j])
        S_total=0
        for i in range(n):
            S_min=np.inf
            for k in range(K):
                S=np.sum((X[i,]-center[k,])**2)
                if S<S_min:
                    S_min=S
                    y[i]=k
            S_total+=S_min
        scores.append(S_total)
    return {'clusters':y,'scores':scores}
```

◆ **例 80**　関数 `k_means` を用いて，K-means クラスタリングで，$p = 2$ 次元の人工データのクラスタを表示してみた（図 9.1）。

```python
n=1000; K=5; p=2
X=randn(n,p)  # データ生成
y=k_means(X,5)['clusters'] # 各サンプルのクラスタを得る
# クラスタごとに色を変えて,点を描く
plt.scatter(X[:,0],X[:,1],c=y)
plt.xlabel("第1成分")
plt.ylabel("第2成分")
```

Text(0, 0.5, '第2成分')

　まず，K-means クラスタリングを実行している間，毎回の更新（ステップ 1, 2 の適用）でスコア

$$S := \sum_{k=1}^{K} \min_{z_k \in \mathbb{R}^p} \sum_{i \in C_k} \|x_i - z_k\|^2$$

は，増加しない。実際，各クラスタの内部から，ある点 $x \in \mathbb{R}^p$ までの距離の二乗和 $\displaystyle\sum_{i \in C_k} \|x_i - x\|^2$

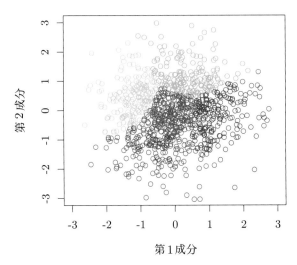

図 9.1 *K*-means クラスタリング。$K = 5$, $N = 1000$, $p = 2$。クラスタが 5 色で色分けされている。

は，x をそのクラスタの中心 $\bar{x}_k$ に選んだときに最小となる：

$$\sum_{i \in C_k} \|x_i - x\|^2 = \sum_{i \in C_k} \|(x_i - \bar{x}_k) - (x - \bar{x}_k)\|^2$$

$$= \sum_{i \in C_k} \|x_i - \bar{x}_k\|^2 + \sum_{i \in C_k} \|x - \bar{x}_k\|^2 - 2(x - \bar{x}_k)^T \sum_{i \in C_k} (x_i - \bar{x}_k)$$

$$= \sum_{i \in C_k} \|x_i - \bar{x}_k\|^2 + \sum_{i \in C_k} \|x - \bar{x}_k\|^2 \geq \sum_{i \in C_k} \|x_i - \bar{x}_k\|^2$$

ここで，$\bar{x}_k = \dfrac{1}{|C_k|} \displaystyle\sum_{i \in C_k} x_i$ を用いた。すなわち，ステップ 1 を実行しても，スコアは増加しない。また，ステップ 2 で，あるサンプルが所属するクラスタをその中心が最も近いクラスタに移動しても，S の値は増加しない。

　また，*K*-means クラスタリングの結果は，ランダムに選ばれた初期段階のクラスタに依存する。このことは，*K*-means を適用しても，最適解が得られる保証がなく，初期値を変えて何度も実行して，その中でスコアのよいクラスタリングを選ぶ必要があることを意味する。

◆ **例 81**　$N = 3$, $p = 1$, $K = 2$ として，$0, 6, 10$ にサンプルがあるとする（図 9.2）。最初に $0, 6$ に 1，10 に 2 のクラスタが割り当てられた場合，まず，$3, 10$ がそれぞれクラスタ 1, 2 の中心になる。そして，$0, 6, 10$ の最も近いクラスタの中心がそれぞれ $3, 3, 10$ であり（二乗誤差は $9 + 9 + 0 = 18$），処理を継続してもその状態は変わらない。逆に，最初に 0 に 1，$6, 10$ に 2 のクラスタが割り当てられた場合，まず，$0, 8$ がクラスタ 1, 2 の中心になる。そして，$0, 6, 10$ の最も近いクラスタの中心が $0, 8, 8$ であり（二乗誤差は $0 + 4 + 4 = 8$），処理を継続してもその状態は変わらない。後者が，スコア最小の意味で最適であるが，クラスタを最初に $1, 1, 2$ と割り当てると，最適解には到達しない。

◆ **例 82**　初期値を変えて，*K*-means クラスタリングを実行してみた（図 9.3）。各実行で，スコアの値が減少していることが確認できた。また，収束する値が初期値ごとに異なり，最適値に到達

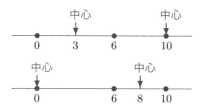

図 9.2　初期段階のクラスタとして，3 個のサンプル（塗りつぶした円）のうち，左の 2 個に赤，右の 1
個に青が割り当てられても（上），左の 1 個に赤，右の 2 個に青が割り当てられても（下），サ
ンプルがクラスタを移動せず，その状態で収束する。

していない実行があることを確認できた。コードは下記によった。

```
1   n=1000; p=2
2   X=randn(n,p)
3   itr=np.arange(1,21,1)
4   for r in range(10):
5       scores=k_means(X,5)['scores']
6       plt.plot(itr,np.log(scores))
7   plt.xlabel("繰り返し回数")
8   plt.ylabel("log(スコア)")
9   plt.title("初期値ごとに，スコアの変化をみる")
10  plt.xticks(np.arange(1,21,1))
```

N サンプルを $x_1 = [x_{1,1}, \ldots, x_{1,p}]^T, \ldots, x_N = [x_{N,1}, \ldots, x_{N,p}]^T$，各クラスタ $k = 1, \ldots, K$

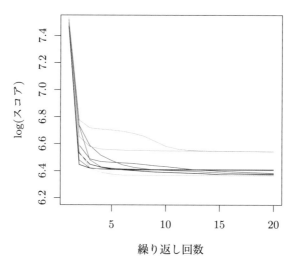

図 9.3　K-means クラスタリングを初期値を変えて 10 回実行してみた。実行ごとに異なる色を用いて
いる。更新を繰り返すたびにスコアが単調に減少しているが，収束する値は各更新で一致して
いない。横軸は各実行での繰り返し回数，縦軸はスコアの対数をあらわしている。

が含むサンプルの添え字の集合 ($\{1,\dots,N\}$ の部分集合) を C_k, 各クラスタの中心を $\bar{x}_1 = [\bar{x}_{1,1},\dots,\bar{x}_{1,p}]^T,\dots,\bar{x}_K = [\bar{x}_{K,1},\dots,\bar{x}_{K,p}]^T$ と書くと, 次式が成立する。

$$\frac{1}{|C_k|}\sum_{i\in C_k}\sum_{i'\in C_k}\sum_{j=1}^{p}(x_{i,j}-x_{i',j})^2 = 2\sum_{i\in C_k}\sum_{j=1}^{p}(x_{i,j}-\bar{x}_{k,j})^2 \tag{9.1}$$

実際, (9.1) は各 $j = 1,\dots,p$ で,

$$\frac{1}{|C_k|}\sum_{i\in C_k}\sum_{i'\in C_k}(x_{i,j}-x_{i',j})^2 = 2\sum_{i\in C_k}(x_{i,j}-\bar{x}_{k,j})^2$$

が成立することと同値である。左辺は

$$\frac{1}{|C_k|}\sum_{i\in C_k}\sum_{i'\in C_k}\{(x_{i,j}-\bar{x}_{k,j})-(x_{i',j}-\bar{x}_{k,j})\}^2$$
$$= \frac{1}{|C_k|}\sum_{i\in C_k}\sum_{i'\in C_k}(x_{i,j}-\bar{x}_{k,j})^2 - \frac{2}{|C_k|}\sum_{i\in C_k}(x_{i,j}-\bar{x}_{k,j})\sum_{i'\in C_k}(x_{i',j}-x_{k,j})$$
$$+ \frac{1}{|C_k|}\sum_{i\in C_k}\sum_{i'\in C_k}(x_{i',j}-\bar{x}_{k,j})^2 \tag{9.2}$$

と変形できる。(9.2) の第 2 項は, $\bar{x}_{k,j} = \dfrac{1}{|C_k|}\sum_{i'\in C_k}x_{i',j}$ であるため 0 となる。また, (9.2) の第 1 項, 第 3 項は同じ値 $\sum_{i\in C_k}(x_{i,j}-\bar{x}_{k,j})^2$ をとり, その和が (9.1) の右辺と一致している。

このことから, K-means クラスタリングは, クラスタ内のサンプルのすべての対の距離の二乗和を最小にすることを目的としていることがわかる。

9.2 階層的クラスタリング

K-means クラスタリングと並んで, 階層的クラスタリングがよく用いられる。

最初に 1 サンプルのみを含むクラスタを N 個用意しておき, ある基準で近いとされるクラスタを結合していき, クラスタ数を 2 まで減らしていく。事前にクラスタ数 K を決めず, すべての $1 \leq K \leq N$ でのクラスタリングを同時に見出すことができる。

サンプル間の距離 $d(\cdot,\cdot)$ には, 通常 L_2 ノルムが用いられる。しかし, 複数サンプルを含む一般のクラスタどうしの距離 (距離の公理を必ずしも満足しない) を定義しておく必要がある。よく用いられるものを, 表 9.1 に掲げておく。

Complete リンケージ, Single リンケージ, Centroid リンケージ, Average リンケージのそれぞれで, 下記のような処理を組むことができる。ただし, 入力はいずれも, $X \in \mathbb{R}^{N\times p}$ の複数行を抽出した行列 x,y とし, クラスタ間の距離が出力となる。

```
1  def dist_complete(x,y):
2      r=x.shape[0]
3      s=y.shape[0]
4      dist_max=0
5      for i in range(r):
```

表**9.1**　クラスタ間の距離

リンケージ	定義	クラスタ A, B についての定義
Complete	対となるサンプルの間の距離の最大値	$\displaystyle\max_{i\in A, j\in B} d(x_i, x_j)$
Single	対となるサンプルの間の距離の最小値	$\displaystyle\min_{i\in A, j\in B} d(x_i, x_j)$
Centroid	2クラスタの中心間の距離	$\displaystyle d\left(\frac{1}{|A|}\sum_{i\in A} x_i, \frac{1}{|B|}\sum_{j\in B} x_j\right)$
Average	2対となるサンプル間の距離の算術平均	$\displaystyle\frac{1}{|A|\cdot|B|}\sum_{i\in A}\sum_{j\in B} d(x_i, x_j)$

```
6         for j in range(s):
7             d=np.linalg.norm(x[i,]-y[j,])**2
8             if d>dist_max:
9                 dist_max=d
10     return dist_max
```

```
1  def dist_single(x,y):
2      r=x.shape[0]
3      s=y.shape[0]
4      dist_min=np.inf
5      for i in range(r):
6          for j in range(s):
7              d=np.linalg.norm(x[i,]-y[j,])**2
8              if d<dist_min:
9                  dist_min=d
10     return dist_min
```

```
1  def dist_centroid(x,y):
2      r=x.shape[0]
3      s=y.shape[0]
4      x_bar=0
5      for i in range(r):
6          x_bar=x_bar+x[i,]
7      x_bar=x_bar/r
8      y_bar=0
9      for i in range(s):
10         y_bar=y_bar+y[i,]
11     y_bar=y_bar/s
12     return np.linalg.norm(x_bar-y_bar)**2
```

```
1  def dist_average(x,y):
2      r=x.shape[0]
3      s=y.shape[0]
```

```
4      S=0
5      for i in range(r):
6          for j in range(s):
7              S=S+np.linalg.norm(x[i,]-y[j,])**2
8      return S/r/s
```

また，そのようなクラスタ間の距離を定義すると，階層的クラスタの処理は，下記のように構成できる。観測データとクラスタ間の距離を与えて，クラスタリングを求め（index というリスト），それらをリストにもつ cluster というリストで返している。ある2個のクラスタを結合することになった場合，そのインデックスが $i < j$ であれば，両者の結合後のインデックスを i として，$j+1$ 以上のインデックスを一つずつ左につめていき，インデックス k のクラスタを削除する。

```
1  import copy
```

```
1   def hc(X,dd="complete"):
2       n=X.shape[0]
3       index=[[i] for i in range(n)]
4       cluster=[[] for i in range(n-1)]
5       for k in range(n,1,-1):
6           # index_2=[]
7           dist_min=np.inf
8           for i in range(k-1):
9               for j in range(i+1,k):
10                  i_0=index[i]; j_0=index[j]
11                  if dd=="complete":
12                      d=dist_complete(X[i_0,],X[j_0,])
13                  elif dd=="single":
14                      d=dist_single(X[i_0,],X[j_0,])
15                  elif dd=="centroid":
16                      d=dist_centroid(X[i_0,],X[j_0,])
17                  elif dd=="average":
18                      d=dist_average(X[i_0,],X[j_0,])
19                  if d<dist_min:
20                      dist_min=d
21                      i_1=i    # 結合される側のlistのindex
22                      j_1=j    # 新たに結合するlistのindex
23          index[i_1].extend(index[j_1])  # 追加する
24          if j_1<k:                 # 追加したindexの後ろを一つ前に詰める
25              for h in range(j_1+1,k,1):
26                  index[h-1]=index[h]
27          index2=copy.deepcopy(index[0:(k-1)])  # indexのまま使うと，毎回書き換わってしまうため
28          cluster[k-2].extend(index2)
29      return cluster  # 下から結果を見ると，一つずつ結合が起こっていることがわかる
```

このようにして，クラスタ数 $K = n, n-1, \ldots, 2$ のクラスタリングが cluster[[n]], cluster[[n-1]], ..., cluster[[2]] に格納される。

◆ **例 83**　$N = 100$, $p = 2$で人工的にデータを発生させて，階層的クラスタリングを行う。同じ
クラスタのサンプルどうしを，同じ色であらわしている。まず，クラスタ数Kを変えて出力させ
てみた（図9.4）。

```
1   n=200; p=2
2   X=randn(n,p)
3   cluster=hc(X,"complete")
4   K=[2,4,6,8] # クラスタ数が3,5,7,9
5   for i in range(4):
6       grp=cluster[K[i]]   # 全体の結果から，クラスタ数がK[i]のときの結果を取り出す
7       plt.subplot(2,2,i+1)
8       for k in range(len(grp)):
9           x=X[grp[k],0]
10          y=X[grp[k],1]
11          plt.scatter(x,y,s=5)
12      plt.text(2,2,"K={}".format(K[i]+1),fontsize=12)
```

引き続き，クラスタ間の距離の定義(Complete, Single, Centroid, Average)を変えて出力させ

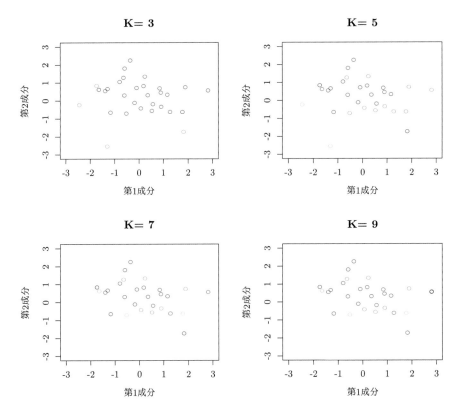

図**9.4**　$N = 200$, $p = 2$の人工データに，クラスタ数$K = 3, 5, 7, 9$で，Complete リンケージで階
　　　　層的クラスタリングを実行した。同じ色は同じクラスタをあらわす。K-means と比較すると，
　　　　中心が最も近いクラスタにクラスタリングされていないことがわかる。

てみた（図9.5）。同じクラスタのサンプルどうしを，同じ色であらわしている。

```python
n=100; p=2; K=7
X=randn(n,p)
i=1
for d in ["complete","single","centroid","average"]:
    cluster=hc(X,dd=d)
    plt.subplot(2,2,i)
    i=i+1
    grp=cluster[K-1]
    for k in range(K):
        x=X[grp[k],0]
        y=X[grp[k],1]
        plt.scatter(x,y,s=5)
    plt.text(-2,2.1,"{}".format(d),fontsize=12)
```

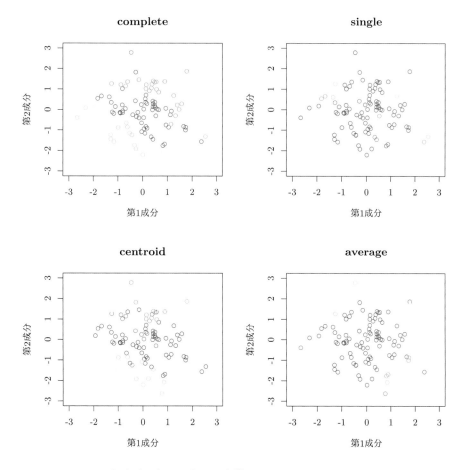

図9.5 $N = 100$, $p = 2$ の人工データに，クラスタ数 $K = 7$ で，Complete, Single, Centroid, Average の各リンケージで階層的クラスタリングを実行した。最もよく使われている Complete リンケージが，直感的に受け入れられるクラスタリングを行っているように思える。

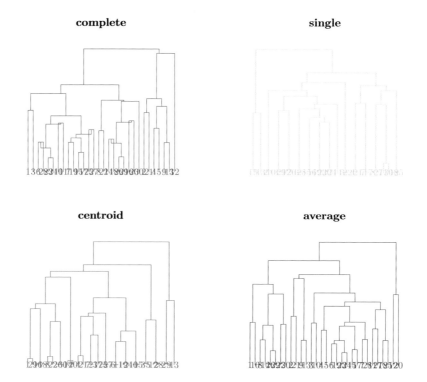

図 **9.6**　$N = 30$, $p = 3$ の人工データに，Complete, Single, Centroid, Average の各リンケージで階層的クラスタリングを実行し，樹形図を表示させた。

階層的クラスタリングは，事前にクラスタ数 K を決めなくてよい代わりに，K-means と比較すると，最も近いサンプルどうしで，クラスタを構成していないことがわかる（図 9.5）。これは，階層的クラスタリングが，層の下から局所的に結合していくことに起因する。また，クラスタ間の距離を測る尺度としては，用途にもよるが，Complete リンケージが使われることが多い。結果が K-means により近く，直感的に受け入れやすいものとなっている。

階層的クラスタリングの結果は，デンドロイドグラム（樹形図）で表現される（図 9.6）。クラスタの結合は，距離の近いクラスタどうしから結合がすすみ，結合する順序が後になればなるほどその距離が大きくなる傾向にある（図 9.7）。結合した 2 クラスタの分岐点をその距離を高さにして，木を構成する。上に行けば行くほど枝の数が（1 個ずつ）減っていく。そして，任意の $2 \leq K \leq n$ に対して，枝の個数が k の高さが存在する。その高さで水平に切ると，クラスタリングが得られる。つまり，その k 本の枝の下にあるサンプルが K クラスタに含まれるそれぞれのサンプルである。

ただし，樹形図を構成する際には，木の枝が交差しないように，結合するクラスタのサンプルどうしが連続する位置に置かれるように，端点に置かれたサンプルをならべかえる必要がある。

Single リンケージの場合，低い段階でのクラスタ間の距離は小さいが，高くなってから距離が急に大きくなる傾向がある。Centroid リンケージは，バイオ関係で比較的よく用いられるが，反転 (inversion) といって，結合する順序が後の結合のほうが結合するクラスタの距離が小さくなる場合がある。

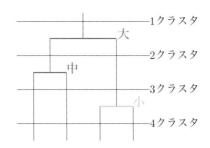

図 9.7 階層的クラスタの高さと，クラスタ数，クラスタ間の距離。赤の高さで結合しているクラスタの距離は，青や緑の高さのそれより大きい。また，木の根から下，それぞれの高さで枝が $k = 1, 2, 3, \ldots$ 本ある。各枝の下にある端点のサンプルでクラスタを構成している。

◆ **例 84** $N = 3$, $p = 2$ で，サンプルが $(0,0), (5,8), (9,0)$ であれば（図 9.8），Centroid リンケージを適用したときに，最初に $\{(0,0)\}, \{(5,8),(9,0)\}$ になるが（クラスタ距離 $\sqrt{4^2 + 8^2} = \sqrt{80}$），次に結合するときに，それぞれの中心 $(0,0)$ と $(7,4)$ の距離が $\sqrt{7^2 + 4^2} = \sqrt{65}$ となり，最初に結合したときよりクラスタ間の距離が小さくなる。このことは，図 9.6 左下（Centroid リンケージ）のように，樹形図の木が交差することを意味する。

Complete, Single, Average リンケージでは，反転は生じない。すなわち，後で結合されるクラスタの距離は，それより前に結合されるクラスタの距離より小さくなることはない。実際，表 9.1 のクラスタ A, B の間の距離の定義より，Complete リンケージでは，現在のクラスタのいずれかが結合すれば，距離の最大値なので，結合後にクラスタ間の距離が小さくなることはない。Single リンケージでは，クラスタ A, B が結合して $\{A, B\}$ となり，それ以外にクラスタ C があった場合，$\{A, B\}, C$ が結合するときの両者のクラスタ間の距離が小さくなれば，距離の最小値なので，$\{A, B\}$ より前に $\{B, C\}$ を先に結合しなければ，定義と矛盾する。Average リンケージでも，

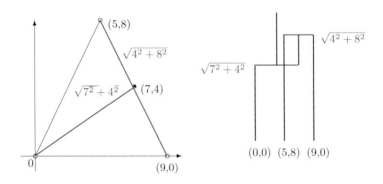

図 9.8 Centroid リンケージで反転が生じる例。三角形の 3 辺（辺の長さが $\sqrt{89}, 9, \sqrt{80}$）で最も短い $(5,8), (9,0)$ を結合したクラスタ（青で表示）の中心は $(7,4)$ となる。しかし，$(7,4)$ と $(0,0)$ を結合したときの距離（赤で表示）のほうが小さくなる。右の樹形図は，結合する距離をその分岐点の高さで表示しているが，赤のほうが下にきている。そのため，樹形図の枝が交差している。

$\{A, B\}$ が C と結合するときの両者のクラスタ間の平均距離が小さくなれば，$\{A, B\}$ より $\{B, C\}$ のほうが平均距離が小さくなる。

これまで検討してきた処理から継続して樹形図を得ることも可能だが，プログラムが煩雑になるので，詳細は付録に掲載した。図9.6の樹形図は，そのプログラムの実行による。通常は，Python で標準で用意されている `scipy.cluster.hierarchy` パッケージを用いるのがよい。

◆ 例 85

```python
from scipy.cluster.hierarchy import linkage,dendrogram
```

```python
X=randn(20,2)
i=1
for d in ["single","average","complete","weighted"]:
    res_hc=linkage(X,method=d)
    plt.subplot(2,2,i)
    i+=1
    dendrogram(res_hc)
```

9.3　主成分分析

主成分分析は，$p \leq N$ として，ある行列 $X \in \mathbb{R}^{N \times p}$ が与えられたとき，$\|X\phi_1\|$ を最大にする $\phi_1 \in \mathbb{R}^N$，ϕ_1 と直交して $\|X\phi_2\|$ を最大にする $\phi_2 \in \mathbb{R}^N$，$\ldots$，$\|X\phi_p\|$ を最大にする $\phi_p \in \mathbb{R}^N$ を求める操作である。ただし，$\|\phi_1\| = \cdots = \|\phi_p\| = 1$ を仮定する。その処理に先立って，各列を中心化，すなわち，各列から平均を引いて 0 になるような操作をほどこすことが多い。

主成分分析の主な目的は，ϕ_1 から途中の ϕ_m $(1 \leq m \leq p)$ までの成分を用いて，行列 X に関する情報を要約することである。このとき，

$$X^T X \phi_1 = \mu_1 \phi_i \tag{9.3}$$

なる μ_1 が存在する。実際，ϕ_1 は $\|X\phi_i\|$ を最大にするので，Lagrange 定数 $\gamma \geq 0$ および

$$L := \|X\phi_1\|^2 - \gamma(\|\phi_1\|^2 - 1)$$

における $\dfrac{\partial L}{\partial \gamma} = 0$，および $\dfrac{\partial L}{\partial \phi_1} = 0$ より，$\|\phi_1\|^2 = 1$, $X^T X \phi_1 = \gamma \phi_1$ となる定数 γ の存在が必要となる。したがって，(9.3) を満足する μ_1 が存在する。そのような μ_1 は複数あるが，

$$\|X\phi_1\|^2 = \phi_1^T X^T X \phi_1 = \mu_1 \|\phi_1\|^2 = \mu_1$$

を最大にするので，最大の固有値を選ぶ必要がある。

また，ϕ_2 も，ある μ_2 について，

$$X^T X \phi_2 = \mu_2 \phi_2$$

を満足しなければならない。したがって，$X^T X$ の固有ベクトルになる。しかし，$\mu_1 \geq \mu_2$ であって，ϕ_1 と直交する必要がある。すなわち $\mu_1 = \mu_2$，つまり ϕ_1, ϕ_2 が同じ固有空間に属するか，も

しくは μ_2 が μ_1 以外で最大の固有値である必要がある。また，それらは非負定値行列の固有値であるので，非負である（命題10）ことに注意したい。

実際の主成分分析の定式化では，$\Sigma := \dfrac{1}{N} X^T X$ とおいて，$\mu_1/N, \ldots, \mu_m/N$ を改めて $\lambda_1, \ldots, \lambda_m$ とおき，(9.3) を

$$\Sigma \phi_1 = \lambda_1 \phi_1$$

のように書くことが多い。ここで，Σ はサンプルによる共分散行列であって，$\lambda_1 \geq \cdots \geq \lambda_m \geq 0$ は，それぞれ第1主成分 $\phi_1, \ldots,$ 第 m 主成分 ϕ_m の分散とよばれ，この値に比例して，その成分による情報の大きさが評価され，p 成分中で分散の最も大きな m 成分をもってくる。特に，$\dfrac{\lambda_k}{\sum_{i=1}^p \lambda_i}$ を第 k 主成分の寄与率，$\dfrac{\sum_{i=1}^k \lambda_i}{\sum_{i=1}^p \lambda_i}$ を第 k 主成分までの累積の寄与率という。また，行列 X の p 列の値の単位が異なると，主成分ベクトルや N データをそれらに射影させた結果も異なってくる。そのような不都合が生じないようにするために，X の各列の分散が1になるように正規化してから，主成分分析を行うことがある。

ここでランダムに行列 X が生成された場合，複数の固有値が一致する確率は低いので，以下では，

$$\lambda_1 > \cdots > \lambda_m$$

を仮定する。Σ は対称行列であるので，命題9より $\lambda_i \neq \lambda_j$ であれば，固有ベクトル ϕ_i と ϕ_j は直交する。したがって，固有値の大きい m 固有値と対応する固有ベクトルを見出せば，それらが直交しているかどうか確認する必要がない。

Python の np.linalg.eig 関数を用いて，行列 $X \in \mathbb{R}^{N \times p}$ を入力とし，それを中心化して，Σ の固有値 $\lambda_1, \ldots, \lambda_p$，固有ベクトル $\phi_1, \ldots, \phi_p$ を各列にもつ行列，および中心 (centers) を出力する関数pcaは，以下のように構成することができる。

```python
def pca(X):
    n,p=X.shape
    center=np.average(X,0)
    X=X-center # 列ごとに中心化
    Sigma=X.T@X
    lam,phi=np.linalg.eig(Sigma)   # 固有値, 固有ベクトル
    index=np.argsort(-lam)   # 降順にソート
    lam=lam[index]
    phi=phi[:,index]
    return {'lam':lam,'vectors':phi,'centers':center}
```

上記の関数を用いなくても，Python では，sklearn.decomposition の中の PCA 関数を用いることが多い。その場合に，主成分数 (n_components) を決めて実行することが多い。

◆ 例 86 主成分ベクトルは，ソフトウェアによって方向が反対（ベクトルが -1 倍）になることがあるが，これらは区別しない。

```python
X=randn(100,5)
res=pca(X)
```

```
3 res['lam']
```

```
array([110.53492367, 103.30322442,  94.67566385,  78.62762373,
        71.98586376])
```

```
array([0.24075006, 0.22499909, 0.20620787, 0.17125452, 0.15678846])
```

```
1 res['vectors']
```

```
array([[ 0.1904871 ,  0.86655739,  0.23631724,  0.34643019, -0.19218023],
       [ 0.65407668,  0.09134685, -0.59040129, -0.35265467, -0.30149701],
       [-0.13324667, -0.20604928, -0.50496326,  0.78034922, -0.27542008],
       [-0.5430764 ,  0.44470055, -0.57750325, -0.22518257,  0.35084505],
       [ 0.47245286, -0.02278504, -0.08415809,  0.30978817,  0.82049853]])
```

```
1 res['centers']
```

```
1 from sklearn.decomposition import PCA
```

```
1 pca=PCA()
2 pca.fit(X) # 実行
```

```
PCA(copy=True, iterated_power='auto', n_components=None, random_state=None,
    svd_solver='auto', tol=0.0, whiten=False)
```

```
1 score=pca.fit_transform(X) # 主成分得点(行:n, 列:主成分)
2 score[0:5,]
```

```
array([[-0.20579722,  0.63537368,  1.20127757, -0.17642322,  0.08331289],
       [ 1.81876319,  0.7014673 , -0.76877222,  0.94195901,  1.32429876],
       [-1.64856653,  1.27063092, -1.36066169, -0.0763228 , -0.81823956],
       [-1.01126137, -0.21633468,  1.21589032, -0.54061369,  0.14468562],
       [-0.71078308,  0.74867317,  0.81140784, -0.45036742, -0.27535244]])
```

```
array([[ 0.1904871 ,  0.65407668, -0.13324667, -0.5430764 ,  0.47245286],
       [ 0.86655739,  0.09134685, -0.20604928,  0.44470055, -0.02278504],
       [ 0.23631724, -0.59040129, -0.50496326, -0.57750325, -0.08415809],
       [-0.34643019,  0.35265467, -0.78034922,  0.22518257, -0.30978817],
       [ 0.19218023,  0.30149701,  0.27542008, -0.35084505, -0.82049853]])
```

```
1 pca.mean_    # 上記のcentersと同じ
```

```
array([-0.03670141,  0.03260174,  0.13786866,  0.00316844, -0.12808206])
```

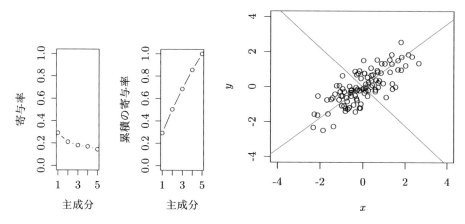

図 9.9　直交する第 1 成分と第 2 成分（左）と寄与率と累積の寄与率（右）

```
1  evr=pca.explained_variance_ratio_   # 各主成分が全体のどれだけ説明しているか
2  evr
```

また，寄与率，累積の寄与率は，以下のように計算することができる（図 9.9 左）。

```
1  plt.plot(np.arange(1,6),evr)
2  plt.scatter(np.arange(1,6),evr)
3  plt.xticks(np.arange(1,6))
4  plt.ylim(0,1)
5  plt.xlabel("主成分")
6  plt.ylabel("寄与率")
```

Text(0, 0.5, '寄与率')

```
1  plt.plot(np.arange(1,6),np.cumsum(evr))
2  plt.scatter(np.arange(1,6),np.cumsum(evr))
3  plt.xticks(np.arange(1,6))
4  plt.ylim(0,1)
5  plt.xlabel("主成分")
6  plt.ylabel("累積寄与率")
```

Text(0, 0.5, '累積寄与率')

◆ 例 87　N 個の点 $(x_1, y_1), \ldots, (x_N, y_N)$ から，直交する主成分ベクトル ϕ_1 および ϕ_2 を求めたい。

```
1  n=100; a=0.7; b=np.sqrt(1-a**2)
2  u=randn(n); v=randn(n)
3  x=u; y=u*a+v*b
4  plt.scatter(x,y); plt.xlim(-4,4); plt.ylim(-4,4)
```

```
(-4, 4)
```

```
1  D=np.concatenate((x.reshape(-1,1),y.reshape(-1,1)),1)
2  pca.fit(D)
```

```
PCA(copy=True, iterated_power='auto', n_components=None, random_state=None,
    svd_solver='auto', tol=0.0, whiten=False)
```

```
1  T=pca.components_
2  T[1,0]/T[0,0]*T[1,1]/T[0,1]     # 主成分ベクトル(主成分負荷量)が直交している
```

```
-1.0
```

```
1  def f_1(x):
2      y=T[1,0]/T[0,0]*x
3      return y
```

```
1  def f_2(x):
2      y=T[1,1]/T[0,1]*x
3      return y
```

```
1  x_seq=np.arange(-4,4,0.5)
2  plt.scatter(x,y,c="black")
3  plt.xlim(-4,4)
4  plt.ylim(-4,4)
5  plt.plot(x_seq,f_1(x_seq))
6  plt.plot(x_seq,f_2(x_seq))
7  plt.axis('equal')
```

```
(-4.375, 3.875, -4.4445676982833735, 5.018060304513487)
```

2 直線（図 9.9 右）の傾きの積が -1 になっていることに注意したい。

得られた $\phi_1, \ldots, \phi_m$ を用いて，そのベクトル方向に射影した $z_1 = X\phi_1, \ldots, z_m = X\phi_m$ の値から，m 次元平面に射影された N 個のデータを見ることができる。

◆ **例 88**　50 州で 4 種類の犯罪について逮捕者数のデータセットがある。4 変数の分散が等しくなるように正規化して，主成分分析を行い，第 1 主成分と第 2 主成分の値を，50 データについてプロットしてみた。Python ではそのような biplot を出力する関数が標準では用意されていないので，ここではその処理を構成してみた。2 次元に射影するので，第 2 主成分 $(m = 2)$ までみることになる（図 9.10）。また，第 1, 2 主成分ベクトルを -1 倍させると，方向が反対で同じ情報を含む主成分ベクトルおよびその射影値が得られる。

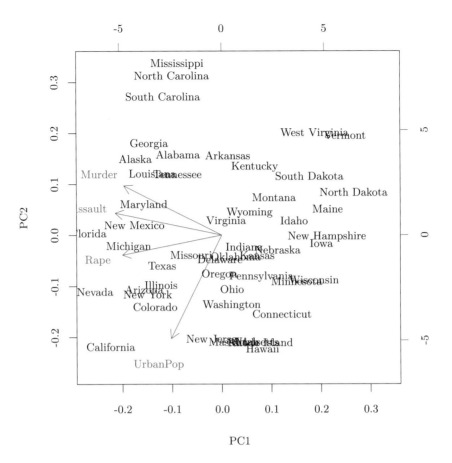

図 9.10 50 州の犯罪に関する 4 変数を第 1, 2 主成分ベクトルに射影させた。

```
import pandas as pd
```

```
USA=pd.read_csv('USArrests.csv',header=0,index_col=0)
X=(USA-np.average(USA,0))/np.std(USA,0)
index=USA.index
col=USA.columns
pca=PCA(n_components=2)
pca.fit(X)
score=pca.fit_transform(X)
vector=pca.components_
vector
```

```
array([[ 0.53589947,  0.58318363,  0.27819087,  0.54343209],
       [ 0.41818087,  0.1879856 , -0.87280619, -0.16731864]])
```

```
vector.shape[1]
```

4

```
1  evr=pca.explained_variance_ratio_
2  evr
```

array([0.62006039, 0.24744129])

```
1  plt.figure(figsize=(7,7))
2  for i in range(score.shape[0]):
3      plt.scatter(score[i,0],score[i,1],s=5)
4      plt.annotate(index[i],xy=(score[i,0],score[i,1]))
5  for j in range(vector.shape[1]):
6      plt.arrow(0,0,vector[0,j]*2,vector[1,j]*2,color="red")    # 2は線の長さ, 任意でよい
7      plt.text(vector[0,j]*2,vector[1,j]*2,col[j],color="red")
```

　主成分分析は，多変量データの次元を縮約する目的で用いられる。前節までで学んだクラスタリングでは，データが2次元でないと表示ができなかった。サンプルを主成分分析で2次元に射影してから表示するという方法が考えられる。

◆ 例 89　Boston データの K-means クラスタリングの出力を，2次元の主成分で表示した（図 9.11）。2次元に射影しているので，2次元のグラフで見ると，近いサンプルどうしでクラスタを形成しているようには見えない。

```
1  from sklearn.datasets import load_boston
2  from sklearn.cluster import KMeans
```

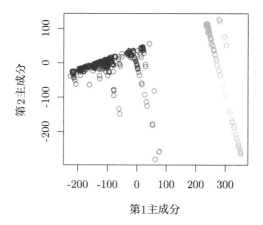

Boston データのクラスタリング

図 9.11　Boston データに対しての K-means クラスタリングの結果を第1, 2主成分ベクトルに射影させた。

```
1   Boston=load_boston()
2   Z=np.concatenate((Boston.data,Boston.target.reshape(-1,1)),1)
3   K_means=KMeans(n_clusters=5)
4   K_means.fit(Z)
5   y=K_means.fit_predict(Z)   # どこのクラスタか
6   pca.fit(Z)
7   W=pca.fit_transform(Z)[:,[0,1]] # 各nに対する第1, 第2主成分
8   plt.scatter(W[:,0],W[:,1],c=y)
9   plt.xlabel("第1主成分")
10  plt.ylabel("第2主成分")
11  plt.title("Bostonデータのクラスタリング")
```

Text(0.5, 1.0, 'Bostonデータのクラスタリング')

主成分分析には，もう一つの解釈がある。

行列 $X \in \mathbb{R}^{N \times p}$ を中心化して，x_i を $X \in \mathbb{R}^{N \times p}$ の第 i 行（行ベクトル），$\Phi \in \mathbb{R}^{p \times m}$ を各列 $\phi_1, \ldots, \phi_m$ の大きさが1で直交するベクトルとする。このとき $x_1, \ldots, x_N$ の $\phi_1, \ldots, \phi_m$ への射影 $z_1 = x_1\Phi, \ldots, z_N = x_N\Phi \in \mathbb{R}^m$ が得られる（行ベクトル）。$z_1, \ldots, z_N$ の右から Φ^T を掛けて，$x_1, \ldots, x_N$ に近いベクトルを復元できたかどうかを

$$L := \sum_{i=1}^{N} \|x_i - x_i\Phi\Phi^T\|^2 \tag{9.4}$$

で評価する。もし $m = p$ であれば，(9.4) の値は 0 となる。主成分分析は，この値を最小にする $\phi_1, \ldots, \phi_m$ を求める問題とみることができる。実際，以下の2式が成立する。

$$\sum_{i=1}^{N} \|x_i - x_i\Phi\Phi^T\|^2 = \sum_{i=1}^{N} \{\|x_i\|^2 - 2x_i(x_i\Phi\Phi^T)^T + (x_i\Phi\Phi^T)(x_i\Phi\Phi^T)^T\}$$

$$= \sum_{i=1}^{N} \{\|x_i\|^2 - x_i\Phi\Phi^T x_i^T\} = \sum_{i=1}^{N} \|x_i\|^2 - \sum_{i=1}^{N} \|x_i\Phi\|^2$$

$$\sum_{i=1}^{N} \|x_i\Phi\|^2 = \sum_{i=1}^{N}\sum_{j=1}^{m} (x_i\phi_j)^2 = \sum_{j=1}^{m} \left\{ \sum_{i=1}^{N} (x_i\phi_j)^2 \right\} = \sum_{j=1}^{m} \left\| \begin{bmatrix} x_1\phi_j \\ \vdots \\ x_N\phi_j \end{bmatrix} \right\|^2 = \sum_{j=1}^{m} \|X\phi_j\|^2$$

すなわち，$\lambda_1, \ldots, \lambda_m$ を $\Sigma = X^T X/N$ の最大の m 固有値として，$\displaystyle\sum_{i=1}^{N} \|x_i - x_i\Phi\Phi^T\|^2$ の値は，$\phi_1, \ldots, \phi_m$ として，その対応する m 固有ベクトルをとることによって，最小値 $\displaystyle\sum_{i=1}^{N} \|x_i\|^2 - \sum_{j=1}^{m} \lambda_j$ が得られる。

また，主成分分析や線形回帰と似て非なるものとして，主成分回帰がある。これは，その第1主成分から第 m 主成分を列にもつ $Z = X\Phi \in \mathbb{R}^{N \times m}$ を求めた（主成分分析）うえで，$\|y - Z\theta\|^2$ を最小にする $\theta \in \mathbb{R}^m$ を求め（$\hat{\theta}$ とおく），目的関数と m 個の主成分（p 個の説明変数の代用）との関係を表示するものである。これは，y を X の各列ではなく，Z の各列で回帰しているといえる。

　ここで $m = p$ のとき，$\Phi\hat{\theta}$ が $\beta = (X^TX)^{-1}X^Ty$ と一致する。実際，$\min_\beta \|y - X\beta\|^2 \leq \min_\theta \|y - X\Phi\theta\|^2 = \min_\theta \|y - Z\theta\|^2$ が成立するので，$p = m$ のとき，Φ が正則であり，任意の $\beta \in \mathbb{R}^p$ について，$\beta = \Phi\theta$ なる θ が存在する。たとえば，以下のようなコードを組めばよい。

```python
def pca_regression(X,y,m):
    pca=PCA(n_components=m)
    pca.fit(X)
    Z=pca.fit_transform(X)   # 行：n, 列：主成分
    phi=pca.components_   # 行：主成分, 列：変数
    theta=np.linalg.inv(Z.T@Z)@Z.T@y
    beta=phi.T@theta
    return {'theta':theta,'beta':beta}
```

◆ 例 90　関数 pca_regression を実行してみた。

```python
n=100; p=5
X=randn(n,p)
X=X-np.average(X,0)
y=X[:,0]+X[:,1]+X[:,2]+X[:,3]+X[:,4]+randn(n)
y=y-np.mean(y)
pca_regression(X,y,3)
```

```
{'beta': array([1.33574835, 0.45612768, 0.6710805 , 0.28063559, 0.97748932]),
 'theta': array([ 0.41755766,  0.19389454, -1.80690824])}
```

```python
pca_regression(X,y,5)['beta']
```

```
array([0.86513279, 1.01698307, 0.7496746 , 0.91010065, 1.12420093])
```

```python
np.linalg.inv(X.T@X)@X.T@y
```

```
array([0.86513279, 1.01698307, 0.7496746 , 0.91010065, 1.12420093])
```

付録　プログラム

　階層的クラスタリングの樹形図を構成するプログラム。関数 hc で，cluster オブジェクトを得てから，順序づけられたサンプル y を用いて，隣接するクラスタ間での距離を比較している。$z[k,0], z[k,1], z[k,2], z[k,3], z[k,4]$ でクラスタを結合するときの枝の位置を表現している。

```python
import matplotlib.pyplot as plt
import matplotlib.collections as mc
import matplotlib.cm as cm
```

```
1  def unlist(x):
2      y=[]
3      for z in x:
4          y.extend(z)
5      return(y)
```

```
1   def hc_dendroidgram(cluster,dd="complete",col="black"):
2       y=unlist(cluster[0])
3       n=len(y)
4       z=np.zeros([n,5])
5       index=[[y[i]] for i in range(n)]
6       height=np.zeros(n)
7       for k in range(n-1,0,-1):
8           dist_min=np.inf
9           for i in range(k):
10              i_0=index[i]; j_0=index[i+1]
11              if dd=="complete":
12                  d=dist_complete(X[i_0,],X[j_0,])
13              elif dd=="single":
14                  d=dist_single(X[i_0,],X[j_0,])
15              elif dd=="centroid":
16                  d=dist_centroid(X[i_0,],X[j_0,])
17              elif dd=="average":
18                  d=dist_average(X[i_0,],X[j_0,])
19              if d<dist_min:
20                  dist_min=d
21                  i_1=i      # 結合される側のlistのindex
22                  j_1=i+1       # 新たに結合するlistのindex
23          # ここから下で, 線分の位置を計算する
24          i=0
25          for h in range(i_1):
26              i=i+len(index[h])
27          z[k,0]=i+len(index[i_1])/2
28          z[k,1]=i+len(index[i_1])+len(index[j_1])/2
29          z[k,2]=height[i_1]
30          z[k,3]=height[j_1]
31          z[k,4]=dist_min
32          index[i_1].extend(index[j_1])
33          if j_1<k:                 # 追加したindexの後ろを一つ前に詰める
34              for h in range(j_1,k):
35                  index[h]=index[h+1]
36                  height[h]=height[h+1]
37          height[i_1]=dist_min
38          height[k]=0
39          # ループはここまで
40      lines=[[(z[k,0],z[k,4]),(z[k,0],z[k,2])] for k in range(1,n)] # 垂直線分(左)
41      lines2=[[(z[k,0],z[k,4]),(z[k,1],z[k,4])] for k in range(1,n)] # 水平線分(中央)
```

```
42      lines3=[[(z[k,1],z[k,4]),(z[k,1],z[k,3])] for k in range(1,n)] # 垂直線分(右)
43      lines.extend(lines2)
44      lines.extend(lines3)
45      lc=mc.LineCollection(lines,colors=col,linewidths=1)
46      fig=plt.figure(figsize=(4,4))
47      ax=fig.add_subplot()
48      ax.add_collection(lc)
49      ax.autoscale()
50      plt.show()
51      fig=plt.figure(figsize=(4,4))
```

```
1   n=100; p=2; K=7
2   X=randn(n,p)
3   cluster=hc(X,dd="complete")
4   hc_dendroidgram(cluster,col="red")
```

問題 88〜100

☐ **88** 以下の処理は，K-means クラスタリングという方法で，p 変数の値をもった N を交わりのない K 個の集合（クラスタ）に分割している。最初に $1, \ldots, K$ のいずれかを N データのそれぞれに割り当て，以下の 2 ステップを繰り返す。

　　1. クラスタ $k = 1, \ldots, K$ のそれぞれで，中心（平均ベクトル）を求める。

　　2. N データのそれぞれに，K クラスタの中で最も近いクラスタを割り当てる。

空欄をうめて，処理を実行せよ。

```python
def k_means(X,K,iteration=20):
    n,p=X.shape
    center=np.zeros((K,p))
    y=np.random.choice(K,n,replace=True)
    scores=[]
    for h in range(iteration):
        for k in range(K):
            if np.sum(y==k)==0:
                center[k,0]=np.inf
            else:
                for j in range(p):
                    center[k,j]=# 空欄(1) #
        S_total=0
        for i in range(n):
            S_min=np.inf
            for k in range(K):
                S=np.sum((X[i,]-center[k,])**2)
                if S<S_min:
                    S_min=S
                    # 空欄(2) #
            S_total+=S_min
        scores.append(S_total)
    return {'clusters':y,'scores':scores}
```

```python
n=1000; K=5; p=2
X=randn(n,p)  # データ生成
y=k_means(X,5)['clusters'] # 各サンプルのクラスタを得る
# クラスタごとに色を変えて, 点を描く
plt.scatter(X[:,0],X[:,1],c=y)
plt.xlabel("第1成分")
plt.ylabel("第2成分")
```

☐ **89** K-means クラスタリングの結果は，ランダムに選ばれた初期値に大きく依存する。2 ス

テップの更新が終わった直後の値の列を求めるという操作を 10 回繰り返し，それぞれの推移を同じグラフ上で折れ線グラフで表示せよ。

□ **90** K-means クラスタリングは，データ $X = (x_{i,j})$ から，クラスタ $C_1, \dots, C_K$ を変えて，

$$S := \sum_{k=1}^{K} \frac{1}{|C_k|} \sum_{i \in C_k} \sum_{i' \in C_k} \sum_{j=1}^{p} (x_{i,j} - x_{i',j})^2$$

を最小化している。

(a) 以下の等式を示せ。

$$\frac{1}{|C_k|} \sum_{i \in C_k} \sum_{i' \in C_k} \sum_{j=1}^{p} (x_{i,j} - x_{i',j})^2 = 2 \sum_{i \in C_k} \sum_{j=1}^{p} (x_{i,j} - \bar{x}_{k,j})^2$$

(b) 問題 88 の 2 ステップを毎回実行するごとに，スコア S が単調に減少することを示せ。

(c) $N = 3$, $p = 1$, $K = 2$ として，$0, 6, 10$ にサンプルがあるとする。最初に $0, 6$ に 1，10 に 2 のクラスタが割り当てられた場合と，0 に 1，$6, 10$ に 2 のクラスタが割り当てられた場合とで，それぞれ最終的にどのようなクラスタリングに収束するか。また，それらのスコアはいくらになるか。

□ **91** p 変数の N サンプルの行列 $X \in \mathbb{R}^{N \times p}$ のいくつかの行からなる行列 x, y（列数はともに p）から，x, y の行の間の距離の最大値，x, y の行の間の距離の最小値，x, y の中心間の距離，x, y の行の間の距離の算術平均を求める関数 dist_complete, single_complete, dist_centroid, dist_average を記述せよ。

□ **92** 以下の処理は，データ $x_1, \dots, x_N \in \mathbb{R}^p$ について，階層的クラスタリングを行うものである。最初は，各クラスタが 1 データのみからなっていて，クラスタをマージしていないがら，任意のクラスタ数 K でのクラスタリングを行うとする。空欄をうめて，処理を実行せよ。

```
import copy
def hc(X,dd="complete"):
    n=X.shape[0]
    index=[[i] for i in range(n)]
    cluster=[[] for i in range(n-1)]
    for k in range(n,1,-1):
        # index_2=[]
        dist_min=np.inf
        for i in range(k-1):
            for j in range(i+1,k):
                i_0=index[i]; j_0=index[j]
                if dd=="complete":
                    d=dist_complete(X[i_0,],X[j_0,])
                elif dd=="single":
```

```
15              d=dist_single(X[i_0,],X[j_0,])
16          elif dd=="centroid":
17              d=dist_centroid(X[i_0,],X[j_0,])
18          elif dd=="average":
19              d=dist_average(X[i_0,],X[j_0,])
20          if d<dist_min:
21              # 空欄(1) #
22              i_1=i    # 結合される側のlistのindex
23              j_1=j    # 新たに結合するlistのindex
24      index[i_1].extend(index[j_1])    # 追加する
25      if j_1<k:                        # 追加したindexの後ろを一つ前に詰める
26          for h in range(j_1+1,k,1):
27              index[h-1]=# 空欄(2) #
28      index2=copy.deepcopy(index[0:(k-1)])    # indexのまま使うと，毎回書き換わっ
てしまうため
29      cluster[k-2].extend(index2)
30  return cluster  # 下から結果を見ると，一つずつ結合が起こっていることがわかる
```

□ **93** 階層的クラスタリングで Centroid リンケージ（`dist_centroid` の小さいクラスタから結合）を用いると，クラスタ間の距離の小さい結合が後から生じる（反転）ことがある。$N=3$, $p=2$で，サンプルが $(0,0),(5,8),(9,0)$ のとき，反転が生じることを説明せよ。

□ **94** 行列 $X \in \mathbb{R}^{N \times p}$ について，$\Sigma = X^T X/N$ とおく。また，λ_i は Σ の i 番目に大きい固有値であるとする。

  (a) $\|\phi\|=1$ なる $\phi \in \mathbb{R}^N$ で，$\|X\phi\|^2$ を最大にする ϕ が $\Sigma\phi = \lambda_1\phi$ を満たすことを示せ。

  (b) $\lambda_1 > \cdots > \lambda_m$ のとき，$\Sigma\phi_1 = \lambda_1\phi_1, \ldots, \Sigma\phi_m = \lambda_m\phi_m$ なる $\phi_1, \ldots, \phi_m$ は直交することを示せ。

□ **95** 行列 $X \in \mathbb{R}^{N \times p}$ を入力とし，p 列の各平均，固有値 $\lambda_1, \ldots, \lambda_p$ を要素にもつベクトル，$\phi_1, \ldots, \phi_p$ を各列にもつ行列を出力する関数 pca を Python で書け。また，下記を実行して，Python の標準の関数を用いた場合と結果が一致することを示せ。

```
1  X=randn(100,5)
2  res=pca(X)
3  res['lam']
4  res['vectors']
5  res['centers']
```

```
1  from sklearn.decomposition import PCA
```

```
1  pca=PCA()
2  pca.fit(X) # 実行
```

```
3  score=pca.fit_transform(X) # 主成分得点(行：n, 列：主成分)
4  score[0:5,]
5  pca.mean_      # 上記のcentersと同じ
```

☐ **96** N 個の点 $(x_1, y_1), \ldots, (x_N, y_N)$ から，主成分の方向ベクトル ϕ_1 および ϕ_2 を求めたい。下記の空欄をうめて処理を実行せよ。

```
1  n=100; a=0.7; b=np.sqrt(1-a**2)
2  u=randn(n); v=randn(n)
3  x=u; y=u*a+v*b
4  plt.scatter(x,y); plt.xlim(-4,4); plt.ylim(-4,4)
5  D=np.concatenate((x.reshape(-1,1),y.reshape(-1,1)),1)
6  pca.fit(D)
7  T=pca.components_
8  T[1,0]/T[0,0]*T[1,1]/T[0,1]    # 主成分ベクトル(主成分負荷量)が直交している
```

    -1.0

```
1  def f_1(x):
2      y=# 空欄(1) #
3      return y
```

```
1  def f_2(x):
2      y=T[1,1]/T[0,1]*x
3      return y
```

```
1  x_seq=np.arange(-4,4,0.5)
2  plt.scatter(x,y,c="black")
3  plt.xlim(-4,4)
4  plt.ylim(-4,4)
5  plt.plot(x_seq,f_1(x_seq))
6  plt.plot(x_seq,# 空欄 (2) #)
7  plt.axis('equal')
```

さらに2直線の傾きの積が -1 であることを確認せよ。

☐ **97** 主成分分析には，同値なもう1個の定義がある。行列 $X \in \mathbb{R}^{N \times p}$ を中心化して，x_i を $X \in \mathbb{R}^{N \times p}$ の第 i 行（行ベクトル），$\Phi \in \mathbb{R}^{p \times m}$ を各列 $\phi_1, \ldots, \phi_m$ の大きさが1で直交するベクトルとする。このとき $x_1, \ldots, x_N$ の $\phi_1, \ldots, \phi_m$ への射影 $z_1 = x_1\Phi, \ldots, z_N = x_N\Phi \in \mathbb{R}^m$ が得られる。$z_1, \ldots, z_N$ の右から Φ^T を掛けて，$x_1, \ldots, x_N$ に近いベクトルを復元できたかどうかを $L := \sum_{i=1}^{N} \|x_i - x_i\Phi\Phi^T\|^2$ で評価する。主成分分析は，この値を最小にする $\phi_1, \ldots, \phi_m$ を求める問題とみることができる。以下の2式を示せ。

$$\sum_{i=1}^{N} \|x_i - x_i\Phi\Phi^T\|^2 = \sum_{i=1}^{N} \|x_i\|^2 - \sum_{i=1}^{N} \|x_i\Phi\|^2$$

$$\sum_{i=1}^{N} \|x_i\Phi\|^2 = \sum_{j=1}^{m} \|X\phi_j\|^2$$

□ **98** 50州における4種類の犯罪についての逮捕者のデータセットについて以下の処理を行う。下記の空欄をうめて biplot 関数を構成し，処理を実行せよ。

```
1  import pandas as pd
```

```
1   USA=pd.read_csv('USArrests.csv',header=0,index_col=0)
2   X=(USA-np.average(USA,0))/np.std(USA,0)
3   index=USA.index
4   col=USA.columns
5   pca=PCA(n_components=2)
6   pca.fit(X)
7   score=pca.fit_transform(X)
8   vector=pca.components_
9   vector
10  vector.shape[1]
11  evr=pca.explained_variance_ratio_
12  evr
```

```
1   plt.figure(figsize=(7,7))
2   for i in range(score.shape[0]):
3       plt.scatter(# 空欄(1) #,# 空欄(2) #,s=5)
4       plt.annotate(# 空欄(3) #,xy=(score[i,0],score[i,1]))
5   for j in range(vector.shape[1]):
6       plt.arrow(0,0,vector[0,j]*2,vector[1,j]*2,color="red")  # 2は線の長さ,任意でよい
7       plt.text(vector[0,j]*2,vector[1,j]*2,col[j],color="red")
```

□ **99** 各 $1 \le m \le p$ について，寄与率および累積寄与率は，それぞれ $\dfrac{\lambda_k}{\sum_{j=1}^{p} \lambda_j}$ および $\dfrac{\sum_{k=1}^{m} \lambda_k}{\sum_{j=1}^{p} \lambda_j}$ で定義される。空欄をうめて実行し，それらの値を示すグラフを描け。

```
1   res['lam']/np.sum(res['lam'])  # 各主成分の寄与率
```

```
1   evr=pca.explained_variance_ratio_   #
2   evr
```

```
1   plt.plot(np.arange(1,6),evr)
```

```
2  plt.scatter(np.arange(1,6),evr)
3  plt.xticks(np.arange(1,6))
4  plt.ylim(0,1)
5  plt.xlabel("主成分")
6  plt.ylabel("寄与率")
```

```
1  plt.plot(np.arange(1,6),np.cumsum(evr))
2  plt.scatter(np.arange(1,6),np.cumsum(evr))
3  plt.xticks(np.arange(1,6))
4  plt.ylim(0,1)
5  plt.xlabel("主成分")
6  plt.ylabel("累積寄与率")
```

□ **100** 各列で中心化された階数 p の $X \in \mathbb{R}^{N \times p}$ および $1 \leq m \leq p$ について，その第 1 主成分から第 m 主成分を列にもつ $\Phi \in \mathbb{R}^{N \times m}$ および $Z := X\Phi$ を求めた（主成分分析）うえで，$\|y - Z\theta\|^2$ を最小にする $\theta \in \mathbb{R}^m$ を求め，$\hat{\theta}$ とおく。これは，y を X の各列ではなく，Z の各列で回帰しているといえる（主成分回帰）。下記の空欄をうめて，処理を実行せよ。また，$p = m$ のとき，$\Phi\hat{\theta}$ が $\beta = (X^T X)^{-1} X^Y y$ と一致することを示せ。

```
1  def pca_regression(X,y,m):
2      pca=PCA(n_components=m)
3      pca.fit(X)
4      Z=pca.fit_transform(X)   # 行：n, 列：主成分
5      phi=pca.components_   # 行：主成分, 列：変数
6      theta=# 空欄 #
7      beta=phi.T@theta
8      return {'theta':theta,'beta':beta}
```

ヒント $\min_\beta \|y - X\beta\|^2 \leq \min_\theta \|y - X\Phi\theta\|^2 = \min_\theta \|y - Z\theta\|^2$ が成立するので，$p = m$ のとき，任意の $\beta \in \mathbb{R}^p$ について，$\beta = \Phi\theta$ なる θ が存在することをいえばよい。

索 引

Memorandum

Memorandum

Memorandum

Memorandum

Memorandum

Memorandum

Memorandum

著者紹介

鈴木 譲 (すずき じょう) 大阪大学教授, 博士 (工学)

1984年早稲田大学理工学部卒業, 1989年早稲田大学大学院博士課程修了, 同大学理工学部助手, 1992年青山学院大学理工学部助手, 1994年大阪大学理学部に (専任) 講師として着任。Stanford大学客員助教授 (1995年〜1997年), Yale大学客員准教授 (2001年〜2002年) などを経て, 現職 (基礎工学研究科数理科学領域, 基礎工学部情報科学科数理科学コース)。データ科学, 機械学習, 統計教育に興味をもつ。現在もトップ会議として知られるUncertainty in Artificial Intelligenceで, ベイジアンネットワークに関する研究発表をしている (1993年7月)。著書に『ベイジアンネットワーク入門』(培風館), 『確率的グラフィカルモデル』(編著, 共立出版) など。

機械学習の数理100問シリーズ2
統計的機械学習の数理100問
with Python
Statistical Machine Learning
with 100 Math & Python Problems

2020年 4月30日 初版1刷発行

著 者 鈴木 譲 © 2020
発行者 南條光章
発行所 共立出版株式会社

東京都文京区小日向4-6-19 (〒112-0006)
電話 03 3947-2511 (代表)
振替口座 00110-2-57035
www.kyoritsu-pub.co.jp

印 刷 啓文堂
製 本 協栄製本

検印廃止
NDC 007.13
ISBN 978-4-320-12507-0

一般社団法人
自然科学書協会
会員

Printed in Japan